高等院校土建类专业“互联网+”创新规划教材



# 工程造价控制与管理（第三版）

主　编　胡新萍　王　芳
副主编　秦美珠　张文秀　周晓娟
参　编　郭劲言　尹素花　翟丽旻

## 内容简介

本书根据最新的建设法规、规范，从基础理论与实践应用入手，全面介绍工程造价控制与管理的理论和方法，并列举大量案例，主要内容包括建设项目工程造价的确定、工程造价的计价依据和计价方法、建设项目决策阶段造价控制与管理、建设项目设计阶段造价控制与管理、建设项目招投标阶段造价控制与管理、建设项目施工阶段造价控制与管理、建设项目竣工验收阶段造价控制与管理。每个项目后面都配有综合应用案例和思考与练习题。

本书结构严谨完整，内容丰富详尽，文字精练简明，可操作性强，可作为应用型本科及高职高专院校工程造价、工程管理等专业的教材和工程造价管理人员的参考用书，同时也可作为造价类执业资格考试人员的参考用书。

**图书在版编目(CIP)数据**

工程造价控制与管理/胡新萍，王芳主编. —3版. —北京：北京大学出版社，2023.8
高等院校土建类专业“互联网+”创新规划教材
ISBN 978-7-301-34052-3

Ⅰ. ①工…　Ⅱ. ①胡… ②王…　Ⅲ. ①建筑造价管理—高等学校—教材　Ⅳ. ①TU723.3

中国国家版本馆 CIP 数据核字（2023）第 097223 号

| | |
|---|---|
| 书　　名 | 工程造价控制与管理（第三版）<br>GONGCHENG ZAOJIA KONGZHI YU GUANLI（DI-SAN BAN） |
| 著作责任者 | 胡新萍　王　芳　主编 |
| 策划编辑 | 杨星璐 |
| 责任编辑 | 曹圣洁　赵思儒 |
| 数字编辑 | 蒙俞材 |
| 标准书号 | ISBN 978-7-301-34052-3 |
| 出版发行 | 北京大学出版社 |
| 地　　址 | 北京市海淀区成府路 205 号　100871 |
| 网　　址 | http://www.pup.cn　新浪微博：@北京大学出版社 |
| 电子邮箱 | 编辑部 pup6@pup.cn　总编室 zpup@pup.cn |
| 电　　话 | 邮购部 010-62752015　发行部 010-62750672　编辑部 010-62750667 |
| 印 刷 者 | 河北文福旺印刷有限公司 |
| 经 销 者 | 新华书店 |
| | 787 毫米×1092 毫米　16 开本　17.5 印张　405 千字 |
| | 2012 年 1 月第 1 版　2018 年 3 月第 2 版 |
| | 2023 年 8 月第 3 版　2023 年 8 月第 1 次印刷 |
| 定　　价 | 56.00 元 |

# 第三版 前言

随着社会经济的蓬勃发展，工程造价领域改革的步伐不断加快，新的法规、规范陆续颁布，工程造价管理人员必须用最新的知识、从一个全新的角度来管理工程项目。另外，新时期的普通高等教育也对教学模式和教学方法提出了新的要求。为了更好地适应人才培养要求和发展趋势，必须进一步深化对传统教学模式和教学方法的改革，从而培养出能够满足社会需求的有专业技能的人才。项目化教学改革作为一项重要的改革举措，对于探讨新时期下有效的高等教育教学模式、提高专业人才培养的质量必将产生积极而深远的影响。

本书的基本任务是研究建设项目造价组成、计价依据、计价方法和全过程造价控制与管理的内容与方法，应广大读者的要求，我们在第一版和第二版的基础上完成了本书的编写。本次再版延续了前两版的编写特色，内容编写力争做到主线明确、层次清晰、重点突出、结构合理，同时力求紧密结合当前我国工程造价管理发展的现实情况，充分考虑学科发展的最新态势和动向，在理论上进行创新探索，从实务上寻求最快融入实践的操作方法。为全面落实党的二十大精神进教材，本书注重课程内容与思政元素的有机融合，充分发挥本课程的育人主渠道作用。

本书结构新颖，采用项目化教学的理念设计教学内容。本书共分为 7 个项目，每个项目包含能力目标、能力要求、引例、项目导入和若干个任务，每个任务又包含知识目标、工作任务、特别提示、知识链接和应用案例等。能力目标是通过本项目的学习，学生应形成的理论学习和实践操作能力；在学习过程中，一些需要特别注意的知识点和新的知识点，在特别提示和知识链接中会加以阐述；为突出实践教学、项目教学，本书将理论知识融入实际的应用案例中，在案例中发现问题，然后用理论知识加以解决，以此使学生克服对枯燥理论知识的畏惧和厌烦，起到事半功倍的效果。

为适应不同地区读者学习和工程造价管理改革的最新需要，本书基于《建设工程工程量清单计价规范》(GB 50500—2013)、《住房城乡建设部、财政部关于印发〈建筑安装工程费用项目组成〉的通知》(建标〔2013〕44 号)、《建筑工程施工发包与承包计价管理办法》(住建部令第 16 号)、《建设工程施工合同(示范文本)》(GF—2017—0201)等最新规范和文本内容进行了修订。

资源索引

本书为北京大学出版社“高等院校土建类专业‘互联网+’创新规划教材”系列之一，在书中相关知识点旁边，以二维码

的形式添加了编者积累整理的相关图文、视频、案例等资源，读者可以在课堂内外通过扫描二维码来查看更多学习资源，节约了搜集整理时间。编者也会根据行业发展情况，及时更新二维码所链接的资源，以便书中内容与行业发展结合更为紧密。

本书内容建议按照 64 学时编排，推荐学时分配：项目 1 为 8 学时，项目 2 为 5 学时，项目 3 为 14 学时，项目 4 为 12 学时，项目 5 为 10 学时，项目 6 为 11 学时，项目 7 为 4 学时。

本书第三版由山西工程技术学院胡新萍、王芳担任主编，山西工程技术学院秦美珠、张文秀、周晓娟担任副主编，山西工程技术学院郭劲言、河北工业职业技术大学尹素花、河南建筑职业技术学院翟丽旻参编。具体编写分工如下：胡新萍编写项目 1 和项目 3，王芳编写项目 4，秦美珠编写项目 2，张文秀和尹素花编写项目 6，周晓娟和翟丽旻编写项目 5，郭劲言编写项目 7。全书由胡新萍负责统稿。

本书第二版由山西工程技术学院胡新萍、王芳担任主编，山西工程技术学院秦美珠、郭劲言担任副主编，河北工业职业技术大学尹素花、河南建筑职业技术学院翟丽旻、湖北城市建设职业技术学院金幼君参编。具体编写分工如下：胡新萍编写项目 1 和项目 3，王芳编写项目 4，秦美珠编写项目 2，郭劲言编写项目 7，尹素花和金幼君编写项目 6，翟丽旻编写项目 5。全书由胡新萍负责统稿。

本书第一版由山西工程技术学院胡新萍、王芳担任主编，湖北城市建设职业技术学院金幼君、河北工业职业技术大学尹素花、山西工程技术学院秦美珠担任副主编，山西工程技术学院牛晓勤、内蒙古建筑职业技术学院白静、河南建筑职业技术学院翟丽旻参编。具体编写分工如下：胡新萍编写项目 1 和项目 3 中任务 3.3，王芳编写项目 3 中任务 3.1、任务 3.2，金幼君和尹素花编写项目 6，秦美珠编写项目 2，牛晓勤编写项目 4，白静编写项目 7，翟丽旻编写项目 5。

本书是在前两版的基础上完成的，在此对参与本书前两版编写的各位同人表示由衷的感谢和敬意，正是由于你们的辛勤付出，才使得本书获得了读者的一致认可。

本书在编写过程中参考和引用了国内外大量文献资料，在此谨向相关作者表示衷心的感谢！由于编者经验不足、水平有限，书中难免存在不足之处，诚挚地希望读者批评指正。

编　者

2023 年 1 月

# 目录

# 项目 1 建设项目工程造价的确定

## 能力目标

通过本项目内容的学习，要求学生熟悉工程造价的基础理论；掌握设备及工、器具购置费中国产设备和进口设备的费用构成与具体计算；掌握建筑安装工程费的组成内容及各项费用的计算；熟悉工程建设其他费用包含的内容；掌握基本预备费、价差预备费和建设期贷款利息的计算要点及步骤。

## 能力要求

| 知识目标 | 知识要点 | 权重 |
|---|---|---|
| 熟悉工程造价的基础理论 | 工程造价的含义、特点、分类及计价的基本方法；工程造价控制与管理的内容、原则及工作要素；国内外工程造价管理体制与模式 | 20% |
| 掌握设备及工、器具购置费的确定 | 设备购置费中设备原价和设备运杂费的构成及计算；工、器具及生产家具购置费的构成及计算 | 25% |
| 掌握建筑安装工程费的确定 | 按费用构成要素划分的建筑安装工程费的计算；按造价形成划分的建筑安装工程费的计算 | 30% |
| 熟悉工程建设其他费用的内容，掌握预备费及建设期贷款利息的确定 | 工程建设其他费用中各费用的确定；基本预备费和价差预备费的定义及计算方法；建设期贷款利息的计算 | 25% |

## 引例

2008 年的北京奥运会在国家体育场成功举办，国家体育场以其新颖、优美的造型给世界人民留下了深刻的印象。该体育场东西向长 296m，南北向长 333m，为特级体育建筑，主体结构设计使用年限为 100 年。国家体育场工程由北京市国有资产经营有限责任公司与中国中信集团联合体共同组建的国家体育场有限责任公司作为项目法人，主要负责国家体育场的投融资、建设、运营和管理。该体育场在国际设计竞赛招标文件中规定的建安(土建和设备安装)造价限额为 40 亿元，最终确定“鸟巢”方案建安造价为 38.9 亿元。在国家体育场有限责任公司后来上报的可行性研究报告中，建安造价为 26.7 亿元，而国家发展改革委批复的工程总投资为 31.1 亿元。经过设计联合体大量的优化工作，“鸟巢”的建安造价在方案设计阶段降到了 27.3 亿元，初步设计阶段继续降至约 26 亿元。2003 年 12 月 24 日，国家体育场在所有奥运场馆中率先开工，在建设过程中，有关专家发现，“鸟巢”预算超支，超支部分和技术难度主要集中在体育场活动屋盖上。活动屋盖的存在带来诸多不利因素，因此最后决定取消屋盖，但这并不影响设计风格和建好后的体育场功能。于是国家体育场有限责任公司暂停施工，进行设计方案的再次优化、调整，取消了活动屋盖并加大了屋盖开口，且减少了看台的座位。调整后建安造价基本可以降至 22.67 亿元，充分体现了国家投资控制要求和“勤俭办奥运”的精神。2004 年 12 月 28 日，国家体育场工程正式复工建设。2005 年 2 月 6 日，桩基工程顺利完成，2005 年 5 月转入主体结构施工，2007 年 11 月 22 日主体工程竣工。

根据上述国家体育场工程的介绍，人们不禁思考：“鸟巢”从最初的 40 亿元造价，到最后的 20 多亿元是如何做到的？从项目的决策到最后的竣工，对各个阶段的造价如何进行有效的控制与管理呢？造价工作者在建造过程中要承担哪些工作呢？

由于建设项目从投资、决策、立项到竣工、交付使用要经历一个较长的周期，在周期内的各个阶段，要编制不同的造价文件，如从决策阶段的投资估算，设计阶段的设计概算、施工图预算，到施工阶段的工程结算，以及竣工验收阶段的竣工结算及决算等，影响工程造价的因素都在不断的变化中，因此有必要对建设项目进行全过程的造价管理，从而能够有效地控制工程造价。

## 项目导入

针对建设项目的特点，在建设过程中，需要对建设项目由粗到细进行多次计价，对工程造价全过程进行有效的控制。这里的工程造价由设备及工、器具购置费，建筑安装工程费，工程建设其他费用，预备费，以及建设期贷款利息几部分费用组成，各部分费用要根据相应的规定和依据等来合理地确定，从而有助于工程造价最终控制目标的实现。

# 任务 1.1 建设项目工程造价的基础理论

**知识目标**

(1) 了解工程造价的含义、计价特点及计价的基本方法。

(2) 熟悉工程造价控制与管理的内容、工作要素。

(3) 了解工程造价管理的体制与模式。

**工作任务**

能够准确地应用关于工程造价的理论知识。

## 1.1.1 工程造价概述

### 1. 工程造价的含义

工程造价是工程的建造价格的简称，是工程价值的货币表现，是以货币形式反映的工程施工活动中耗费的各种费用的总和。其含义有以下两种。

(1) 从投资者(业主)的角度而言，工程造价是指一个建设项目从筹建到竣工验收、交付使用的整个建设过程所花费的全部固定资产投资费用。固定资产指新建、改建、扩建和恢复工程及其附属的工作，其价值形态主要包括建设投资和建设期贷款利息。其中建设投资包括工程费用、工程建设其他费用、预备费。建设项目总投资通常指的是固定资产投资，对生产性项目，其总投资还包括流动资产投资。建设项目总投资构成如图 1.1 所示。

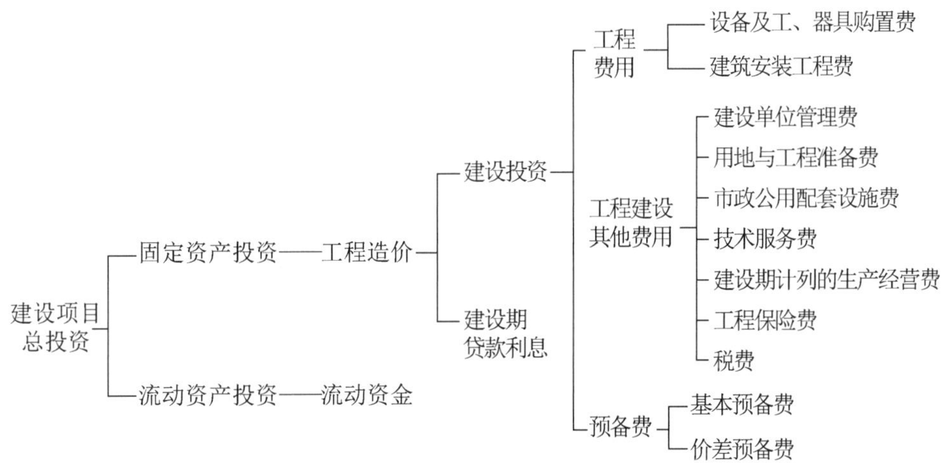


图 1.1 建设项目总投资构成

### 特别提示

图 1.1 所示的建设项目总投资主要是指在项目可行性研究阶段用于财务分析的总投资构成，而在“项目报批总投资”或“项目概算总投资”中只包括铺底流动资金，其金额通常为流动资金总额的 30%。

(2) 从市场交易的角度而言，工程造价是指为建成一项工程，预计或实际在土地市场、设备市场、技术劳务市场及工程承发包市场等交易活动中形成的建筑安装工程价格和建设工程总价格。显然，工程造价的第二种含义是以市场经济为前提的，它是以工程这种特定的商品形式作为交易对象，通过招投标或其他交易方式，在多次预估的基础上，最终由市场形成价格。这里的工程既可以是一个建设项目，也可以是其中的一个单项工程，甚至可以是整个工程建设中的某个阶段，如土地开发工程、建筑安装工程、装饰工程等，或者是其中的某个组成部分。随着技术的进步、分工的细化和市场的完善，工程建设中的中间产品会越来越多，商品交换会更加频繁，工程造价的种类和形式也会更为丰富。

通常，人们将工程造价的第二种含义认定为工程承发包价格。工程承发包价格是工程造价中一种重要的、典型的价格形式，它是在建筑市场通过招标、投标，由需求主体(投资者)和供给主体(承包商)共同认可的价格。鉴于建筑安装工程价格在项目固定资产中占有 50%～60%的份额，且建筑企业又是建设工程的实施者并具有重要的市场主体地位，因此，工程承发包价格作为工程造价的第二种含义，具有重要的现实意义。

对工程投资者而言，在市场经济条件下的工程造价就是项目投资，是投资者作为市场需求主体购买项目需要付出的价格；对承包商、供应商、规划设计等机构而言，工程造价是他们作为市场供给主体出售商品和劳务价格的总和，或者是指特定范围的工程造价，如建筑安装工程造价。区别工程造价的两种含义可以为投资者和以承包商为代表的市场供给主体的行为提供理论依据，为其不断充实工程造价的管理内容、完善管理方法及更好地实现各自的目标服务。

**2. 工程造价的计价特点**

由于建筑产品及其生产具有单件性、体形庞大、生产周期长等特点，因此决定了工程造价具有如下计价特点。

1) 单件性计价

任何一个建设项目都具有特定的用途，需要根据特定的使用目的进行建设，从而呈现出多样化的特点。此外，建设项目位置固定，不能移动，施工过程一般是露天作业，受功能要求、自然环境条件、水文地质和施工时间等因素的影响极大。工程建设的这些技术经济特点决定了任何建设项目的建造费用都是不一样的。因此，任何建设项目都要通过一个特定的程序(编制估算、概算、预算、合同价、结算价及最后确定竣工决算价等)，就各个工程项目计算工程造价，即单件性计价。

2) 多次性计价

建设项目的生产过程是一个周期长、数量大的生产消费过程，包括可行性研究和工程设计在内的过程一般较长，而且要分阶段进行，逐步加深。为了适应工程建设过程中各方经济关系的建立，适应工程造价控制和管理的要求，需要按照设计和建设阶段多次进行工程造价的计算，其程序如图 1.2 所示。

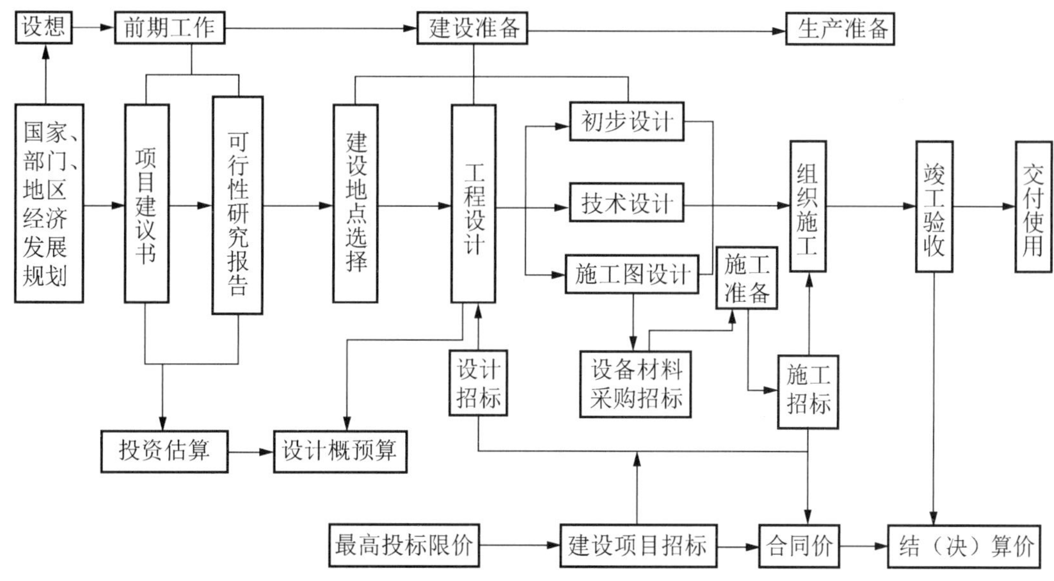


图 1.2 工程建设程序框图

如图 1.2 所示，从投资估算、设计概预算、最高投标限价到承包合同价，再到工程的结算价和最后在结算价基础上编制的竣工决算，整个计价过程是一个由粗到细、由浅到深，最后确定建设项目实际造价的过程。计价过程各环节之间相互衔接，前者制约后者，后者补充前者。

3) 按工程构成分部组合计价

按照国家相关规定，一个建设项目由若干个具有独立的设计文件、建成后可以独立发挥生产能力或效益的单项工程组成。各单项工程又可分解为若干个能独立组织施工的单位工程。单位工程还可进一步按照结构部位、使用材料等因素划分为若干个分部工程，而每一个分部工程又可按其使用的方法不同、工种不同等划分为若干个分项工程。分项工程是能用较为简单的施工过程生产出来的，可以用适量的计量单位计算并便于测定的工程基本构造要素，也是假定的建筑安装产品。

与以上工程构成的方式相适应，建设项目具有分部组合计价的特点。计价时，首先要对工程项目进行分解，按构成进行分部计算，并逐层汇总。例如，为确定建设项目的总概算，要先计算各单位工程的概算，再计算各单项工程的综合概算，最终汇总成总概算。

## 知识链接

### 建设项目的分解

1. 建设项目

建设项目一般是指具有一个设计任务书，按一个总体设计组织施工，经济上独立核算，建设和运营中具有由独立法人负责的组织机构，建成后具有完整的系统，可以独立发挥生产能力和使用价值的建设工程，如一个工厂、一所学校、一条铁路、一座矿山等，其一般由一个或若干个单项工程组成。

2. 单项工程

单项工程又称工程项目，是建设项目的组成部分，是指具有独立设计文件，竣工后能独立发挥生产能力和使用效益的工程，如一所医院的门诊楼、办公楼、化验楼等，一个工厂中的各个车间、办公楼等。

3. 单位工程

单位工程是单项工程的组成部分，是指具有独立设计文件，可以独立施工，但建成后不能独立发挥生产能力和使用效益的工程，如一所医院门诊楼的土建工程、办公楼的电气工程、化验楼的暖通工程，一个工厂中各个车间和办公楼的土建工程等。

4. 分部工程

分部工程是单位工程的组成部分，是指在一个单位工程中，按工程部位及使用材料和工种进一步划分的工程，如土石方工程、屋面工程、楼地面工程等。

5. 分项工程

分项工程是分部工程的组成部分，是指在一个分部工程中，按不同的施工方法、材料和规格对分部工程进一步划分，可用较为简单的施工过程完成，以适当的计量单位就可以计算其工程量的基本单元，如人工挖土方、砌内墙、砌外墙、配钢筋、立模等。

4) 计价方法的多样性

工程的多次计价有不同的计价依据，对造价的精确度要求也不相同，这就决定了计价方法有多样性的特征，如计算概、预算造价的方法有单价法和实物法等，计算投资估算的方法有设备系数法、生产能力指数估算法等。不同的方法利弊不同，适应条件也不同，计价时要根据具体情况加以选择。

5) 计价依据的复杂性

由于影响造价的因素多，因此计价依据的种类也多，主要可分为以下七类。

(1) 计算设备数量和工程量的依据。

(2) 计算人工、材料、机械等实物消耗量的依据。

(3) 计算工程单价的依据。

(4) 计算设备单价的依据。

(5) 计算其他费用的依据。

(6) 政府规定的税费。

(7) 物价指数和工程造价指数。

计价依据的复杂性决定了造价计算过程的复杂程度，这就要求计价人员要能收集、筛选、整理各类依据，并加以正确应用。

**3. 工程造价的确定**

工程计价的形式和方法多样，但计价的基本过程和原理是相同的。如果仅从工程费用计算角度分析，工程计价的顺序是：分部分项工程造价→单位工程造价→单项工程造价→建设项目总造价。而影响工程造价的主要因素有两个，即基本构造要素的单位价格和基本构造要素的实物工程量，可用下列基本计算式表达。

$$工程造价=\sum_{i=1}^{n}(实物工程量\times单位价格)_i \tag{1-1}$$

式中：$i$——第 $i$ 个基本子项；

$n$——工程结构分解得到的基本子项数目。

基本子项的单位价格高，工程造价就高；基本子项的实物工程量大，工程造价也就大。其中基本子项的实物工程量可以通过工程量计算规则和设计图纸计算得到，它可以直接反映工程项目的规模和内容。基本子项的单位价格有不同的表现形式，根据单位价格确定的形式形成了以下两种计价方法。

1) 定额计价法

这是一种传统的确定工程造价的方法。定额计价法最基本的依据是预算定额。预算定额是造价管理部门根据社会平均水平确定的完成一定计量单位合格产品所消耗的各种活化劳动和物化劳动数量标准。

因为预算定额是我国几十年实践的总结，具有一定的科学性和实践性，所以用这种方法确定工程造价计算过程简单、快速、准确，也有利于工程造价管理部门的管理。但预算定额是按照计划经济的要求制定、发布和贯彻执行的，工、料、机的消耗量是根据“社会平均水平”综合测定的，费用标准是根据不同地区平均测算的，因此企业报价时就会表现为平均主义。由于企业不能结合项目具体情况、自身技术管理水平自主报价，因此不能充分调动企业加强管理的积极性，也不能充分体现市场的公平竞争。

2) 工程量清单计价法

工程量清单计价法相对于传统的定额计价法来说是一种新的计价模式，或者说是一种市场定价模式，是由建筑产品的买方和卖方在建筑市场上根据供求状况、信息状况进行自由竞价，从而最终签订工程合同价格的方法。在工程量清单计价过程中，由于“工程数量”由招标人统一提供，因此增大了招投标市场的透明度，为投标企业提供了一个公平合理的基础和环境，真正体现了建设工程交易市场的公平、公正；“工程价格”由投标人自主报价，即定额不再作为计价的唯一依据，政府不再做任何参与，而是由企业根据自身技术专长、材料采购渠道和管理水平等，制定企业自己的报价定额，自主报价。

## 1.1.2 工程造价控制与管理概述

### 1. 工程造价控制与管理的内容

工程造价的控制与管理是指各级建设行政管理部门运用科学、技术的方法，对建设项目工程造价所进行的全过程、全方位的监督管理活动，也就是合理确定和有效控制工程造价，具体内容如下。

1) 做好工程造价管理的基础工作

工程造价管理的基础工作包括概算定额、概算指标、基础定额、预算定额、估算指标、费用定额的制定、颁布和修改，工程造价指数以及材料、劳动力、机械台班市场价格信息的收集与发布，工程造价管理法规和管理制度的建立与完善等。

2) 科学确定基本建设费用构成

根据支配工程造价活动的客观规律，合理确定基本建设费用构成，以及其中建筑工程费用，安装工程费用，设备及工、器具购置费用和其他工程费用等的构成。

3) 在基本建设程序各阶段合理确定工程造价

在基本建设程序的不同阶段，需要确定的工程造价的内容见表 1-1。

表 1-1　基本建设程序各阶段工程造价的内容的确定

| 阶段划分 | | 工程造价 |
|---|---|---|
| 决策阶段 | 项目建议书<br>项目可行性研究 | 投资估算 |
| 设计阶段 | 初步设计 | 设计概算 |
| | 技术设计 | 修正概算 |
| | 施工图设计 | 施工图预算 |
| 实施阶段 | 招投标 | 最高投标限价、投标报价 |
| | 承发包合同 | 承包合同价 |
| | 施工 | 施工预算、工程结算 |
| 竣工验收阶段 | 竣工验收 | 竣工结算、竣工决算 |

(1) 在编制项目建议书、进行项目可行性研究阶段，一般可按规定的投资估算指标、类似工程的造价资料、现行的设备材料价格并结合工程的实际情况，编制投资估算。投资估算是判断项目可行性、进行项目决策的主要依据之一。经有关部门批准后，投资估算可作为拟建项目列入计划和开展前期工作控制造价的依据。

(2) 在初步设计与技术设计阶段，设计单位要根据初步设计的总体布置以及建设项目、各单项工程的主要结构形式和设备清单，采用有关概算定额或概算指标等，编制设计概算和修正概算。经有关部门批准后的设计概算，即可作为确定建设项目工程造价、编制固定资产投资计划、签订建设项目承发包合同和贷款合同，以及实行建设项目投资包干的依据，从而使拟建项目的工程造价确定在最高限额范围以内。

(3) 在施工图设计阶段，根据设计的施工图，以及各种计价依据和有关规定，编制施工图预算，用以核实施工图设计阶段预算造价是否超过批准的设计概算。

(4) 在招投标阶段，招标方要编制最高投标限价，而投标方要投标报价，对以施工图预算为基础的招投标工程，合理确定的施工图预算即可作为招标方与中标单位签订建筑安装工程承包合同价的依据；对以工程量清单为基础的招投标工程，经评审的投标报价，可作为招标方与中标单位签订建筑安装工程承包合同价的依据和办理建筑安装工程价款结算的依据。

(5) 在工程施工阶段，承包方要进行施工预算以节约成本，同时按照承包方实际完成的工程量，以合同价为基础，并考虑影响工程造价的设备、材料价差、设计变更等因素，按合同规定的调整范围和调价方法对合同价进行必要的修正，合理确定结算价。

(6) 在竣工验收阶段，承包方编制竣工结算，建设单位根据工程建设过程中实际发生的全部费用，编制竣工决算，客观合理地确定建设项目的实际造价。

4) 工程造价全过程的有效控制

工程造价管理贯穿基本建设的全过程。在决策阶段，从可行性研究报告的编制、审批到项目的投资估算与评价都需要进行工程造价管理；在设计阶段，通过设计方案的优选、价值工程与限额设计，以及设计概算、施工图预算的编制审查等措施，有效控制工程造价；在项目招投标阶段，通过招标投标，建立竞争机制，合理确定最高投标限价和投标报价，最终确定工程承包合同价；在项目施工阶段，通过工程变更、索赔和工程结算管理，进行工程价款结算；在竣工验收阶段，编制竣工结算和竣工决算，使项目实际投资不超过批准的总概算，使项目人力、物力、财力等得到合理利用。

**2. 工程造价控制的基本原则**

1) 以设计阶段为重点的建设全过程控制

工程造价控制应贯穿于项目建设的全过程，但必须突出重点。很显然，设计阶段是控制的重点阶段。建设项目的全寿命费用包括工程造价和工程交付使用后的经常开支费用及该项目使用期满后的报废拆除费用等。统计表明，设计费一般只占建设项目全寿命费用的1%以下，但正是这不到 1%的费用几乎决定了随后的全部费用。由此可见，以设计质量控制整个工程建设的效益是非常明显的。

2) 以主动控制为主控制工程造价

长期以来，人们把工程造价控制理解为限额值与实际值的比较，当实际值偏离限额值时，则分析产生偏离的原因，确定下一步的对策。这种只能发现偏离，不能使已产生的偏离消失，不能预防可能发生的偏离的控制方法称为被动控制。主动控制是指工程造价控制立足于事先主动地采取对策措施，以尽可能地减少以至避免发生偏离的控制，也就是要求造价工作人员在投资决策、项目设计、发包和施工的各个阶段都应能主动地对造价的形成加以影响，以达到控制工程造价的目标。

**3. 有效控制工程造价的工作要素**

有效控制工程造价，要采取全过程、全方位的管理，应包括以下工作要素。

(1) 可行性研究阶段对建设方案认真优选，编制合理的投资估算，考虑风险，做好充分的投资准备。

(2) 择优选定咨询单位、设计单位，做好相应的招标工作。

(3) 合理选定工程的建设标准、设计标准，贯彻国家的建设方针，并积极、合理地采用新技术、新工艺、新材料，优化设计方案，编制合理的概算。

(4) 择优选定建筑安装施工单位，择优采购设备、建筑材料，做好相应的招标工作。

(5) 认真控制施工图设计，推行“限额设计”。

(6) 协调好与各有关方面的关系，合理处理配套工作(包括征地、拆迁等)中的经济关系。

(7) 系统地管理建设资金，保证资金合理、有效的使用，减少资金利息支出和损失，严格按设计概算对工程造价实行控制。

(8) 严格合同管理，做好工程索赔价款结算工作并强化项目法人责任制，落实项目法人对工程造价管理的主体地位。

(9) 专业化、社会化的工程咨询单位要为项目法人积极开展工程造价管理工作提供全过程、全方位的咨询服务，遵守职业道德，确保服务质量。

(10) 造价管理部门要强化服务意识，强化基础工作(定额、指标、价格、工程量、造价等信息资料)的建设，为工程造价的合理确定提供动态的可靠依据。此外，要完善造价工程师执业资格制度，促进工程造价管理人员素质和工作水平的提高。

## 1.1.3 工程造价管理体制与模式

### 1. 我国工程造价管理体制的产生和发展

1) 我国工程造价管理的产生

我国工程造价管理的产生应追溯到 19 世纪末 20 世纪上半叶。在当时外国资本侵入的一些口岸和沿海城市，随着工程投资的规模逐步扩大，出现了招投标承包方式，建筑市场开始形成。为适应这一形势，国外工程造价管理方法和经验逐步传入，而我国自身经济发展虽然落后，但民族工业也有了一定的发展，民族新兴工业项目的建设也要求对工程造价进行管理，这样工程造价管理在我国便产生了。但是，由于受历史条件的限制，特别是受到经济发展水平的限制，工程造价管理只能在狭小的地区和少量的工程建设中采用。

2) 中华人民共和国成立后我国工程造价管理体制的建立与发展

中华人民共和国成立后，我国工程造价管理体制的建立与发展过程大体可分为以下几个阶段。

(1) 工程造价管理机构与概预算体系的建立阶段。1950—1966 年，我国引进和吸收了苏联的工程建设经验，相继颁布了多项规章制度和定额，初步建立了我国工程建设领域的概预算制度，同时，对概预算的编制原则、内容、方法，以及审批、修正办法、程序等做出了明确规定。在这一阶段，我国的工程造价管理机构体系也得到了逐步建立与完善。1966 年以后，我国工程造价管理机构和工程建设概预算制度曾一度被取消。

(2) 工程造价管理机构的恢复和工程造价管理制度的建立阶段。20 世纪 70 年代末期，我国首先恢复了工程造价管理机构，并进一步组织了工程建设概预算定额、费用标准等。1988 年在建设部增设了标准定额司，并在各地相继建立了定额管理站，1990 年经建设部同意成立了第一个也是唯一一个代表我国工程造价管理行业的行业协会——中国建设工程造价管理协会。在此期间，我国还提出了全过程、全方位进行工程造价控制和动态管理的思路，这标志着我国工程造价的管理由单一的概预算管理向工程造价全过程管理转变。

(3) 我国工程造价管理制度的完善与发展阶段。经过 30 多年的不断深化改革，国务院建设行政主管部门及其他各有关部门、各地区对建立健全建设工程造价管理制度、改进建设工程计价依据做了大量工作。20 世纪 90 年代初期，除继续按照全过程控制和动态管理的思路对工程造价管理进行改革外，在计价依据方面，首次提出了“量”“价”分离的新思想，改变了国家对定额管理的方式，同时，提出了“控制量”“指导价”“竞争费”的改革设想。在这一阶段，初步建立了“在国家宏观控制下，以市场形成造价为主的价格机制，项目法人对建设项目的全过程负责，充分发挥协会和其他中介组织作用”的具有中国特色的工程造价管理体制。

(4) 我国市场经济体制下工程造价管理体制的发展阶段。建设部于 2003 年 2 月 17 日以第 119 号公告的形式，发布了《建设工程工程量清单计价规范》(GB 50500—2003)。规范为国家标准，自 2003 年 7 月 1 日起执行，也就是说，在此后的建设工程施工招投标过程中，都要采用工程量清单计价法。《建设工程工程量清单计价规范》的实施，在建设工程计价领域，彻底改变了我国实施多年的以定额为依据的计价管理模式，从而走上了一个全新的阶段。

为了完善工程量清单计价工作，中华人民共和国住房和城乡建设部于 2008 年 7 月 9 日和 2012 年 12 月 25 日先后发布了《建设工程工程量清单计价规范》(GB 50500—2008)和《建设工程工程量清单计价规范》(GB 50500—2013)。2013 年 7 月 1 日《建设工程工程量清单计价规范》(GB 50500—2013)开始执行，标志着工程造价管理迈入全过程精细化管理的新时代，将向集约型管理、科学化管理、全过程管理、重在前期管理的方向转变。

目前，我国社会主义市场经济体制正在不断完善。2022 年 10 月 16 日，党的二十大报告进一步提出要“构建高水平社会主义市场经济体制”，“完善产权保护、市场准入、公平竞争、社会信用等市场经济基础制度，优化营商环境”。在更高水平开放型经济新体制下，我国工程造价管理将充分发挥市场在资源配置中的决定性作用，加快推进工程造价管理市场化改革。

**2. 现行国内外工程造价管理的主导模式**

工程造价管理理论与方法是随着社会生产力的发展及现代管理科学的发展而产生并发展起来的。在原有的基础上，经过不断发展与创新，已形成了一些新的理论与方法，这些新的理论与方法最显著的特点是：更加注重决策、设计阶段工程造价管理对工程造价的能动影响作用；更加重视项目整个寿命期内的价值最大化，而不仅仅是项目建设期的价值最大化。其中具有代表性的造价管理模式是：20 世纪 70 年代末期以英国建设项目工程造价管理界为主提出的“全生命周期造价管理”；20 世纪 80 年代中期以中国建设项目工程造价管理界为主推出的“全过程造价管理”；20 世纪 90 年代前期以美国建设项目工程造价管理界为主推出的“全面造价管理”。

我国工程造价管理的现状及改革的思考

1) 全生命周期造价管理

全生命周期造价指建设项目初始建造成本和建成后的日常使用成本之和，包括建设前期、建设期、使用期及拆除期各个阶段的成本费用。

由于在建设及使用的不同阶段工程造价存在诸多不确定性，我国工程建设中普遍还存在着规划、设计、施工、使用与管理等各阶段工作分离的格局，使得对全生命周期造价的管理比较困难。因此，全生命周期造价管理至今只能作为一种实现建设项目全生命周期造价最小化的指导思想，指导建设项目的投资决策及设计方案的选择。

2) 全过程造价管理

建设项目全过程包括前期决策、设计、招投标、施工和竣工验收等各个阶段，每个阶段、每个过程又由许多不同的具体活动构成。一个建设项目的全过程造价是由各个过程的造价构成的，而这些过程的造价又都是由许多项具体活动的造价构成的。全过程造价管理必须是基于活动与过程的，必须按照建设项目的活动与过程的组成与分解的规律而实现。

全过程造价管理覆盖建设项目前期决策及实施的各个阶段，包括前期决策阶段的项目策划、投资估算、项目经济评价、项目融资方案分析；设计阶段的限额设计、方案比选、概预算编制；招投标阶段的标段划分、承发包模式及合同形式的选择、标底编制；施工阶段的工程计量与结算、工程变更控制、索赔管理；竣工验收阶段的竣工结算与决算等。

3) 全面造价管理

全面造价管理模式最根本的特征是“全面”，它不但包括了项目全生命周期和全过程造价管理的思想和方法，还包括了项目全要素、全团体和全风险造价管理等全新的建设项目管理的思想和方法。然而这一模式现在基本上还只是一种工程造价管理的理念和思想，它在方法论和技术方法方面还有待完善，这使其适用性具有较大的局限性。

特别提示

我国现阶段推行的是全过程造价管理模式。我国于 2003 年 7 月 1 日起强制实施的工程量清单计价，实际上就是基于全过程造价管理模式下的一种更科学的造价确定方法。

# 任务 1.2　设备及工、器具购置费的确定

**知识目标**

(1) 掌握国产标准、非标准设备原价的构成及计算。
(2) 掌握进口设备原价的构成及计算。
(3) 掌握设备运杂费的构成及计算。
(4) 了解工、器具及生产家具购置费的构成及计算。

**工作任务**

能够准确地确定设备和工、器具等的购置费用。

## 1.2.1 设备购置费的构成及计算

### 1. 设备购置费的定义

设备购置费是指为建设项目购置或自制的达到固定资产标准的各种国产或进口设备、工具、器具的购置费用。计算公式为

$$设备购置费 = 设备原价 + 设备运杂费 \tag{1-2}$$

### 2. 设备原价的构成及计算

1) 国产标准设备原价

国产标准设备是指按照主管部门颁布的标准图纸和技术要求，由设备生产厂批量生产的，符合国家质量检验标准的设备。国产标准设备原价一般指的是设备生产厂的交货价，即出厂价。如设备由设备成套公司供应，则以订货合同价为设备原价。有的设备有两种出厂价，即带有备件的出厂价和不带有备件的出厂价。在计算设备原价时，一般按带有备件的出厂价计算。

2) 国产非标准设备原价

国产非标准设备是指国家尚无定型标准，各设备生产厂在工艺过程中无法批量生产，只能按一次订货，并根据具体的设备图纸制造的设备。国产非标准设备原价有多种不同的计算方法，如成本计算估价法、系列设备插入估价法、分部组合估价法、定额估价法等。但无论哪种方法都应该使国产非标准设备计价的准确度接近实际出厂价，并且计算方法要简便。其中成本计算估价法是一种比较常用的估算国产非标准设备原价的方法。计算公式为

国产非标准设备原价 = {[(材料费 + 加工费 + 辅助材料费) × (1 + 专用工具费率) ×
(1 + 废品损失费率) + 外购配套件费] × (1 + 包装费率) −
外购配套件费} × (1 + 利润率) + 销项税额 +
国产非标准设备设计费 + 外购配套件费 (1-3)

### 特别提示

(1) 外购配套件费可计取包装费，但不计取利润。

(2) 国产非标准设备原价中的税金主要指增值税，通常是指设备生产厂销售设备时向购入设备方收取的销项税额，计算公式为

当期销项税额 = 销售额 × 适用增值税税率

销售额 = 材料费 + 加工费 + 辅助材料费 + 专用工具费 +
废品损失费 + 外购配套件费 + 包装费 + 利润

式中，虽然根据《财政部、税务总局关于全面推开营业税改征增值税试点的通知》(财税〔2016〕36 号)的规定，购入不动产、无形资产时支付或者负担的增值税额可以作为进项税额抵扣，但并非所有的投资项目的进项税额都可以抵扣，而由于可抵扣的进项税额依然是项目投资过程中所必须支付的费用之一，因此在计算设备原价时，依然包括增值税。同理，在后面的建筑安装工程费、工程建设其他费用中也包括相应的增值税。

### 应用案例 1-1

某工厂采购一台国产非标准设备，设备生产厂生产该台设备所用材料费为 20 万元，加工费为 2 万元，辅助材料费为 4 000 元，专用工具费率为 1.5%，废品损失费率为 10%，外购配套件费为 5 万元，包装费率为 1%，利润率为 7%，增值税税率为 17%，国产非标准设备设计费为 2 万元，求该国产非标准设备的原价。

**【案例解析】**

专用工具费 = (20 + 2 + 0.4) × 1.5% = 0.336(万元)

废品损失费 = (20 + 2 + 0.4 + 0.336) × 10% ≈ 2.274(万元)

包装费 = (22.4 + 0.336 + 2.274 + 5) × 1% ≈ 0.3(万元)
利润 = (22.4 + 0.336 + 2.274 + 0.3) × 7% ≈ 1.772(万元)
销项税额 = (22.4 + 0.336 + 2.274 + 5 + 0.3 + 1.772) × 17% ≈ 5.454(万元)
该国产非标准设备的原价 = 22.4 + 0.336 + 2.274 + 0.3 + 1.772 + 5.454 + 2 + 5 = 39.536(万元)

3) 进口设备原价

进口设备原价是指进口设备的抵岸价，即抵达买方边境港口或边境车站，且交完关税等费用后形成的价格。在国际贸易中，交易双方所使用的交货类别不同，则交易价格的构成内容也有所差异。

(1) 进口设备的交易价格见表 1-2。

表 1-2 进口设备的交易价格

| 交易价格类别 | 概　　念 | 卖方基本义务 | 买方基本义务 |
|---|---|---|---|
| 离岸价(free on board，FOB) | FOB 意为装运港船上交货价格，亦称离岸价，指当货物在装运港被装上指定船时，卖方即完成交货义务。<br>风险转移，以在指定的装运港货物被装上指定船时为分界点。<br>费用划分与风险转移的分界点相一致 | ① 在合同规定的时间或期限内，在装运港按照习惯方式将货物交到买方指派的船上，并及时通知买方；<br>② 自负风险和费用，取得出口许可证或其他官方批准的证件，在需要办理海关手续时，办理货物出口所需的一切海关手续；<br>③ 负担货物在装运港至装上船为止的一切费用和风险；<br>④ 自付费用提供证明货物已交至船上的通常单据或具有同等效力的电子单证 | ① 自负风险和费用，取得进口许可证或其他官方批准的证件，在需要办理海关手续时，办理货物进口以及经由他国过境的一切海关手续，并支付有关费用及过境费；<br>② 负责租船或订舱，支付运费，并给予卖方关于船名、装船地点和要求交货时间的通知；<br>③ 负责货物在装运港装上船后的一切费用和风险；<br>④ 接受卖方提供的有关单据，收领货物，并按合同规定支付货款 |
| 运费在内价(cost and freight，CFR) | CFR 意为成本加运费，或称为运费在内价，指货物在装运港被装上指定船时卖方即完成交货，卖方必须支付将货物运至指定的目的港所需的运费和费用，但交货后货物丢失或损坏的风险，以及由于各种事件造成的任何额外费用，即由卖方转移到买方。<br>与 FOB 相比，CFR 的费用划分与风险转移的分界点是不一致的 | ① 自负风险和费用，取得出口许可证或其他官方批准的证件，在需要办理海关手续时，办理货物出口所需的一切海关手续；<br>② 签订从指定装运港承运货物运往指定目的港的运输合同；<br>③ 在买卖合同规定的时间和港口，将货物装上船并支付至目的港的运费，装船后及时通知买方；<br>④ 负担货物在装运港至装上船为止的一切费用和风险；<br>⑤ 向买方提供通常的运输单据或具有同等效力的电子单证 | ① 自负风险和费用，取得进口许可证或其他官方批准的证件，在需办理海关手续时，办理货物进口以及必要时经由他国过境的一切海关手续，并支付有关费用及过境费；<br>② 负担货物在装运港装上船后的一切费用和风险；<br>③ 接受卖方提供的有关单据，收领货物，并按合同规定支付货款；<br>④ 支付除通常运费以外的有关货物在运输途中所产生的各项费用以及包括驳运费和码头费在内的卸货费 |

续表

| 交易价格类别 | 概　念 | 卖方基本义务 | 买方基本义务 |
|---|---|---|---|
| 到岸价(cost insurance and freight，CIF) | CIF 意为成本加保险费、运费，习惯上称为到岸价 | 除负有与 CFR 相同的义务外，还应办理货物在运输途中最低险别的海运保险，并应支付保险费 | 除保险这项义务外，买方的义务也与 CFR 相同 |

(2) 进口设备原价(抵岸价)的构成及计算。

$$进口设备原价 = 货价 + 国际运费 + 运输保险费 + 银行财务费 + 外贸手续费 + 关税 + 消费税 + 进口环节增值税 + 车辆购置税 \tag{1-4}$$

① 进口设备的货价：一般可采用下列公式计算。

$$货价 = 离岸价(FOB) \times 人民币外汇汇率 \tag{1-5}$$

② 国际运费：从装运港(站)到达我国目的港(站)的运费。我国进口设备大部分采用海洋运输方式，小部分采用铁路运输方式，个别采用航空运输方式。计算公式为

$$国际运费 = 离岸价(FOB) \times 运费率(\%) \tag{1-6}$$

或

$$国际运费 = 运量 \times 单位运价 \tag{1-7}$$

其中，运费率或单位运价参照有关部门或进出口公司的规定。

国际运费以原币计算，计算进口设备原价时，再将国际运费换算成人民币。

③ 运输保险费：对外贸易货物运输保险由保险人(保险公司)与被保险人(出口商或进口商)订立保险契约，在被保险人交付议定的保险费后，保险人根据保险契约的规定对货物在运输过程中发生的承保责任范围内的损失给予经济上的补偿，这是一种财产保险。计算公式为

$$运输保险费 = \frac{离岸价(FOB)+国际运费}{1-保险费率(\%)} \times 保险费率(\%) \tag{1-8}$$

其中，保险费率按保险公司规定的进口货物保险费率计算。

④ 银行财务费：一般指在国际贸易结算中，金融机构为进出口商提供金融结算服务所收取的费用。计算公式为

$$银行财务费 = 离岸价(FOB) \times 人民币外汇汇率 \times 银行财务费率(\%) \tag{1-9}$$

⑤ 外贸手续费：按商务部规定的外贸手续费率计取的费用，外贸手续费率一般取1.5%。计算公式为

$$外贸手续费 = 到岸价(CIF) \times 人民币外汇汇率 \times 外贸手续费率(\%) \tag{1-10}$$

$$到岸价(CIF) = 离岸价(FOB) + 国际运费 + 运输保险费 \tag{1-11}$$

⑥ 关税：由海关对进出国境或关境的货物或物品征收的税种。计算公式为

$$关税 = 到岸价(CIF) \times 人民币外汇汇率 \times 进口关税税率(\%) \tag{1-12}$$

### 特别提示

到岸价作为关税的计征基数时，通常又可称为关税完税价格。进口关税税率分为优惠税率和普通税率两种，优惠税率适用于与我国签订含关税互惠条款的贸易条约或协定的国家的进口设备；普通税率适用于未与我国签订含关税互惠条款的贸易条约或协定的国家的进口设备。进口关税税率按我国海关总署发布的进口关税税率计算。

⑦ 消费税：仅对部分进口设备(如轿车、摩托车等)征收。一般计算公式为

$$消费税=\frac{到岸价(CIF)\times人民币外汇汇率+关税}{1-消费税税率(\%)}\times消费税税率(\%) \tag{1-13}$$

⑧ 进口环节增值税：对从事进口贸易的单位和个人，在进口商品报关进口后征收的税种。《中华人民共和国增值税暂行条例》规定，进口应税产品均按组成计税价格和增值税税率直接计算应纳税额。计算公式为

$$进口环节增值税=(关税完税价格+关税+消费税)\times增值税税率(\%) \tag{1-14}$$

⑨ 车辆购置税：进口车辆需缴纳的车辆购置税计算公式为

$$车辆购置税=(关税完税价格+关税+消费税)\times车辆购置税税率(\%) \tag{1-15}$$

### 3. 设备运杂费的构成及计算

1) 设备运杂费的构成

设备运杂费通常由下列各项构成。

(1) 运费和装卸费：指国产设备由设备制造厂交货地点起至工地仓库(或施工组织设计指定的需要安装设备的堆放地点)止所发生的运费和装卸费；进口设备则由我国到岸港口或边境车站起至工地仓库(或施工组织设计指定的需安装设备的堆放地点)止所发生的运费和装卸费。

(2) 包装费：在设备原价中没有包含的，为运输而进行的包装支出的各种费用。

(3) 设备供销部门的手续费：按有关部门规定的统一费率计算。

(4) 采购与保管费：指采购、验收、保管和收发设备所发生的各种费用，包括设备采购人员、保管人员和管理人员的工资、工资附加费、办公费、差旅交通费，设备供应部门办公和仓库所占固定资产使用费、工具用具使用费、劳动保护费、检验试验费等。这些费用可按主管部门规定的采购与保管费率计算。

2) 设备运杂费的计算

设备运杂费按设备原价乘以设备运杂费率计算。计算公式为

$$设备运杂费=设备原价\times设备运杂费率(\%) \tag{1-16}$$

其中，设备运杂费率按各部门及省、市有关规定计取。

### 应用案例 1-2

从某国进口应纳消费税的设备，质量为 1 000t，装运港船上交货价为 400 万美元，工程建设项目位于国内某省会城市，若国际运费标准为 300 美元/t，海上运输保险费率为 0.3%，银行财务费率为 0.5%，外贸手续费率为 1.5%，进口关税税率为 20%，增值税税率为 13%，消费税税率为 10%，美元兑人民币的外汇汇率为 1∶6.9，设备的国内运杂费率为 2.3%，试求该套进口设备的购置费用。

**【案例解析】**

进口设备货价 = 400 × 6.9 = 2 760(万元)

国际运费 = 300×1 000×6.9 = 207(万元)

运输保险费 = [(2 760 + 207) / (1 − 0.3%)] × 0.3% ≈ 8.93(万元)

CIF = 2 760 + 207 + 8.93 = 2 975.93(万元)

银行财务费 = 2 760 × 0.5%=13.8(万元)

外贸手续费 = 2 975.93 × 1.5% ≈ 44.64(万元)

关税 = 2 975.93 × 20% ≈ 595.19(万元)

消费税 = [(2 975.93 + 595.19) / (1 − 10%)] × 10% ≈ 396.79(万元)

增值税 = (2 975.93 + 595.19 + 396.79) × 13% ≈ 515.83(万元)

进口从属费 = 13.8 + 44.64 + 595.19 + 396.79 + 515.83 = 1 566.25(万元)

进口设备原价 = 2 975.93 + 1 566.25 = 4 542.18(万元)

进口设备购置费 = 4 542.18 × (1 + 2.3%) ≈ 4 646.65(万元)

### 1.2.2 工、器具及生产家具购置费的构成及计算

工、器具及生产家具购置费，是指新建项目或扩建项目初步设计规定的，保证初期正常生产必须购置的没有达到固定资产标准的设备、仪器、工卡模具、器具、生产家具和备品备件等的购置费用。其一般计算公式为

工、器具及生产家具购置费 = 设备购置费 × 定额费率　　(1-17)

## 任务 1.3　建筑安装工程费的确定

**知识目标**

(1) 掌握按费用构成要素来划分的建筑安装工程费的各项内容及计算。

(2) 掌握按造价形成来划分的建筑安装工程费的各项内容及计算。

(3) 掌握建筑安装工程计价方法。

**工作任务**

根据已有的造价资料，能够按照正确的计价步骤计算出工程的建筑安装工程费。

### 1.3.1 我国现行建筑安装工程费用项目组成

根据《住房城乡建设部、财政部关于印发〈建筑安装工程费用项目组成〉的通知》(建标〔2013〕44 号)，我国现行建筑安装工程费用项目按两种不同的方式划分，即按费用构成要素划分和按造价形成划分，其具体构成如图 1.3 所示。

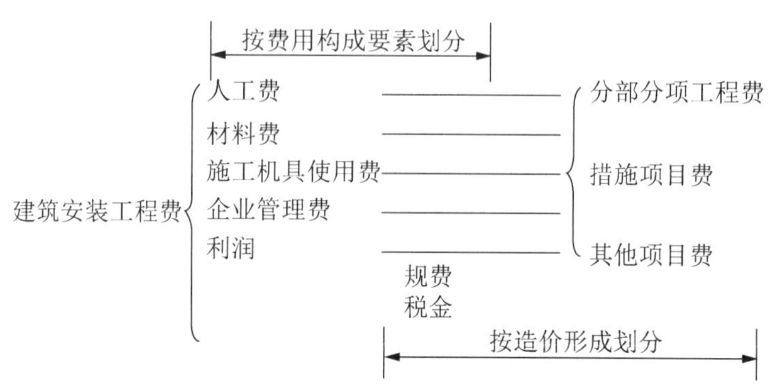


图 1.3 建筑安装工程费用项目构成

### 特别提示

建标〔2013〕44 号文主要从消耗要素和造价形成两个视角对建筑安装工程费进行了划分，但在我国目前的工程实践中，施工企业基于成本管理的需要，仍然习惯按照直接成本和间接成本的方式对建筑安装工程成本进行划分。为兼顾这一实际情况，本书中仍然保留直接费和间接费这两个概念，直接费包括人工费、材料费、施工机具使用费，间接费包括企业管理费和规费。

## 1.3.2 按费用构成要素来划分建筑安装工程费

建筑安装工程费按照费用构成要素划分，由人工费、材料(包含工程设备，下同)费、施工机具使用费、企业管理费、利润、规费和税金组成。其中人工费、材料费、施工机具使用费、企业管理费和利润包含在分部分项工程费、措施项目费、其他项目费中，如图 1.3 所示。

### 1. 人工费

建筑安装工程费中的人工费，是指按照工资总额构成规定，支付给直接从事建筑安装工程施工作业的生产工人的各项费用。计算人工费的基本要素有两个，即人工工日消耗量和人工日工资单价。

(1) 人工工日消耗量：指在正常施工生产条件下，完成规定计量单位的建筑安装产品所消耗的生产工人的工日数量。它由分项工程所综合的各个工序劳动定额包括的基本用工、其他用工两部分组成。

(2) 人工工日单价：指直接从事建筑安装工程施工的生产工人在每个法定工作日的工资、津贴及奖金等。

人工费的基本计算公式为

$$人工费=\sum(人工工日消耗量\times人工工日单价) \tag{1-18}$$

### 2. 材料费

建筑安装工程费中的材料费，是指工程施工过程中耗费的各种原材料、半成品、构配件、工程设备等的费用，以及周转材料的摊销、租赁费用。工程设备是指构成或计划构成永久工程一部分的机电设备、金属结构设备、仪器装置或其他类似的设备和装置。计算材料费的基本要素是材料消耗量和材料单价。

(1) 材料消耗量：指在正常施工生产条件下，完成规定计量单位的建筑安装产品所消耗的各类材料的净用量和不可避免的损耗量。

(2) 材料单价：指建筑材料从其来源地运到施工工地仓库直至出库形成的综合平均单价，由材料原价、运杂费、运输损耗费、采购及保管费组成。当一般纳税人采用一般计税方法时，材料单价中的材料原价、运杂费等均应扣除增值税进项税额。

材料费的基本计算公式为

$$材料费=\sum(材料消耗量\times材料单价) \tag{1-19}$$

### 3. 施工机具使用费

建筑安装工程费中的施工机具使用费，是指施工作业所发生的施工机械使用费、施工仪器仪表使用费或其租赁费。

(1) 施工机械使用费：指施工机械作业发生的使用费或租赁费。构成施工机械使用费的基本要素是施工机械台班消耗量和施工机械台班单价。施工机械使用费的基本计算公式为

$$施工机械使用费=\sum(施工机械台班消耗量\times施工机械台班单价) \tag{1-20}$$

施工机械台班单价通常由折旧费、检修费、维护费、安拆费及场外运费、人工费、燃料动力费和其他费用组成。

(2) 施工仪器仪表使用费：指工程施工所需使用的仪器仪表的摊销及维修费用。与施工机械使用费类似，施工仪器仪表使用费的基本计算公式为

$$施工仪器仪表使用费=\sum(施工仪器仪表台班消耗量\times施工仪器仪表台班单价) \tag{1-21}$$

施工仪器仪表台班单价通常由折旧费、维护费、校验费和动力费组成。

当采用一般计税方法时，施工机械台班单价和施工仪器仪表台班单价中的有关子项均须扣除增值税进项税额。

### 4. 企业管理费

1) 企业管理费的内容

企业管理费是指施工企业组织建筑安装施工生产和经营管理所需的费用。企业管理费的内容包括以下几项。

(1) 管理人员工资：指按规定支付给管理人员的计时工资、奖金、津贴补贴、加班加点工资及特殊情况下支付的工资等。

(2) 办公费：指企业管理办公用的文具、纸张、账簿、印刷、邮电、书报、办公软件、现场监控、会议、水电、烧水和集体取暖降温(包括现场临时宿舍取暖降温)等费用。

当采用一般计税方法时，办公费中增值税进项税额的抵扣原则为：以购进货物适用的相应税率扣减，其中购进自来水、暖气、冷气、图书、报纸、杂志等适用的税率为 9%，接受邮政和基础电信服务等适用的税率为 9%，接受增值电信服务等适用的税率为 6%，其他一般为 13%。

(3) 差旅交通费：指职工因公出差、调动工作的差旅费、住勤补助费，市内交通费和误餐补助费，职工探亲路费，劳动力招募费，职工退休、退职一次性路费，工伤人员就医路费，工地转移费，以及管理部门使用的交通工具的油料、燃料等费用。

(4) 固定资产使用费：指管理和试验部门及附属生产单位使用的属于固定资产的房屋、设备、仪器等的折旧、大修、维修或租赁费。当采用一般计税方法时，固定资产使用费中增值税进项税额的抵扣原则为：购入的不动产适用的税率为9%，购入的其他资产适用的税率为13%，设备、仪器的折旧、大修、维修或租赁费以购进货物、接受修理修配劳务或租赁有形动产服务适用的税率扣减，均为13%。

(5) 工具用具使用费：指企业施工生产和管理使用的不属于固定资产的工具、器具、家具、交通工具和检验、试验、测绘及消防用具等的购置、维修和摊销费。当采用一般计税方法时，工具用具使用费中增值税进项税额的抵扣原则为：以购进货物或接受修理修配劳务适用的税率扣减，均为13%。

(6) 劳动保险和职工福利费：指由企业支付的职工退职金、按规定支付给离休干部的经费、集体福利费、夏季防暑降温补贴、冬季取暖补贴、上下班交通补贴等。

(7) 劳动保护费：指企业按规定发放的劳动保护用品的支出，如工作服、手套、防暑降温饮料及在有碍身体健康的环境中施工的保健费用等。

(8) 检验试验费：指施工企业按照有关标准规定，对建筑及材料、构件和建筑安装物进行一般鉴定、检查所发生的费用，包括自设试验室进行试验所耗用的材料等费用。检验试验费不包括新结构、新材料的试验费，对构件做破坏性试验及其他特殊要求检验试验的费用和建设单位委托检测机构进行检测的费用，对此类检测发生的费用，由建设单位在工程建设其他费用中列支。但对施工企业提供的具有合格证明的材料进行检测不合格的，该检测费用由施工企业支付。当采用一般计税方法时，检验试验费中增值税进项税额以现代服务业适用的税率6%扣减。

(9) 工会经费：指企业按《中华人民共和国工会法》规定的全部职工工资总额比例计提的工会经费。

(10) 职工教育经费：指按职工工资总额的规定比例计提，企业为职工进行专业技术和职业技能培训，专业技术人员继续教育、职工职业技能鉴定、职业资格认定，以及根据需要对职工进行各类文化教育所发生的费用。

(11) 财产保险费：指施工管理时所用财产、车辆等的保险费用。

(12) 财务费：指企业为施工生产筹集资金或提供预付款担保、履约担保、职工工资支付担保等所发生的各种费用。

(13) 税金：指企业按规定缴纳的房产税、非生产性车船使用税、土地使用税、印花税、城市维护建设税、教育费附加、地方教育附加等各项税费。

(14) 其他：包括技术转让费、技术开发费、投标费、业务招待费、绿化费、广告费、公证费、法律顾问费、审计费、咨询费、保险费等。

2) 企业管理费的计算方法

企业管理费一般采用取费基数乘以费率的方法计算。取费基数有三种，分别是以直接费为计算基础、以人工费和施工机具使用费之和为计算基础和以人工费为计算基础。企业管理费费率的计算方法如下。

(1) 以直接费为计算基础。计算公式为

$$企业管理费费率(\%)=\frac{生产工人年平均管理费}{年有效施工天数\times人工单价}\times人工费占直接费比例(\%) \quad (1\text{-}22)$$

(2) 以人工费和施工机具使用费之和为计算基础。计算公式为

$$企业管理费费率(\%)=\frac{生产工人年平均管理费}{年有效施工天数\times(人工单价+每一台班施工机具使用费)}\times100\% \quad (1\text{-}23)$$

(3) 以人工费为计算基础。计算公式为

$$企业管理费费率(\%)=\frac{生产工人年平均管理费}{年有效施工天数\times人工单价}\times100\% \quad (1\text{-}24)$$

工程造价管理机构在确定计价定额中的企业管理费时，应以定额人工费或定额人工费与施工机具使用费之和作为计算基数，其费率根据历年积累的工程造价资料，辅以调查数据确定。

**5. 利润**

利润是指施工企业从事建筑安装工程施工所获得的盈利，由施工企业根据企业自身需求并结合建筑市场实际自主确定。工程造价管理机构在确定计价定额中的利润时，应以定额人工费或定额人工费与施工机具使用费之和作为计算基数，其费率根据历年积累的工程造价资料，并结合建筑市场实际确定，以单位(单项)工程测算，利润在税前建筑安装工程费的比重可按不低于 5%且不高于 7%的费率计算。

**6. 规费**

规费是指按国家法律、法规规定，由省级政府和省级有关权力部门规定必须缴纳或计取的费用，应计入建筑安装工程造价的费用。规费包括以下几个部分。

1) 社会保险费

(1) 养老保险费：指企业按照规定标准为职工缴纳的基本养老保险费。

(2) 失业保险费：指企业按照规定标准为职工缴纳的失业保险费。

(3) 医疗保险费：指企业按照规定标准为职工缴纳的基本医疗保险费。

(4) 生育保险费：指企业按照国家规定为职工缴纳的生育保险费。根据“十三五”规划纲要，生育保险与基本医疗保险合并的实施方案已通过 12 个城市行政区域试点，目前已在全国范围内推进。

(5) 工伤保险费：指企业按照国务院制定的行业费率为职工缴纳的工伤保险费。

2) 住房公积金

住房公积金是指企业按规定标准为职工缴纳的住房公积金。

社会保险费和住房公积金应以定额人工费为计算基础，根据工程所在地省、自治区、直辖市或行业建设行政主管部门规定费率计算。计算公式为

$$社会保险费和住房公积金=\sum(工程定额人工费\times社会保险费和住房公积金费率) \quad (1\text{-}25)$$

其中，社会保险费和住房公积金费率可以每万元发承包价的生产工人人工费和管理人员工

资含量与工程所在地规定的缴纳标准综合分析取定。

7. 税金

建筑安装工程费中的税金是指国家税法规定的应计入建筑安装工程造价内的增值税额，按税前造价乘以增值税税率确定。

1) 采用一般计税方法时增值税的计算

当采用一般计税方法时，建筑业增值税税率为 9%。计算公式为

$$增值税 = 税前造价 \times 9\% \tag{1-26}$$

税前造价为人工费、材料费、施工机具使用费、企业管理费、利润和规费之和，各费用项目均以不包含增值税可抵扣进项税额的价格计算。

2) 采用简易计税方法时增值税的计算

(1) 简易计税的适用范围。根据《营业税改征增值税试点实施办法》以及《营业税改征增值税试点有关事项的规定》的规定，简易计税方法主要适用于以下几种情况。

① 小规模纳税人发生应税行为适用简易计税方法计税。小规模纳税人通常是指纳税人提供的建筑服务年应征增值税销售额未超过 500 万元，并且会计核算不健全，不能按规定报送有关税务资料的增值税纳税人。而年应征增值税销售额超过 500 万元，但不经常发生应税行为的单位也可选择按照小规模纳税人计税。

② 一般纳税人以清包工方式提供的建筑服务，可以选择适用简易计税方法计税。以清包工方式提供建筑服务，是指施工方不采购建筑工程所需的材料或只采购辅助材料，并收取人工费、管理费或者其他费用的建筑服务。

③ 一般纳税人为甲供工程提供的建筑服务，可以选择适用简易计税方法计税。甲供工程，是指全部或部分设备、材料、动力由工程发包方自行采购的建筑工程。

④ 一般纳税人为建筑工程老项目提供的建筑服务，可以选择适用简易计税方法计税。建筑工程老项目一般有如下两种情况：《建筑工程施工许可证》注明的合同开工日期在 2016 年 4 月 30 日前的建筑工程项目；未取得《建筑工程施工许可证》的，建筑工程承包合同注明的开工日期在 2016 年 4 月 30 日前的建筑工程项目。

(2) 简易计税的计算方法。当采用简易计税方法时，建筑业增值税税率为 3%。其计算公式为

$$增值税 = 税前造价 \times 3\% \tag{1-27}$$

税前造价为人工费、材料费、施工机具使用费、企业管理费、利润和规费之和，各费用项目均以包含增值税进项税额的含税价格计算。

## 1.3.3 按造价形成来划分建筑安装工程费

建筑安装工程费按照造价形成划分，由分部分项工程费、措施项目费、其他项目费、规费和税金组成。

1. 分部分项工程费

分部分项工程费是指各专业工程的分部分项工程应予列支的各项费用。分部分项工程

费通常用分部分项工程量乘以综合单价进行计算。计算公式为

$$分部分项工程费=\sum(分部分项工程量\times综合单价) \tag{1-28}$$

其中，综合单价包括人工费、材料费、施工机具使用费、企业管理费和利润，以及一定范围的风险费用(下同)。

各专业工程的分部分项工程划分如下，具体应遵循现行国家或行业计量规范的规定。

(1) 专业工程是指按现行国家计量规范划分的房屋建筑与装饰工程、仿古建筑工程、通用安装工程、市政工程、园林绿化工程、矿山工程、构筑物工程、城市轨道交通工程、爆破工程等各类工程。

(2) 分部分项工程是指按现行国家计量规范对各专业工程划分的项目，如房屋建筑与装饰工程划分的土石方工程、地基处理与边坡支护工程、桩基工程、砌筑工程、混凝土及钢筋混凝土工程等。

### 2. 措施项目费

措施项目费是指为完成建设工程施工，发生于该工程施工前和施工过程中的技术、生活、安全、环境保护等方面的费用。措施项目及其包含的内容应遵循各专业工程的现行国家或行业计量规范。以《房屋建筑与装饰工程工程量计算规范》(GB 50854—2013)中的规定为例对措施项目费介绍如下。

1) 措施项目费的内容

(1) 安全文明施工费：指工程项目施工期间，施工企业为保证安全施工、文明施工和保护现场内外环境等所发生的措施项目费用，通常由环境保护费、文明施工费、安全施工费和临时设施费组成。

① 环境保护费：指施工现场为达到环保部门要求所需要的各项费用。

② 文明施工费：指施工现场文明施工所需要的各项费用。

③ 安全施工费：指施工现场安全施工所需要的各项费用。

④ 临时设施费：指施工企业为进行建设工程施工所必须搭设的生活和生产用的临时建筑物、构筑物和其他临时设施费用，包括临时设施的搭设、维修、拆除、清理费或摊销费等。

(2) 夜间施工增加费：指因夜间施工所发生的夜班补助、夜间施工降效、夜间施工照明设备摊销及照明用电等费用。

(3) 非夜间施工照明费：指为保证工程施工正常进行，在地下室等特殊施工部位施工时所采用的照明设备的安拆、维护及照明用电等费用。

(4) 二次搬运费：指因施工管理需要或因场地狭小等原因，导致建筑材料、设备等不能一次搬运到位，必须发生的二次或以上搬运所需的费用。

(5) 冬雨季施工增加费：指因冬雨季天气原因导致施工降效，需加大投入而增加的费用，以及为确保冬雨季施工的质量和安全而采取的保温、防雨等措施所需的费用，通常包括以下内容。

① 冬雨(风)季施工时，增加的临时设施(防寒保温、防雨、防风设施)的搭设、拆除费用。

② 冬雨(风)季施工时，对砌体、混凝土等采用的特殊加温、保温和养护措施费用。

③ 冬雨(风)季施工时，对施工现场的防滑处理、对影响施工的雨雪的清除费用。

④ 冬雨(风)季施工时，增加的临时设施、施工人员的劳动保护用品、冬雨(风)季施工劳动效率降低等费用。

(6) 地上、地下设施和建筑物的临时保护设施费：指在工程施工过程中，对已建成的地上、地下设施和建筑物采取的遮盖、封闭、隔离等必要保护措施所发生的费用。

(7) 已完工程及设备保护费：指竣工验收前，对已完工程及设备采取的必要保护措施所发生的费用。

(8) 大型机械设备进出场及安拆费：指机械整体或分体自停放场地运至施工现场或由一个施工地点运至另一个施工地点，所发生的机械进出场运输及转移费用，以及机械在施工现场进行安装、拆卸所需的人工费、材料费、机械费、试运转费和安装所需的辅助设施的费用。

(9) 脚手架工程费：指施工需要的各种脚手架搭、拆、运输费用及脚手架购置费的摊销(或租赁)费用，通常包括以下内容。

① 施工时可能发生的场内、场外材料搬运费用。

② 搭、拆脚手架、斜道、上料平台费用。

③ 安全网的铺设费用。

④ 拆除脚手架后材料的堆放费用。

(10) 混凝土模板及支架(撑)费：指混凝土施工过程中需要的各种钢模板、木模板、支架等的支拆、运输费用及模板、支架的摊销(或租赁)费用，其内容由以下各项组成。

① 混凝土施工过程中需要的各种模板制作费用。

② 模板安装、拆除、整理堆放及场内外运输费用。

③ 清理模板黏结物及模内杂物、刷隔离剂等费用。

(11) 垂直运输费：指现场所用材料、机具从地面运至相应高度及职工人员上下工作面等所发生的运输费用。

(12) 超高施工增加费：当单层建筑物檐口高度超过 20m，多层建筑物超过 6 层时，可计算超高施工增加费，其内容由以下各项组成。

① 建筑物超高引起的人工工效降低以及由于人工工效降低引起的机械降效费。

② 为高层施工用水而产生的加压水泵的安装、拆除费及工作台班。

③ 通信联络设备的使用及摊销费。

(13) 施工排水、降水费：指将施工期间有碍施工作业和影响工程质量的水排到施工场地以外，以及防止在地下水位较高的地区开挖深基坑出现基坑浸水，地基承载力下降，在动水压力作用下还可能引起流砂、管涌和边坡失稳等现象，而必须采取的有效排水和降水措施费用。该项费用由成井和排水、降水两个独立的费用项目组成。

(14) 其他：根据项目的专业特点或所在地区不同，可能会出现其他的措施项目，如工程定位复测费和特殊地区施工增加费等。

2) 措施项目费的计算

按照有关专业计量规范的规定，措施项目分为应予计量的措施项目和不宜计量的措施项目两类。

(1) 应予计量的措施项目。计算公式为

$$措施项目费 = \sum(措施项目工程量 \times 综合单价) \tag{1-29}$$

不同的措施项目其工程量的计算单位是不同的，分列如下。

① 脚手架工程费通常按建筑面积或垂直投影面积以 $m^2$ 计算。

② 混凝土模板及支架(撑)费通常按照模板与现浇混凝土构件的接触面积以 $m^2$ 计算。

③ 垂直运输费可根据不同情况用两种方法进行计算：按照建筑面积以 $m^2$ 计算；按照施工工期日历天数以天计算。

④ 超高施工增加费通常按照建筑物超高部分的建筑面积以 $m^2$ 计算。

⑤ 大型机械设备进出场及安拆费通常按照机械设备的使用数量以台次计算。

⑥ 施工排水、降水费分两个不同的独立部分计算：成井费用通常按照设计图示尺寸以钻孔深度按 m 计算；排水、降水费用通常按照排水、降水日历天数以昼夜计算。

(2) 不宜计量的措施项目。对于不宜计量的措施项目，通常用计算基数乘以费率的方法予以计算。

① 安全文明施工费。计算公式为

$$安全文明施工费 = 计算基数 \times 安全文明施工费费率(\%) \tag{1-30}$$

其中，计算基数应为定额基价(定额分部分项工程费 + 定额中可以计量的措施项目费)、定额人工费或定额人工费与定额施工机具使用费之和，其费率由工程造价管理机构根据各专业工程的特点综合确定。

② 其余不宜计量的措施项目，包括夜间施工增加费，非夜间施工照明费，二次搬运费，冬雨季施工增加费，地上、地下设施和建筑物的临时保护设施费，已完工程及设备保护费等。计算公式为

$$措施项目费 = 计算基数 \times 措施项目费费率(\%) \tag{1-31}$$

其中，计算基数应为定额人工费或定额人工费与定额施工机具使用费之和，其费率由工程造价管理机构根据各专业工程特点和调查资料综合分析后确定。

**3. 其他项目费**

1) 暂列金额

暂列金额指建设单位在工程量清单中暂定并包括在工程合同价款中的一笔款项，用于施工合同签订时尚未确定或者不可预见的所需材料、工程设备、服务的采购，施工中可能发生的工程变更、合同约定调整因素出现时的工程合同价款调整，以及发生的索赔、现场签证确认等的费用。

暂列金额由建设单位根据工程特点，按有关计价规定估算，施工过程中由建设单位掌握使用，扣除合同价款调整后如有余额，归建设单位所有。

2) 暂估价

暂估价是指建设单位在工程量清单中提供的用于支付必然发生但暂时不能确定价格的材料、工程设备的单价及专业工程的金额。暂估价中的材料(工程设备)暂估单价根据工程造价信息或参照市场价格估算计入综合单价；专业工程暂估价分不同专业，按有关计价规定计算。

3) 计日工

计日工指在施工过程中，施工企业完成建设单位提出的工程合同范围以外的零星项目或工作，按照合同中约定的单价计价形成的费用。

计日工由建设单位和施工企业按施工过程中形成的有效签证来计价。

4) 总承包服务费

总承包服务费指总承包人为配合、协调建设单位进行的专业工程发包，对建设单位自行采购的材料、工程设备等进行保管，以及施工现场管理、竣工资料汇总整理等服务所需的费用。

总承包服务费由建设单位在最高投标限价中根据总包服务范围和有关计价规定编制，施工企业投标时自主报价，施工过程中按签约合同价执行。

**4. 规费和税金**

规费和税金的构成和计算与按费用构成要素划分建筑安装工程费用项目组成部分是相同的。

# 任务 1.4　工程建设其他费用、预备费及建设期贷款利息的确定

**知识目标**

(1) 熟悉工程建设其他费用包含的内容。

(2) 了解工程建设其他费用中各项费用的计算方法。

(3) 掌握预备费包含的内容及计算方法。

(4) 掌握建设期贷款利息的计算方法。

**工作任务**

能够站在投资者的角度，合理地确定工程建设其他费用，并会计算预备费和建设期贷款利息。

## 1.4.1 工程建设其他费用的构成和计算

工程建设其他费用是指建设期发生的与土地使用权取得、全部工程项目建设及未来生产经营有关的，除工程费用、预备费、增值税、建设期融资费用、流动资金以外的费用。

工程建设其他费用包括建设单位管理费、用地与工程准备费、市政公用配套设施费、技术服务费、建设期计列的生产经营费、工程保险费及税费七项内容。

**特别提示**

政府有关部门对建设项目管理监督所发生的，并由其部门财政支出的费用，不得列入相应建设项目的工程造价。

### 1. 建设单位管理费

1) 建设单位管理费的内容

建设单位管理费是指项目建设单位从项目筹建之日起至办理竣工财务决算之日止发生的管理性质的支出，具体包括工作人员薪酬及相关费用、办公费、办公场地租用费、差旅交通费、固定资产使用费、工具用具使用费、劳动保护费、招募生产工人费、技术图书资料(含软件)费、业务招待费、竣工验收费和其他管理性质开支。

2) 建设单位管理费的计算

$$\text{建设单位管理费} = \text{工程费用} \times \text{建设单位管理费费率} \tag{1-32}$$

其中，工程费用是指设备及工、器具购置费和建筑安装工程费之和，建设单位管理费费率按建设项目的不同性质及不同规模，参照国家或行业相应标准确定。

**特别提示**

实行代建制管理的项目，计列代建管理费等同建设单位管理费，不得同时计列建设单位管理费。委托第三方行使部分管理职能的，其技术服务费列入技术服务费项目。

### 2. 用地与工程准备费

用地与工程准备费是指取得建设用地与工程建设施工准备所发生的费用，包括土地使用费和补偿费、场地准备和临时设施费等。

1) 土地使用费和补偿费

建设用地的取得，其实质是依法获取国有土地的使用权。取得建设用地的基本方式有两种：一是出让，二是划拨。除此之外，还有租赁和转让方式。

建设用地若通过行政划拨方式取得，则须承担征地补偿费或对原用地单位或个人的拆迁补偿费；若通过市场机制取得，则不但须承担以上费用，还须向土地所有者支付有偿使用费，即土地使用权出让金(转让金)。

(1) 征地补偿费。

征地补偿费

① 土地补偿费。土地补偿费是对农村集体经济组织因土地被征用而造成的经济损失的一种补偿。征用耕地的补偿费，为该耕地被征用前 3 年平均年产值的 6～10 倍。征用其他土地的补偿费标准，由省、自治区、直辖市参照征用耕地的补偿费标准规定。土地补偿费归农村集体经济组织所有。

② 青苗补偿费和地上附着物补偿费。青苗补偿费是因征地时对其正在生长的农作物受到损害而做出的一种赔偿。在农村实行承包责任制后，农民自行承包土地的青苗补偿费应付给本人，属于集体种植的青苗补偿费可纳入当年集体收益。凡在协商征地方案后抢种的农作物、树木等，一律不予补偿。地上附着物是指房屋、水井、树木、涵洞、桥梁、公

路、水利设施、林木等地面建筑物、构筑物、附着物等。视协商征地方案前地上附着物价值与折旧情况确定，应根据“拆什么，补什么；拆多少，补多少，不低于原来水平”的原则确定，如附着物产权属于个人，则该项补偿费付给个人。地上附着物补偿费标准，由省、自治区、直辖市规定。

③ 安置补助费。安置补助费应支付给被征地单位和安置劳动力的单位，作为劳动力安置与培训的支出，以及作为不能就业人员的生活补助。征收耕地的安置补助费，按照需要安置的农业人口数计算。需要安置的农业人口数，按照被征收的耕地数量除以征地前被征收单位平均每人占有耕地的数量计算。每一个需要安置的农业人口的安置补助费标准，为该耕地被征收前 3 年平均年产值的 4～6 倍，但每公顷被征收耕地的安置补助费，最高不得超过被征收前 3 年平均年产值的 15 倍。土地补偿费和安置补助费尚不能使需要安置的农民保持原有生活水平的，经省、自治区、直辖市人民政府批准，可以增加安置补助费，但土地补偿费和安置补助费的总和不得超过土地被征收前 3 年平均年产值的 30 倍。另外，对于失去土地的农民，还需要支付养老保险补偿费。

④ 新菜地开发建设基金。新菜地开发建设基金是指征用城市郊区菜地时支付的费用。这项费用交给地方财政，作为开发建设新菜地的投资。菜地是指为供应城市居民蔬菜，连续 3 年以上常年种菜或者养殖鱼、虾等的商品菜地和精养鱼塘。一年只种一茬或因调整茬口安排种植蔬菜的，均不作为需要收取开发建设基金的菜地。征用尚未开发的规划菜地，不缴纳新菜地开发建设基金。在蔬菜产销放开后，能够满足供应，不再需要开发新菜地的城市，不收取新菜地开发建设基金。

⑤ 耕地开垦费和森林植被恢复费。建设项目涉及征用耕地的，其征地补偿费包括耕地开垦费；建设项目涉及征用林地的，其征地补偿费包括森林植被恢复费。

⑥ 生态补偿费和压覆矿产资源补偿费。生态补偿费是指建设项目对水土保持等生态造成影响所发生的除工程费用外的补救或者补偿费用。压覆矿产资源补偿费是指建设项目对被其压覆的矿产资源利用造成影响所发生的补偿费用。

⑦ 其他补偿费。其他补偿费是指建设项目涉及的对房屋、市政、铁路、公路、管道、通信、电力、河道、水利、厂区、林区、保护区、矿区等不附属于建设用地但与建设项目相关的建筑物、构筑物或设施的拆除费、迁建补偿费、搬迁运输补偿费等。

⑧ 土地管理费。土地管理费主要包括征地工作中所发生的办公、会议、培训、宣传、差旅、借用人员工资等必要的费用。土地管理费的收取标准，一般是在土地补偿费、青苗补偿费、地上附着物补偿费、安置补助费四项费用之和的基础上提取 2%～4%。如果是征地包干，还应在四项费用之和上再加上粮食价差、副食补贴、不可预见费等费用，在此基础上提取 2%～4%作为土地管理费。

征地补偿费的费用组成及取费标准见表 1-3。

**表 1-3　征地补偿费的费用组成及取费标准**

| 序号 | 费用名称 | 取费标准 |
|---|---|---|
| 1 | 土地补偿费 | (1) 土地补偿费标准由省、自治区、直辖市通过制定公布区片综合地价确定，并至少每 3 年调整或者重新公布一次；<br>(2) 归农村集体所有 |

续表

| 序号 | 费用名称 | 取费标准 |
| --- | --- | --- |
| 2 | 青苗补偿费和地上附着物补偿费 | (1) 青苗补偿费：在农村实行承包责任制后，农民自行承包土地的青苗补偿费应付给本人，属于集体种植的青苗补偿费可纳入当年集体收益；<br>(2) 地上附着物补偿费：如附着物产权属于个人，则该项付给个人；<br>(3) 补偿费标准由省、自治区、直辖市制定，付给以上内容的所有者 |
| 3 | 安置补助费 | (1) 应支付给被征地单位和安置劳动力的单位，作为劳动力安置与培训的支出，以及作为不能就业人员的生活补助；<br>(2) 安置补助费标准由省、自治区、直辖市通过制定公布区片综合地价确定，并至少每 3 年调整或者重新公布一次；<br>(3) 县级以上地方人民政府应当将被征地农民纳入相应的养老等社会保障体系 |
| 4 | 新菜地开发建设基金 | 交给地方财政，作为开发建设新菜地的投资 |
| 5 | 耕地开垦费和森林植被恢复费 | (1) 非农业建设经批准占用耕地的，遵循“占多少，垦多少”的原则；<br>(2) 没有条件开垦或者开垦的耕地不符合要求的，应当按照省、自治区、直辖市的规定缴纳耕地开垦费 |
| 6 | 生态补偿费和压覆矿产资源补偿费 | (1) 对生态造成影响所发生的除工程费用外的补救或者补偿费用；<br>(2) 对被压覆的矿产资源利用造成影响所发生的补偿费用 |
| 7 | 其他补偿费 | 项目涉及的不附属于建设用地但与建设项目相关的建筑物、构筑物或设施的拆除费、迁建补偿费、搬迁运输补偿费等 |
| 8 | 土地管理费 | 一般在土地补偿费、青苗补偿费、地上附着物补偿费、安置补助费四项费用之和的基础上提取 2%～4% |

(2) 拆迁补偿费。

在城市规划区内国有土地上实施房屋拆迁，拆迁人应当对被拆迁人给予补偿、安置。

① 拆迁补偿方式：可以实行货币补偿，也可以实行房屋产权调换。实行货币补偿的，货币补偿的金额根据被拆迁房屋的区位、用途、建筑面积等因素，以房地产市场评估价格确定，具体办法由省、自治区、直辖市人民政府制定；实行房屋产权调换的，拆迁人与被拆迁人按照计算得到的被拆迁房屋的补偿金额和所调换房屋的价格，结清产权调换的差价。

② 拆迁补偿费的内容：包括征用土地上的房屋及附属构筑物、城市公共设施等的拆除费、迁建补偿费、搬迁运输补偿费，企业单位因搬迁造成的减产、停工损失补贴费，拆迁管理费等。拆迁补偿费的标准由省、自治区、直辖市人民政府规定。

## 特别提示

拆迁人应当向被拆迁人或者房屋承租人支付搬迁补助费，对于在规定的搬迁期限届满前搬迁的，拆迁人可以支付提前搬迁奖励费；在过渡期限内，被拆迁人或者房屋承租人自行安排住处的，拆迁人应当支付临时安置补助费，被拆迁人或者房屋承租人使用拆迁人提供的周转房的，拆迁人不支付临时安置补助费。

(3) 土地使用权出让金(转让金)。

土地使用权出让金(转让金)为用地单位向国家支付的土地所有权收益，其标准一般参考城市基准地价并结合其他因素制定。基准地价由地方政府部门综合平衡制定后报市级人民政府审定通过，它以城市土地综合定级为基础，用某一地价或地价幅度表示某一类别用地在某一土地级别范围内的地价，以此作为土地使用权出让价格的基础。

在有偿出让和转让土地时，政府对地价不做统一规定，但应坚持以下原则。

① 地价对目前的投资环境不产生大的影响。

② 地价与当地的社会经济承受能力相适应。

③ 地价要考虑已投入的土地开发费用、土地市场供求关系、土地用途、所在区类、容积率和使用年限等。

④ 有偿出让和转让使用权，要向土地受让者征收契税。

⑤ 转让土地如有增值，要向转让者征收土地增值税。

⑥ 土地使用者每年应按规定的标准缴纳土地使用费。

土地使用权的出让或转让，应先由地价评估机构进行价格评估，再签订土地使用权出让或转让合同。土地使用权出让合同约定的使用年限届满，土地使用者需要继续使用土地的，应当至迟于届满前一年申请续期，除根据社会公共利益需要收回该幅土地外，应当予以批准。经批准准予续期的，应当重新签订土地使用权出让合同，依照规定支付土地使用权出让金。

2) 场地准备和临时设施费

场地准备费是指为使工程项目的建设场地达到开工条件，由建设单位组织进行场地平整等准备工作而发生的费用。临时设施费是指建设单位为满足施工建设需要而提供的未列入工程费用的临时水、电、路、信、气、热等工程和临时仓库等建筑物和构筑物的建设、维修、拆除、摊销费用或租赁费用，以及货场、码头租赁等费用。在计算场地准备和临时设施费时，应坚持以下原则。

(1) 准备临时设施应与永久性工程统一考虑。建设场地的大型土石方工程应计入工程费用中的总图运输费用。

(2) 新建项目的场地准备和临时设施费应根据实际工程量估算，或按工程费用的比例计算。计算公式为

$$场地准备和临时设施费 = 工程费用 \times 费率 + 拆除清理费 \tag{1-33}$$

改扩建项目一般只计拆除清理费。

(3) 发生拆除清理费时，可按新建同类工程造价或主材费、设备费的比例计算。凡可回收材料的拆除工程应采用以料抵工方式冲抵拆除清理费。

(4) 此项费用不包括已列入建筑安装工程费的施工企业的临时设施费。

### 3. 市政公用配套设施费

市政公用配套设施是指项目界区外配套的水、电、路、信等，包括绿化、人防等设施。市政公用配套设施费是指使用以上这些市政公用配套设施的建设项目，按照项目所在地政府有关规定缴纳的市政公用配套设施的建设和维护费用。

#### 4. 技术服务费

技术服务费是指在建设项目全过程中委托第三方提供的项目策划、技术咨询、勘察设计、项目管理和跟踪验收评估等技术服务所发生的费用。技术服务费包括可行性研究费、专项评价费、勘察设计费、监理费、研究试验费、特殊设备安全监督检验费、监造费、招标费、设计评审费、技术经济标准使用费、工程造价咨询费等。

特别提示

按照《国家发展改革委关于进一步放开建设项目专业服务价格的通知》(发改价格〔2015〕299号)的规定，技术服务费应实行市场调节价。

发改价格〔2015〕299号

1) 可行性研究费

可行性研究费是指在建设项目投资决策阶段，对有关建设方案、技术方案或生产经营方案进行的技术经济论证，以及编制、评审项目建议书(预可行性研究报告)、可行性研究报告等所需的费用。

2) 专项评价费

专项评价费是指建设单位按照国家相关规定，委托相关单位开展专项评价及有关验收工作发生的费用。专项评价费包括环境影响评价费、安全预评价费、职业病危害预评价费、地震安全性评价费、地质灾害危险性评价费、水土保持评价费、压覆矿产资源评价费、节能评估费、危险与可操作性分析及安全完整性评价费、其他专项评价费。

(1) 环境影响评价费。

环境影响评价费是指在建设项目投资决策过程中，对其进行环境污染或影响评价所需的费用，包括编制环境影响报告书(含大纲)、环境影响报告表和评估等所需的费用，以及建设项目竣工验收阶段环境保护验收调查和环境监测、编制环境保护验收报告的费用。

(2) 安全预评价费。

安全预评价费是指为预测和分析建设项目存在的危害因素种类和危害程度，提出先进、科学、合理可行的安全技术和管理对策，而编制评价大纲、编写安全评价报告书和评估等所需的费用。

(3) 职业病危害预评价费。

职业病危害预评价费是指建设项目因可能产生职业病危害而编制职业病危害预评价书、职业病危害控制效果评价书和评估所需的费用。

(4) 地震安全性评价费。

地震安全性评价费是指通过对建设场地和场地周围的地震活动与地震、地质环境的分析，而进行的地震活动环境评价、地震地质构造评价、地震地质灾害评价，并编制地震安全性评价报告书和评估所需的费用。

(5) 地质灾害危险性评价费。

地质灾害危险性评价费是指在灾害易发区对建设项目可能诱发的地质灾害和建设项目本身可能遭受的地质灾害危险程度的预测评价，编制评价报告书和评估所需的费用。

(6) 水土保持评价费。

水土保持评价费是指对建设项目在生产建设过程中可能造成水土流失进行预测，编制水土保持方案和评估所需的费用。

(7) 压覆矿产资源评价费。

压覆矿产资源评价费是指对需要压覆重要矿产资源的建设项目，编制压覆矿产资源评估报告和评估所需的费用。

(8) 节能评估费。

节能评估费是指对建设项目的能源利用是否科学合理进行分析评估，并编制节能评估报告和评估所发生的费用。

(9) 危险与可操作性分析及安全完整性评价费。

危险与可操作性分析及安全完整性评价费是指对应用于生产具有流程性工艺特征的新建、改建、扩建项目进行工艺危害分析和对安全仪表系统的设置水平及可靠性进行定量评估所发生的费用。

(10) 其他专项评价费。

其他专项评价费是指根据国家法律、法规，建设项目所在省、自治区、直辖市人民政府有关规定以及行业规定，需进行的其他专项评价、评估、咨询所需的费用。如重大投资项目社会稳定风险评估、防洪评价、交通影响评价等。

3) 勘察设计费

勘察费是指勘察单位根据建设单位的委托，收集已有资料、现场踏勘、制订勘察纲要，进行勘察作业，以及编制工程勘察文件和岩土工程勘察报告等收取的费用。

设计费是指设计单位根据建设单位的委托，提供编制建设项目初步设计文件、施工图设计文件、非标准设备设计文件、竣工图文件等服务所收取的费用。

4) 监理费

监理费是指受建设单位委托，工程监理单位为工程建设提供监理服务所发生的费用。

5) 研究试验费

研究试验费是指为建设项目提供或验证设计参数、数据、资料等进行必要的研究试验，以及设计规定在建设过程中必须进行试验、验证所需的费用。这项费用按照设计单位根据本工程项目的需要提出的研究试验内容和要求计算，具体包括自行或委托其他部门的专题研究、试验所需人工费、材料费、试验设备及仪器使用费等。

### 特别提示

在计算研究试验费时要注意不应包括以下项目：①应由科技三项费用，即新产品试制费、中间试验费和重要科学研究补助费开支的项目；②应在建筑安装工程费中列支的施工企业对建筑材料、构件和建筑物进行一般鉴定、检查所发生的费用及技术革新的研究试验费；③应列入勘察设计费或工程费用开支的项目。

6) 特殊设备安全监督检验费

特殊设备安全监督检验费是指对在施工现场安装的列入国家特种设备范围内的设备或

设施进行检验、检测和监督检查所发生的应列入项目开支的费用。

7) 监造费

监造费是指对项目所需设备、材料制造过程、质量进行驻厂监造所发生的费用。设备、材料监造是指承担设备、材料监造工作的单位受项目法人或建设单位的委托，按照设备、材料供货合同的要求，坚持客观公正、诚信科学的原则，对工程项目所需设备、材料在制造和生产过程中的工艺流程、制造质量等进行监督，并对委托人负责的服务。

8) 招标费

招标费是指建设单位委托招标代理机构进行招标服务所发生的费用。

9) 设计评审费

设计评审费是指建设单位委托有资质的机构对设计文件进行评审的费用。设计文件包括初步设计文件和施工图设计文件等。

10) 技术经济标准使用费

技术经济标准使用费是指建设项目投资确定与计价、费用控制过程中使用相关技术经济标准时所发生的费用。

11) 工程造价咨询费

工程造价咨询费是指建设单位委托造价咨询机构进行各阶段相关造价业务工作所发生的费用。

**5. 建设期计列的生产经营费**

建设期计列的生产经营费是指为达到生产经营条件，在建设期发生或将要发生的费用，包括专利及专有技术使用费、联合试运转费、生产准备费等。

1) 专利及专有技术使用费

专利及专有技术使用费是指在建设期内为取得专利、专有技术、商标权、商誉、特许经营权等发生的费用。其主要内容包括：①工艺包费、设计技术资料费、有效专利及专有技术的使用费、技术保密费和技术服务费等；②商标权、商誉和特许经营权费；③软件费等。

在计算专利及专有技术使用费时应遵循下列原则。

(1) 按专利使用许可协议和专有技术使用合同的规定计列。

(2) 专有技术的界定应以省、部级鉴定批准为依据。

(3) 项目投资中只计需在建设期支付的专利及专有技术使用费。协议或合同规定在生产期支付的使用费应在生产成本中核算。

(4) 一次性支付的商标权、商誉及特许经营权费按协议或合同规定计列。协议或合同规定在生产期支付的应在生产成本中核算。

特别提示

为项目配套的专用设施投资，包括铁路专用线、专用公路、专用通信设施、送变电站、地下管道、专用码头等，如由项目建设单位负责投资，但产权不归属本单位的，应作为无形资产处理。

2) 联合试运转费

联合试运转费是指新建或新增加生产能力的工程项目，在交付生产前按照设计文件规定的工程质量标准和技术要求，对整个生产线或装置进行负荷联合试运转所发生的费用净支出(试运转支出大于收入的差额部分费用)。试运转支出包括试运转所需原材料、燃料及动力消耗、低值易耗品消耗、其他物料消耗、工具用具使用费、机械使用费、联合试运转人员工资、施工企业参加试运转人员工资、专家指导费，以及必要的工业炉烘炉费等；试运转收入包括试运转期间的产品销售收入和其他收入。联合试运转费不包括应由设备安装工程费用开支的调试及试车费用，以及在试运转中暴露出来的因施工原因或设备缺陷等发生的处理费用。

3) 生产准备费

生产准备费是指在建设期内，建设单位为保证项目正常生产所做的提前准备工作发生的费用，包括人员培训费、提前进厂费，以及投产使用必备的办公、生活家具用具及工、器具等的购置费用。

生产准备费的计算一般分为以下两种情况。

(1) 新建项目以设计定员为基数计算，改扩建项目以新增设计定员为基数计算。

$$生产准备费 = 设计定员 \times 生产准备费指标(元/人) \tag{1-34}$$

(2) 可采用综合的生产准备费指标进行计算，也可以按费用内容的分类指标计算。

**6. 工程保险费**

工程保险费是指为转移建设项目的意外风险，在建设期内对建筑工程、安装工程、机械设备和人身安全进行投保而发生的费用，包括建筑安装工程一切险、引进设备财产保险和人身意外伤害险等。不同的建设项目可根据工程特点选择投保险种。计算工程保险费应根据不同的工程类别，分别以其建筑、安装工程费乘以建筑、安装工程保险费率计算。

民用建筑(住宅楼、综合性大楼、商场、旅馆、医院、学校)占建筑工程费的2‰～4‰，其他建筑(工业厂房、仓库、道路、码头、水坝、隧道、桥梁、管道等)占建筑工程费的3‰～6‰；安装工程(农业、工业、机械、电子、电器、纺织、矿山、石油、化学及钢铁工业、钢结构桥梁)占建筑工程费的3‰～6‰。

**7. 税费**

税费统一归纳计列，是指耕地占用税、城镇土地使用税、印花税、车船使用税等和行政性收费，不包括增值税。

## 1.4.2 预备费

按我国现行规定，预备费是指在建设期内因各种不可预见因素的变化而预留的可能增加的费用，包括基本预备费和价差预备费两部分。

**1. 基本预备费**

1) 基本预备费的内容

基本预备费是指在投资估算或工程概算阶段预留的，由于工程实施中不可预见因素的变化而可能增加的费用，亦可称为工程建设不可预见费。基本预备费一般由以下四部分构成。

(1) 工程变更及洽商。在批准的初步设计范围内，技术设计、施工图设计及施工过程中所增加的工程费用；设计变更、工程变更、材料代用、局部地基处理等增加的费用。

(2) 一般自然灾害处理。一般自然灾害造成的损失和预防自然灾害所采取的措施费用。实行工程保险的工程项目，该费用应适当降低。

(3) 不可预见的地下障碍物处理的费用。

(4) 超规超限设备运输增加的费用。

2) 基本预备费的计算

基本预备费是以工程建设费为取费基础乘以基本预备费费率计算的。计算公式为

$$基本预备费 = (工程费用 + 工程建设其他费用) \times 基本预备费费率 \tag{1-35}$$

基本预备费费率按国家及有关部门规定计取。一般在项目建议书阶段和可行性研究阶段取 10%～15%，在初步设计阶段取 7%～10%。

**2. 价差预备费**

1) 价差预备费的内容

价差预备费是指针对建设项目在建设期间内由于材料、人工、设备等价格可能发生变化引起工程造价变化而事先预留的费用，也称为价格变动不可预见费。价差预备费的内容包括人工、设备、材料、施工机械的价差费，建筑安装工程费及工程建设其他费用调整，利率、汇率调整等增加的费用。

2) 价差预备费的计算

价差预备费是根据国家规定的投资综合价格指数，以估算年份价格水平的投资额为基数，采用复利方法计算的。计算公式为

$$PF = \sum_{t=1}^{n} I_t[(1+f)^m(1+f)^{0.5}(1+f)^{t-1}-1] \tag{1-36}$$

式中：$PF$ ——价差预备费；

$n$ ——建设期年份数；

$I_t$ ——建设期中第 $t$ 年的静态投资计划额，包括工程费用、工程建设其他费用及基本预备费；

$f$ ——年均投资价格上涨率；

$m$ ——建设前期年限(从编制估算到开工建设，单位：年)。

## 应用案例 1-3

某建设项目建筑安装工程费为 500 万元，设备购置费为 300 万元，工程建设其他费用为 200 万元，已知基本预备费费率为 5%，项目建设前期年限为 1 年，建设期为 3 年。各年投资计划额：第一年完成投资的 20%，第二年完成投资的 60%，第三年完成投资的 20%。年均投资价格上涨率为 6%，求建设项目建设期的价差预备费。

**【案例解析】**

基本预备费 = (500 + 300 + 200) × 5% = 50(万元)

静态投资 = 500 + 300 + 200 + 50 = 1 050(万元)

建设期第一年完成投资 = 1 050 × 20% = 210(万元)

第一年价差预备费：$PF_1 = 210 \times [(1+6\%) \times (1+6\%)^{0.5} - 1] \approx 19.18$ (万元)

第二年完成投资 = 1 050 × 60% = 630(万元)

第二年价差预备费：$PF_2 = 630 \times [(1+6\%) \times (1+6\%)^{0.5} \times (1+6\%) - 1] \approx 98.79$ (万元)

第三年完成投资 = 1 050 × 20% = 210(万元)

第三年价差预备费：$PF_3 = 210 \times [(1+6\%) \times (1+6\%)^{0.5} \times (1+6\%)^2 - 1] \approx 47.51$ (万元)

所以，建设项目建设期的价差预备费：$PF = 19.18 + 98.79 + 47.51 = 165.48$(万元)

## 1.4.3 建设期贷款利息

### 1. 建设期贷款利息的概念

建设期贷款利息是指在建设期内发生的为工程项目筹措资金的融资费用及债务资金利息。

### 2. 建设期贷款利息的计算方法

(1) 当总贷款分年均衡发放时，建设期贷款利息的计算可按当年贷款在年中支用考虑，当年贷款按半年计算利息，上年贷款按全年计息。其计算公式为

$$q_j = \left(P_{j-1} + \frac{1}{2}A_j\right) \cdot i \tag{1-37}$$

式中：$q_j$ ——建设期第 $j$ 年应计利息；

$P_{j-1}$ ——建设期第$(j-1)$年年末累计贷款本金与利息之和；

$A_j$ ——建设期第 $j$ 年贷款金额；

$i$ ——年利率。

(2) 当贷款在年初一次性贷出且利率固定时，建设期贷款利息按下式计算。

$$I = P(1+i)^n - P \tag{1-38}$$

式中：$P$ ——一次性贷款数额；

$i$ ——年利率；

$n$ ——计算期；

$I$ ——贷款利息。

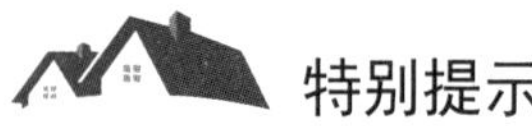

特别提示

利用国外贷款的利息计算中，年利率应综合考虑贷款协议中向贷款方加收的手续费、管理费、承诺费，以及国内代理机构向贷款方收取的转贷费、担保费和管理费等。

应用案例 1-4

某新建项目建设期为 3 年，在 3 年建设期中，分年均衡进行贷款，第一年贷款额为 300 万元，第二年贷款额为 600 万元，第 3 年贷款额为 400 万元，贷款年利率为 6%，计算 3 年建设期贷款利息。

【案例解析】

第一年建设期贷款利息 = (300 ÷ 2) × 6% = 9(万元)

第二年建设期贷款利息 = (300 + 9 + 600 ÷ 2) × 6% = 36.54(万元)

第三年建设期贷款利息 = (300 + 9 + 600 + 36.54 + 400 ÷ 2) × 6% ≈ 68.73(万元)

建设期贷款利息 = 9 + 36.54 + 68.73 = 114.27(万元)

## 综合应用案例

某工业引进项目的基础数据如下。

(1) 项目的建设期为两年，第 1 年完成项目全部投资的 40%，第 2 年完成 60%。

(2) 全套设备从国外进口，质量为 2 163.68t，装运港船上交货价为 538 万美元，国际运费标准为 330 美元/t，海上运输保险费率为 0.267%，中国银行费率为 0.45%，外贸手续费率为 1.7%，关税税率为 22%，增值税税率为 17%，美元兑人民币汇率为 1∶6.9，设备的国内运杂费率为 2.3%。

(3) 该项目建筑工程占设备购置投资的 27.6%，安装工程占设备购置投资的 10%，工程建设其他费用占设备购置投资的 7.7%。

(4) 本项目固定资产投资中有 2 000 万元来自银行贷款，其余为自有资金，且不论贷款还是自有资金均按计划比例投入。根据借款协议，年贷款利率为 10.38%。基本预备费费率为 10%，项目建设前期年限为 0，年均投资价格上涨率为 5%。

【问题】

(1) 计算项目设备购置投资额。

(2) 估算项目固定资产投资额。

【案例解析】

(1) 进口设备货价 = 538 × 6.9 = 3 712.20(万元)

国际运费 = 2 163.68 × 330 × 6.9 ≈ 492.67(万元)

运输保险费 $=\dfrac{3\,712.20+492.67}{1-0.267\%}\times 0.267\% \approx 11.26$ (万元)

银行财务费 = 3 712.20 × 0.45% ≈ 16.70(万元)

外贸手续费 = (3 712.20 + 492.67 + 11.26) × 1.7% ≈ 71.67(万元)

关税 = (3 712.20 + 492.67 + 11.26) × 22% ≈ 927.55(万元)

增值税 = (3 712.20 + 492.67 + 11.26 + 927.55) × 17% ≈ 874.43(万元)

进口设备原价 = 3 712.20 + 492.67 + 11.26 + 16.70 + 71.67 + 927.55 + 874.43 = 6 106.48(万元)

设备购置投资额 = 6 106.48 × (1 + 2.3%) ≈ 6 246.93(万元)

(2) 设备购置费 + 建筑安装工程费 + 工程建设其他费 = 6 246.93 × (1 + 27.6% + 10% + 7.7%) ≈ 9 076.79 (万元)

基本预备费 = 9 076.79 × 10% ≈ 907.68(万元)

价差预备费 $=(9\,076.79+907.68)\times 40\%\times[(1+5\%)^{0.5}-1]+(9\,076.79+907.68)\times 60\%\times[(1+5\%)^{0.5}(1+5\%)-1]$

$\approx 553.50$(万元)

建设期第一年贷款利息 = 1/2 × 2 000 × 40% × 10.38% = 41.52(万元)

建设期第二年贷款利息 = (2 000 × 40% + 41.52 + 1/2 × 2 000 × 60%) × 10.38% ≈ 149.63(万元)

建设期贷款利息 = 41.52 + 149.63 = 191.15(万元)

固定资产投资额 = 9 076.79 + 907.68 + 553.50 + 191.15 = 10729.12(万元)

## 项目小结

要想有效地进行工程造价的控制与管理，重要的工作是工程造价的确定。工程项目的建设周期长、单件性生产等特点，给工程造价的准确确定和有效控制带来一定的难度。工程造价包括设备及工、器具购置费，建筑安装工程费，工程建设其他费用，预备费，建设期贷款利息。设备及工、器具购置费的确定包括国产标准或非标准设备、进口设备及工、器具的原价及设备运杂费的计算；建筑安装工程费可以按照费用的构成要素或者造价的形成来划分：工程建设其他费用包括建设单位管理费、用地与工程准备费、市政公用配套设施费、技术服务费、建设期计列的生产经营费、工程保险费和税费；预备费包括基本预备费和价差预备费，要掌握各自的计算方法；建设期贷款利息的计算与贷款发放的特点有关，应特别注意当贷款是分年均衡发放时的利息的计算方法。

## 思考与练习

### 一、单选题

1. 某建设项目建筑工程费为 2 000 万元，安装工程费为 700 万元，设备购置费为 1 100 万元，工程建设其他费用为 450 万元，预备费为 180 万元，建设期贷款利息为 120 万元，流动资金为 500 万元，则该项目的工程造价为(　　)万元。

A. 4 250　　B. 4 430　　C. 4 550　　D. 5 050

2. 已知某进口工程设备 FOB 为 50 万美元，美元兑人民币汇率为 1∶6.9，银行财务费率为 0.2%，外贸手续费率为 1.5%，关税税率为 10%，增值税税率为 17%，若该进口设备抵岸价为 586.7 万元人民币，则进口工程设备到岸价为(　　)万元人民币。

A. 406.8　　B. 450.0　　C. 456.0　　D. 586.7

3. 用成本计算估价法计算国产非标准设备原价时，利润的计算基数中不包括的费用项目是(　　)。

A. 专用工具费　　B. 废品损失费

C. 外购配套件费　　D. 包装费

4. 下列项目中属于设备运杂费中运费和装卸费的是(　　)。

A. 国产设备由设备制造厂交货地点起至工地仓库止所发生的运费

B. 进口设备由设备制造厂交货地点起至工地仓库止所发生的运费

C. 为运输而进行的包装支出的各种费用

D. 进口设备由设备制造厂交货地点起至施工组织设计指定的设备堆放地点止所发生的运费

5. 某项目需购入一台国产非标准设备，该设备材料费为 12 万元，加工费为 3 万元，辅助材料费为 1.8 万元，外购配套件费为 1.5 万元，非标准设备设计费为 2 万元，专用工具费率为 3%，废品损失费率及包装费率皆为 2%，增值税税率为 17%，利润率为 10%，则此国产非标准设备的利润为(　　)万元。

A. 1.95　　B. 2.15　　C. 1.80　　D. 1.77

6. 某进口设备到岸价为 1500 万元，银行财务费、外贸手续费合计 36 万元，关税 300 万元，消费税和增值税税率分别为 10%和 17%，则该进口设备原价为(　　)万元人民币。

A. 2 386.8　　B. 2 376.0　　C. 2 362.9　　D. 2 352.6

7. 根据《建筑安装工程费用项目组成》文件的规定，下列属于规费的是(　　)。

A. 环境保护费　　B. 工程排污费

C. 安全施工费　　D. 文明施工费

8. 某工程为了验证设计参数，按设计规定在施工过程中必须对一新型结构进行测试，该项费用由建设单位支出，应计入(　　)。

A. 建设单位管理费　　B. 勘察设计费

C. 施工单位的检验试验费　　D. 研究试验费

9. 某新建项目的建设期为 3 年，分年均衡进行贷款，第一年贷款 1 000 万元，第二年贷款 1 800 万元，第三年贷款 1 200 万元，年贷款利率为 10%，建设期间只计息不支付，则该项目建设期贷款利息为(　　)万元。

A. 400.0　　B. 580.0　　C. 609.5　　D. 780.0

**二、多选题**

1. 某公司购买一些进口设备，若采用成本加运费方式，则该公司的义务有(　　)。

A. 办理进口清关手续　　B. 缴纳进口税

C. 承担设备装船后的一切风险　　D. 订立运输合同

E. 承担运输风险费用

2. 根据我国现行《建筑安装工程费用项目组成》，下列属于社会保险费的是(　　)。

A. 住房公积金　　B. 养老保险费

C. 失业保险费　　D. 医疗保险费

E. 危险作业意外伤害保险费

3. 根据我国现行《建筑安装工程费用项目组成》规定，下列表述正确的是(　　)。

A. 安全施工费可以以定额人工费加定额施工机具使用费为基数乘以相应费率计算

B. 规费包括住房公积金和社会保险费

C. 单层建筑物檐口高度超过 20m 时计算超高施工增加费

D. 当工程造价以直接费为计算基础时，企业管理费按直接费乘以相应企业管理费费率计算

E. 税金计算的方法有简易计税方法和一般计税方法

4. 关于预备费的表述正确的是(　　)。

A. 按我国现行规定，预备费包括基本预备费和价差预备费

B. 基本预备费 = (工程费用 + 工程建设其他费用) × 基本预备费费率

C. 竣工验收时为鉴定工程质量对隐蔽工程进行必要的挖掘和修复的费用属于预备费

D. 基本预备费是建设项目在建设期间由于材料、人工、设备等价格可能发生变化引起工程造价变化而事先预留的费用

E. 以上表述均不正确

5. 下列哪项费用占工程造价比重的增大，意味着生产技术的进步和资本有机构成的提高？(　　)

A. 设备购置费　　B. 直接工程费

C. 工、器具购置费　　D. 生产家具购置费

E. 基本预备费

## 三、简答题

1. 工程造价的含义和构成是什么？

2. 工程造价控制的基本原则和工作要素是什么？

3. 简述建筑安装工程费的组成及各部分的计算方法。

4. 基本预备费包含哪些内容？价差预备费如何计算？

5. 简述建设期贷款利息是如何计算的。

## 四、案例题

有一个单机容量为 $3\times10^5$kW 的火力发电厂工程项目，业主与施工单位签订了施工合同。在施工过程中，施工单位向业主的常驻工地代表提出下列费用由业主支付。

(1) 职工教育经费：因该工程项目的电机等是采用国外进口的设备，在安装前，需要对安装操作人员进行培训，培训经费为 2 万元。

(2) 研究试验费：本工程项目要对铁路专用线的一座跨公路预应力拱桥的模型进行破坏性试验，试验费为 9 万元，改进混凝土泵送工艺试验费为 3 万元，合计 12 万元。

(3) 临时设施费：为该工程项目施工搭建民工临时用房 15 间，为业主搭建临时办公室 4 间，费用分别为 3 万元和 1 万元，合计 4 万元。

(4) 根据施工组织设计，部分项目安排在雨季施工，由于采取防雨措施，增加费用 2 万元。

【问题】

试分析以上各项费用业主是否应支付？为什么？如果支付，应支付多少？

# 项目 2

# 工程造价的计价依据和计价方法

## 能力目标

通过本项目内容的学习，要求学生能熟练掌握编制建设工程定额的方法；熟练编制工程量清单；熟悉工程造价指数的确定及运用；掌握各种工程造价计价方法之间的差异。

## 能力要求

| 知识目标 | 知识要点 | 权重 |
|---|---|---|
| 掌握建设工程定额的编制 | 预算定额的概念及编制程序，预算定额人工、材料、机械台班消耗量指标及单价的确定；概算定额及概算指标的概念、作用、内容及形式；投资估算指标的编制；企业定额的编制 | 30% |
| 掌握工程量清单的编制 | 工程量清单的内容；分部分项工程量清单的构成及编制；措施项目清单、其他项目清单、规费及税金项目清单的编制 | 30% |
| 熟悉工程造价指数的编制 | 工程造价指数的分类；工程造价指数的编制方法 | 20% |
| 掌握工程造价的计价方法 | 定额计价方法及计价过程；工程量清单计价方法及计价过程；定额计价与清单计价的区别及联系 | 20% |

## 引例

某政府准备兴建一隧道工程，此工程为该市建设规划的重要项目之一，经过投资估算，已经将该工程列入了地方年度固定资产投资计划。概算已经由主管部门批准，征地工作基本完成，施工图及有关技术资料齐全，现决定对该项目进行施工招标。招标以前，业主将工程量清单提供给各投标企业，并且委托咨询机构进行施工图预算和标底编制，对参加投标的企业进行投标价的评定，择优选择合适的施工单位并签署工程合同。

在招投标的过程中，从项目投资决策到施工单位开始施工，不同阶段要进行多次计价，那么确定工程造价的依据是什么呢？

## 项目导入

一般来说，建设工程从最初的项目建议书、可行性研究到准备开始施工前，应预先对工程造价进行计算和确定。因为工程造价具有大额性、个别性、差异性、动态性、层次性、兼容性等特点，这使得工程造价计价比较复杂，工程造价在不同建设阶段的具体表现形式为：投资估算、设计概算、施工图预算、招标工程标底、投标报价、工程合同价等，其多样的表现形式，必然导致计价依据的多样性、复杂性。国家和地区工程造价部门，针对某一具体工程的不同时期、不同设计深度要求、不同用途和不同类别，发布了多种相应定额和计费的规定。这些用以计算工程造价的基础资料被称为工程造价的计价依据，主要包括各类计价定额、工程量清单、工程造价指数等，本项目将逐一介绍这些内容。

# 任务 2.1　建设工程定额的编制

### 知识目标

(1) 熟悉预算定额的概念及编制程序。
(2) 掌握预算定额人工、材料、机械台班消耗量指标的确定。
(3) 掌握人工、材料、机械台班基础单价的确定。
(4) 熟悉概算定额的概念及作用。
(5) 掌握概算定额的内容与形式。
(6) 了解概算指标的编制。
(7) 熟悉投资估算指标的概念及作用。
(8) 掌握投资估算指标的内容。
(9) 了解企业定额的编制方法。

## 工作任务

通过知识的学习，掌握预算定额、概算定额、概算指标、投资估算指标、企业定额的编制方法。

## 2.1.1 预算定额的编制

### 1. 预算定额的概念及编制程序

1) 预算定额的概念

预算定额指在正常的施工条件下，完成一定计量单位且合格的分项工程和结构构件所需消耗的人工、材料、施工机械台班的数量及相应的费用标准。预算定额既是工程建设中的一项重要的技术经济文件，又是编制施工图预算的主要依据，还是确定和控制工程造价的基础。

知识链接

施工定额是完成一定计量单位的某一施工过程或基本工序所需消耗的人工、材料和施工机械台班数量标准，是施工企业(建筑安装企业)为组织生产和加强管理而在企业内部使用的一种技术定额。该定额的项目划分很细，以某一施工过程或基本工序为研究对象，表示生产产品数量与生产要素消耗的综合关系，是工程定额中分项最细、定额子目最多的一种定额，是一种基础性定额。

2) 预算定额的编制程序

预算定额的制定、全面修订和局部修订工作均应按准备阶段、定额初稿编制、征求意见、审查、批准发布五个步骤进行。各步骤的主要工作如下。

(1) 准备阶段。工程造价管理机构根据定额工作计划，组织具有一定工程实践经验和专业技术水平的人员成立编制组负责拟定工作大纲，工程造价管理机构负责审查工作大纲。工作大纲的主要内容应包括：任务依据、编制目的、编制原则、编制依据、主要内容、需要解决的主要问题、编制组人员与分工、进度安排、编制经费来源等。

(2) 定额初稿编制。编制组根据工作大纲开展一系列调查研究工作，深入定额使用单位了解情况、广泛收集数据，对重大问题或技术问题进行测算验证或专题会议论证，形成相应报告，经过项目划分和水平测算后编制完成定额初稿。定额初稿编制主要工作包括：确定编制细则，确定定额项目划分和工程量计算规则，定额人工、材料、机械台班消耗量的计算、复核和测算。

(3) 征求意见。工程造价管理机构组织专家对定额初稿进行初审，编制组根据定额初审意见修改完成定额征求意见稿(包括正文和编制说明)，由各主管部门或其授权的工程造价管理机构公开征求意见。征求意见的期限一般为一个月。

(4) 审查。工程造价管理机构组织编制组根据征求意见进行修改后形成定额送审文件(包括正文、编制说明、征求意见处理汇总表等)。定额送审文件的审查一般采用审查会议形式。

(5) 批准发布。工程造价管理机构组织编制组根据定额送审文件审查意见进行修改，之后形成报批文件(包括正文、编制报告、审查会议纪要、审查意见处理汇总表等)，报送各主管部门批准。

### 特别提示

预算定额的编制原则有社会平均水平原则、简明适用原则。预算定额的编制依据主要有现行施工定额、现行设计规范、施工及验收规范、质量评定标准和安全操作规程，具有代表性的典型工程施工图及有关标准图，成熟推广的新技术、新结构、新材料和先进施工方法等，有关科学实验、技术测定和统计、经验资料，现行的预算定额、材料单价、机械台班单价及有关文件规定等。

#### 2. 预算定额人工、材料、机械台班消耗量指标的确定

人工、材料、机械台班消耗量应根据预算定额的编制原则和要求，采用理论联系实际、图纸计算与施工现场测算相结合、编制人员与现场工作人员相结合等方法进行测定计算。这样做的目的是使编制的定额既能符合政策的要求，又能与客观实际一致，便于贯彻执行。

1) 人工工日消耗量指标的确定

人工工日消耗量可以用两种方法确定：一种是以劳动定额为基础确定；另一种是以现场观察测定资料为基础计算，这种计算方法主要用于遇到劳动定额缺项需要进行测定的项目，一般采用现场工作日写实等测时方法测定和计算。

以劳动定额为基础计算人工工日消耗量的方法如下。

(1) 基本用工。基本用工是完成一定计量单位的分项工程或结构构件的各项工作过程的施工任务所必须消耗的技术工种用工。基本用工按技术工种相应劳动定额工时定额计算，以不同工种列出定额工日。基本用工包括完成定额计量单位的主要用工和按劳动定额规定应增(减)计算的用工。

① 完成定额计量单位的主要用工。计算公式为

$$\text{基本用工}=\sum(\text{综合取定的工程量}\times\text{劳动定额}) \tag{2-1}$$

例如，工程实际中的砖基础，有 1 砖厚、1 砖半厚、2 砖厚等之分，在预算定额中由于不区分厚度，需要按照统计的比例，加权平均得出综合的人工消耗。

② 按劳动定额规定应增(减)计算的用工。例如，在砖墙项目中，分项工程的工作内容包括了附墙烟囱孔、垃圾道、壁橱等零星组合部分的内容，其人工消耗相应增加。由于预算定额是在施工定额子目的基础上综合扩大的，包括的工作内容较多，施工的功效视具体部位而不同，所以需要另外增加人工消耗，而这种人工消耗也可以列入基本用工内。

(2) 其他用工。其他用工是辅助基本用工消耗的工日，包括超运距用工、辅助用工和人工幅度差。

① 超运距用工：指预算定额所考虑的现场材料及半成品堆放地点到操作地点的水平运

输距离与劳动定额中已经包括的材料及半成品搬运距离之差所用的工日。

$$超运距 = 预算定额取定运距-劳动定额已包括的运距 \tag{2-2}$$

$$超运距用工 = \sum(超运距材料数量 \times 劳动定额) \tag{2-3}$$

需要指出，实际工程现场运距超过预算定额取定运距时，可另行计算现场二次搬运费。

② 辅助用工：指技术工种劳动定额内不包括而在预算定额项目内又必须考虑的用工[如机械土方工程配合用工、材料加工(筛选、洗石、淋化石膏)用工、电焊点火用工等]。

$$辅助用工 = \sum(材料加工数量 \times 相应的加工劳动定额) \tag{2-4}$$

③ 人工幅度差：主要是指在劳动定额中未包括的，而在正常施工情况下不可避免的，但又很难准确计量的用工和各种工时损失，即预算定额与劳动定额的差额。在预算定额中，人工幅度差的用工量列入其他用工中。人工幅度差包括以下内容。

A．各工种间的工序搭接及交叉作业相互配合或影响所发生的停歇用工。

B．施工过程中，因临时水电线路移动而影响工人操作的工时。

C．因工程质量检查和隐蔽工程验收工作而影响工人操作的工时。

D．同一现场内单位工程之间因操作地点转移而影响工人操作的工时。

E．工序交接时对前一工序不可避免的修整用工。

F．施工中不可避免的其他零星用工。

$$人工幅度差 = (基本用工 + 超运距用工 + 辅助用工) \times 人工幅度差系数 \tag{2-5}$$

其中，按国家规定，预算定额的人工幅度差系数一般为10%～15%。

2) 材料消耗量指标的确定

预算定额中的材料消耗量指标由材料净用量和材料损耗量构成。其中材料损耗量是指在正常施工条件下不可避免的材料损耗，包括材料的施工操作损耗、场内运输(从现场内材料堆放地点或加工地点到施工操作地点)损耗、加工制作损耗和场内管理(操作地点的堆放及材料堆放地点的管理)损耗。

(1) 常用材料消耗量的计算方法。

① 凡有标准规格的材料，按规范要求计算定额计量单位的消耗量，如砖、防水卷材、块料面层等。

② 凡设计图纸标注尺寸及下料要求的材料，按设计图纸尺寸计算材料净用量，如门窗制作用料，方、板料等。

③ 换算法。各种胶结、涂料等材料的配合比用料，可以根据要求条件换算，得出材料用量。

④ 测定法。测定法包括实验室试验法和现场测定法。如各种强度等级的混凝土及砌筑砂浆配合比的耗用原材料数量的计算，须按照规范要求试配，经过试压合格并经过必要的调整后得出水泥、砂、石、水的用量。对新材料、新结构等不能用其他方法计算定额消耗量的，须用现场测定法来确定，根据不同条件可以采用写实记录法和现场观察法，得出定额消耗量。

(2) 材料消耗量的计算公式。

$$材料消耗量 = (材料净用量 + 材料损耗量) \tag{2-6}$$

或

$$材料消耗量 = 材料净用量 \times [1 + 材料损耗率(\%)] \tag{2-7}$$

$$材料损耗率 = 材料损耗量/材料净用量 \times 100\% \tag{2-8}$$

$$材料损耗量 = 材料净用量 \times 材料损耗率(\%) \tag{2-9}$$

知识链接

按用途不同，预算定额材料分为以下四种。

(1) 主要材料：指直接构成工程实体的材料，其中也包括成品、半成品的材料。

(2) 辅助材料：指构成工程实体除主要材料外的其他材料，如垫木、钉子、铅丝等。

(3) 周转性材料：指脚手架、模板等多次周转使用而又不构成工程实体的摊销性材料。

(4) 其他材料：指用量较少、难以计量的零星用料，如棉纱、编号用的油漆等。

3) 机械台班消耗量指标的确定

机械台班消耗量是指在正常施工条件下，生产单位合格产品(分部分项工程或结构构件)必须消耗的某种型号施工机械的台班数量。一般根据施工定额确定机械台班消耗量，即用施工定额中机械耗用台班加机械幅度差计算预算定额机械台班消耗量。

$$预算定额机械台班消耗量 = 施工定额机械耗用台班 \times (1 + 机械幅度差系数) \tag{2-10}$$

此外，还有一种以现场测定资料为基础确定机械台班消耗量的方法。如遇施工定额或劳动定额缺项，则需依据单位时间完成产量测定。

知识链接

机械幅度差是指在施工定额中所规定的范围内没有包括，而在实际施工中又不可避免产生的影响机械使用或使机械停歇的时间。其内容包括：施工机械转移工作面及配套机械相互影响损失的时间；在正常施工条件下，机械在施工中不可避免的工序间歇；工程开工或收尾时工作量不饱满所损失的时间；因检查工程质量而影响机械操作的时间；因临时停机、停电而影响机械操作的时间；机械维修引起的停歇时间。

特别提示

大型机械幅度差系数为：土方机械 25%、打桩机械 33%、吊装机械 30%。砂浆、混凝土搅拌机由于按小组配用，以小组产量计算机械台班消耗量，因此不另加机械幅度差。其他分部分项工程中如钢筋加工、木材、水磨石等各项专用机械幅度差系数为 10%。

应用案例 2-1

已知某挖土机挖土，一次正常循环工作时间是 40s，每次循环平均挖土量为 $0.3m^3$，机械正常利用系数为 0.8，机械幅度差系数为 25%。求该机械挖土方 $1\,000m^3$ 的预算定额机械台班消耗量。

**【案例解析】**

机械纯工作 1h 循环次数 = 3 600/40 = 90 (次/台班)

机械纯工作 1h 正常生产率 = 90 × 0.3 = 27 ($m^3$/台班)

施工机械台班产量定额 = 27 × 8 × 0.8 = 172.8 ($m^3$/台班)

施工机械台班时间定额 = 1/172.8 ≈ 0.005 79 (台班/ $m^3$)

预算定额机械耗用台班 = 0.005 79 × (1 + 25%) ≈ 0.007 23 (台班/ $m^3$)

挖土方 1 000$m^3$ 的预算定额机械台班消耗量 = 1 000 × 0.007 23 = 7.23 (台班)

### 3. 建筑安装工程人工、材料、机械台班单价的确定

1) 人工工日单价的确定

人工工日单价(简称人工单价)是指施工企业平均技术熟练程度的生产工人在每工作日(国家法定工作时间内)按规定从事施工作业应得的日工资总额。人工单价主要反映生产工人的工资水平，合理地确定人工单价是正确计算人工费和工程造价必要的基础和前提。

(1) 人工单价的组成内容。

根据现行规定，生产工人的人工单价由计时工资或计件工资、奖金、津贴补贴，以及特殊情况下支付的工资这几部分组成。

① 计时工资或计件工资是指按计时工资标准和工作时间或对已做工作按计件单价支付给个人的劳动报酬。

② 奖金是指对超额劳动和增收节支劳动支付给个人的劳动报酬，如节约奖、劳动竞赛奖等。

③ 津贴补贴是指为了补偿职工特殊或额外的劳动消耗和因其他特殊原因支付给个人的津贴，以及为了保证职工工资水平不受物价影响支付给个人的物价补贴，如流动施工津贴、特殊地区施工津贴、高温(寒)作业临时津贴、高空津贴等。

④ 特殊情况下支付的工资是指根据国家法律、法规和政策规定，因病、工伤、产假、计划生育假、婚丧假、事假、探亲假、定期休假、停工学习、执行国家或社会义务等原因按计时工资标准或计时工资标准的一定比例支付的工资。

(2) 人工单价的计算。

① 年平均每月法定工作日的计算。

由于人工单价是每一个法定工作日的工资总额，因此需要对年平均每月法定工作日进行计算。计算公式为

年平均每月法定工作日 = (全年日历日 − 法定假日)/12　　(2-11)

其中，法定假日指双休日和法定节日。

② 人工单价的计算公式。

人工单价 =[生产工人平均月工资(计时、计件) + 平均月(奖金 + 津贴补贴 + 特殊情况下支付的工资)] / 年平均每月法定工作日　　(2-12)

虽然施工企业投标报价时可以自主确定人工费，但由于人工单价在我国具有一定的政策性，因此工程造价管理机构确定人工单价应通过市场调查，根据工程项目的技术要求，参考实物工程量人工单价综合分析确定。发布的最低人工单价不得低于工程所在地人力资源和社会保障部门所发布的最低工资标准的：普工 1.3 倍、一般技工 2 倍、高级技工 3 倍。

特别提示

影响人工单价的因素很多，概括起来主要有：社会平均工资水平、生活消费指数、人工单价的组成内容、劳动力市场供需变化、政府推行的社会保障和福利政策。

2) 材料单价的确定

材料费在建筑工程总造价中所占比例为 60%～70%，在金属结构工程中所占比例还要更大，因此材料价格的合理确定对有效控制工程造价有着举足轻重的意义。

材料单价是指材料从其来源地运到施工工地仓库，直至出库形成的综合单价。

(1) 材料单价的组成内容。

材料单价通常由材料原价、运杂费、运输损耗费、采购及保管费组成。

① 材料原价是指国内采购材料的出厂价格，国外采购材料抵达买方边境、港口或车站并缴纳完各种手续费、税费(不含增值税)后形成的价格。

② 运杂费是指国内外采购材料自来源地到岸港运至工地仓库或指定堆放地点发生的费用(不含增值税)。其包含外埠中转运输过程中所发生的一切费用和过境、过桥费用，包括调车和驳船费、装卸费、运输费及附加工作费等。

③ 运输损耗费是指在材料运输中考虑一定的场外运输损耗费用。

④ 采购及保管费是指为组织采购、供应及保管材料和工程设备的过程中所需要的各项费用，包括采购费、仓储费、工地保管费、仓储损耗费用。

特别提示

影响材料单价的因素有：市场供需变化、材料生产成本的变动、流通环节的多少、材料供应体制、运输距离和运输方法的改变。此外，国际市场行情也会对进口材料价格产生影响。

(2) 材料单价的计算。

① 材料原价的计算。

在计算材料原价(或供应价格)时，常常由于同一种材料来自不同来源地、交货地点不同等原因，造成有几种不同的价格(原价)，所以在确定材料原价时常采用加权平均的方法。其计算公式为

$$\text{加权平均原价} = (K_1C_1 + K_2C_2 + \cdots + K_nC_n)/(K_1 + K_2 + \cdots + K_n) \tag{2-13}$$

式中：$K_1$，$K_2$，…，$K_n$——各不同供应地点的供应量；

$C_1$，$C_2$，…，$C_n$——各不同供应地点的原价。

若材料供应价格为含税价格，则材料原价应以购进货物适用的税率(17%或 11%)或征收率(3%)扣减增值税进项税额。

② 运杂费的计算。

在计算运杂费时，也常遇到上述计算材料原价时的情况，所以也常采用加权平均的方法。其计算公式为

$$加权平均运杂费 = (K_1T_1 + K_2T_2 + \cdots + K_nT_n)/(K_1 + K_2 + \cdots + K_n) \quad (2\text{-}14)$$

式中：$K_1$，$K_2$，…，$K_n$ ——各不同供应地点的供应量；

$T_1$，$T_2$，…，$T_n$ ——各不同运距的运费。

若运费为含税价格，则需要按“两票制”和“一票制”两种支付方式分别调整。

所谓“两票制”，是指材料供应商就收取的货物销售价款和运杂费向建筑企业分别提供货物销售和交通运输两张发票。这种情况下，运杂费以接受交通运输服务适用税率 9%扣减增值税进项税额。

所谓“一票制”，是指材料供应商就收取的货物销售价款和运杂费合计金额向建筑企业仅提供一张货物销售发票。这种情况下，运杂费采用与材料原价相同的方式扣减增值税进项税额。

③ 运输损耗费的计算。

$$运输损耗费 = (材料原价 + 运杂费) \times 运输损耗率(\%) \quad (2\text{-}15)$$

④ 采购及保管费的计算。

采购及保管费一般按照材料到库价格及费率确定。其计算公式为

$$采购及保管费 = 材料运到工地仓库的价格 \times 采购及保管费率(\%) \quad (2\text{-}16)$$

或

$$采购及保管费 = (材料原价 + 运杂费 + 运输损耗费) \times 采购及保管费率(\%) \quad (2\text{-}17)$$

⑤ 材料单价的计算公式。

$$材料单价 = (材料原价 + 运杂费) \times [1 + 运输损耗率(\%)] \times [1 + 采购及保管费率(\%)] \quad (2\text{-}18)$$

## 应用案例 2-2

某工地材料(适用 17%增值税税率)，需用的水泥选甲、乙两个供货地点。甲地出厂价为 240 元/t，采购量为 300t，运杂费为 20 元/t，运输损耗率为 0.5%；乙地出厂价为 250 元/t，采购量为 200t，运杂费为 15 元/t，运输损耗率为 0.4%。甲、乙两地的采购及保管费率均为 3.5%，出厂价、运杂费均为含税价格，且材料采用“两票制”支付方式，试计算该工地水泥的单价。

**【案例解析】**

**解：**将含税的原价和运杂费调整为不含税价格，具体见表 2-1。

表 2-1 将含税的原价和运杂费调整为不含税价格

| 采购地 | 采购量/t | 原价/(元/t) | 原价(不含税)/(元/t) | 运杂费/(元/t) | 运杂费(不含税)/(元/t) | 运输损耗率/% | 采购及保管费率/% |
|---|---|---|---|---|---|---|---|
| 甲地 | 300 | 240 | 240/1.17 ≈ 205.13 | 20 | 20/1.09 ≈ 18.35 | 0.5 | 3.5 |
| 乙地 | 200 | 250 | 250/1.17 ≈ 213.68 | 15 | 15/1.09 ≈ 13.76 | 0.4 | 3.5 |

加权平均原价 = (300 × 205.13 + 200 × 213.68)/(300 + 200) = 208.55(元/t)

加权平均运杂费 = (300 × 18.35 + 200 × 13.76)/(300 + 200) ≈ 16.51(元/t)

从甲地采购的运输损耗费 = (205.13 + 18.35) × 0.5% ≈ 1.12(元/t)

从乙地采购的运输损耗费 = (213.68 + 13.76) × 0.4% ≈ 0.91(元/t)

加权平均运输损耗费 = (300 × 1.12 + 200 × 0.91)/(300 + 200) ≈ 1.04(元/t)

材料单价 = (208.55 + 16.51 + 1.04) × (1 + 3.5%) ≈ 234.01(元/t)

3) 机械台班单价的确定

施工机具使用费是根据施工中耗用的机械台班数量和机械台班单价确定的。机械台班单价是指一台施工机械，在正常运转条件下一个工作班中所发生的全部费用，每台班按 8 小时工作制计算。正确制定机械台班单价是合理确定和控制工程造价的重要方面。

(1) 机械台班单价的组成内容。

根据相关规定，机械台班单价通常包括折旧费、检修费、维护费、安拆费及场外运费、人工费、燃料动力费和其他费用。

① 折旧费指施工机械在规定的耐用总台班内，陆续收回其原值的费用。

② 检修费指施工机械在规定的耐用总台班内，按规定的检修间隔进行必要的检修，以恢复其正常功能所需的费用。

③ 维护费指施工机械在规定的耐用总台班内，按规定的维护间隔进行各级维护和临时故障排除所需的费用。

④ 安拆费指施工机械在现场进行安装与拆卸所需的人工、材料、机械和试运转费用，以及机械辅助设施的折旧、搭设、拆除等费用；场外运费指施工机械整体或分体自停放地点运至施工现场或由一施工地点运至另一施工地点的运输、装卸、辅助材料及架线等费用。

⑤ 人工费指机上司机(司炉)和其他操作人员的人工费。

⑥ 燃料动力费指施工机械在运转作业中所消耗的各种燃料及水、电等费用。

⑦ 其他费用指施工机械按照国家规定应缴纳的车船税、保险费及检测费等。

根据《建设工程施工机械台班费用编制规则》的规定，施工机械分为十二个类别：土石方及筑路机械、桩工机械、起重机械、水平运输机械、垂直运输机械、混凝土及砂浆机械、加工机械、泵类机械、焊接机械、动力机械、地下工程机械和其他机械。

特别提示

影响机械台班单价的因素有：施工机械的价格、机械使用年限、机械供求关系、使用效率、管理水平和政府增收税费的规定。

(2) 机械台班单价的计算。

① 折旧费的计算。

$$台班折旧费 = [机械的预算价格 \times (1 - 残值率)]/耐用总台班 \tag{2-19}$$

机械的预算价格包括国产机械的预算价格和进口机械的预算价格。

$$国产机械的预算价格 = 机械原值 + 相关手续费 + 一次性运杂费 + 车辆购置税 \tag{2-20}$$

$$\begin{aligned}进口机械的预算价格 = {}&到岸价 + 关税 + 消费税 + 相关手续费 + 国内一次性运杂费 + \\&银行财务费 + 车辆购置税\end{aligned} \tag{2-21}$$

残值率指施工机械报废时回收其残余价值占施工机械预算价格的百分数。残值率按编制期国家有关规定确定，目前各类施工机械均按 5%计算。

耐用总台班指施工机械开始投入使用至报废前使用的总台班数。

$$耐用总台班 = 折旧年限 \times 年工作台班 = 检修间隔台班 \times 检修周期 \tag{2-22}$$

年工作台班指施工机械在一个年度内使用的台班数，应在编制期制度工作日的基础上扣除检修、维护天数及考虑机械利用率等因素综合取定。

检修间隔台班指机械自投入使用起至第一次大修止或自上一次大修后投入使用起至下一次大修止应达到的使用台班数。

$$检修周期 = 机械使用期限内(寿命期内耐用总台班)的检修次数 + 1 \tag{2-23}$$

② 检修费的计算。

检修费是机械使用期限内全部检修费之和在台班费用中的分摊额，它取决于一次检修费、检修次数和耐用总台班。

$$台班检修费 = (一次检修费 \times 检修次数/耐用总台班) \times 除税系数 \tag{2-24}$$

一次检修费指施工机械一次大修理发生的工时费、配件费、辅料费、油燃料费等，应以施工机械的相关技术指标和参数为基础，结合编制期市场价格综合确定。一次检修费可按其占预算价格的百分率取定。

检修次数指施工机械在其耐用总台班内的检修次数，按施工机械的相关技术指标取定。

$$除税系数 = 自行检修比例 + 委外检修比例/[1 + 税率(\%)] \tag{2-25}$$

自行检修比例、委外检修比例是指施工机械自行检修、委托专业修理修配部门检修占检修费的比例。具体比值应结合本地区(部门)施工机械检修实际综合取定。

税率按增值税修理修配劳务适用税率计取。

③ 维护费的计算。

维护费包括保障机械正常运转所需替换设备与随机配备的工具附具的摊销和维护费用、机械运转及日常保养维护所需润滑与擦拭的材料费用及机械停滞期间的维护费用等各项费用。

$$\begin{aligned}台班维护费 = [&\textstyle\sum(各级维护一次费用 \times 除税系数 \times 各级维护次数) + \\ &临时故障排除费]/耐用总台班\end{aligned} \tag{2-26}$$

当维护费计算公式中的各项数值难以确定时，可通过下式计算。

$$台班维护费 = 台班检修费 \times K \tag{2-27}$$

其中，$K$ 为维护费系数，指维护费占检修费的百分数。

各级维护一次费用应按施工机械的相关技术指标，结合编制期市场价格综合取定；各级维护次数应按施工机械的相关技术指标取定；临时故障排除费可按各级维护费用之和的百分数取定。

除税系数指一部分维护可以考虑购买服务，从而需扣除维护费中包括的增值税进项税额。

$$除税系数 = 自行维护比例 + 委外维护比例/[1 + 税率(\%)] \tag{2-28}$$

自行维护比例、委外维护比例是指施工机械自行维护、委托专业修理修配部门维护占维护费的比例。具体比值应结合本地区(部门)施工机械检修实际综合取定。

税率按增值税修理修配劳务适用税率计取。

④ 安拆费及场外运费的计算。

安拆费及场外运费根据施工机械的不同分为计入台班单价、单独计算和不需计算三种类型。

A．计入台班单价。安拆简单、移动需要起重及运输机械的轻型施工机械，其安拆费及场外运费应计入台班单价。

B．单独计算。需单独计算安拆费及场外运费的情况包括：安拆复杂、移动需要起重及运输机械的重型施工机械；利用辅助设施移动的施工机械，其辅助设施(包括轨道和枕木)等的折旧、搭设和拆除费用。

安拆费及场外运费 = (一次安拆费及场外运费 × 年平均安拆次数)/年工作台班　(2-29)

一次安拆费应包括施工现场机械安装和拆卸一次所需的人工费、材料费、机械费、安全监测部门检测费及试运转费；一次场外运费应包括运输、装卸、辅助材料和回程等费用；运输距离均应按 30km 计算。

年平均安拆次数按施工机械的相关技术指标，结合具体情况综合确定。

C．不需计算。不需要计算安拆费及场外运费的情况包括：不需要安拆的施工机械；不需要机械辅助运输的自行移动机械；固定在车间的施工机械。

此外，自升式塔式起重机、施工电梯安拆费的超高起点及其增加费，各地区、部门可根据具体情况确定。

⑤ 人工费的计算。

台班人工费 = 人工消耗量 × [1 + (年制度工作日 − 年工作台班)/年工作台班] × 人工单价　(2-30)

人工消耗量指机上司机(司炉)和其他操作人员工日消耗量。

年制度工作日应执行编制期国家有关规定。

人工单价应执行编制期工程造价管理机构发布的信息价格。

## 应用案例 2-3

已知：某载重汽车配司机 1 人，年制度工作日为 250 天，年工作台班为 230 台班，人工单价为 50 元。求该载重汽车的台班人工费。

**【案例解析】**

台班人工费 = 1 × [1 + (250 − 230)/230] × 50 ≈ 54.35(元/台班)

⑥ 燃料动力费的计算。

台班燃料动力费 = $\sum$(台班燃料动力消耗量 × 燃料动力单价)　(2-31)

台班燃料动力消耗量 = (实测数 × 4 + 定额平均值 + 调查平均值)/6　(2-32)

燃料动力单价应执行编制期工程造价管理机构发布的不含税信息价格。

⑦ 其他费用的组成和确定。

台班其他费用 = (年车船税 + 年保险费 + 年检测费)/年工作台班　(2-33)

年车船税、年检测费应执行编制期国家及地方政府有关部门的规定。

年保险费应执行编制期国家及地方政府有关部门强制性保险的规定，非强制性保险不应计算在内。

4) 施工仪器仪表台班单价的确定

目前，依据《建设工程施工仪器仪表台班费用编制规则》的规定，施工仪器仪表划分为七个类别：自动化仪表及系统、电工仪器仪表、光学仪器、分析仪表、试验机、电子和通信测量仪器仪表、专用仪器仪表。

(1) 施工仪器仪表台班单价的组成内容。

施工仪器仪表台班单价由四项费用组成，包括折旧费、维护费、校验费、动力费。值得注意的是这些费用不包括检测软件的相关费用。

① 折旧费是指施工仪器仪表在耐用总台班内，陆续收回其原值的费用。

② 维护费是指施工仪器仪表各级维护、临时故障排除所需的费用及为保证仪器仪表正常使用所需备件(备品)的维护费用。

③ 校验费是指按国家与地方政府规定的标定与检验的费用。

④ 动力费是指施工仪器仪表在施工过程中所耗用的电费。

(2) 施工仪器仪表台班单价的计算。

① 折旧费的计算。

台班折旧费 = [施工仪器仪表原值 × (1 − 残值率)] /耐用总台班 (2-34)

施工仪器仪表原值应按以下方法取定：对从施工企业采集的成交价格，各地区、部门可结合本地区、部门实际情况，综合确定施工仪器仪表原值；对从施工仪器仪表展销会采集的参考价格，或从施工仪器仪表生产厂、经销商采集的销售价格，各地区、部门可结合本地区、部门实际情况，测算价格调整系数取定施工仪器仪表原值；对类别、名称、性能规格相同而厂家不同的施工仪器仪表，各地区、部门可根据施工企业实际购进情况，综合取定施工仪器仪表原值；对进口与国产施工仪器仪表性能规格相同的，应以国产为准取定施工仪器仪表原值；进口施工仪器仪表原值应按编制期国内市场价格取定；施工仪器仪表原值应按不含一次运杂费和采购及保管费的价格取定。

残值率是施工仪器仪表报废时回收其残余价值占施工仪器仪表原值的百分比，应按国家有关规定取定。

耐用总台班指施工仪器仪表从开始投入使用至报废前所积累的工作总台班数。耐用总台班应按相关技术指标取定。

耐用总台班 = 年工作台班 × 折旧年限 (2-35)

年工作台班 = 年制度工作日 × 年使用率 (2-36)

折旧年限指施工仪器仪表逐年计提折旧费的年限，折旧年限应按国家有关规定取定。

年制度工作日应按国家规定制度工作日执行，年使用率应按实际使用情况综合取定。

② 维护费的计算。

台班维护费 = 年维护费/年工作台班 (2-37)

年维护费应按相关技术指标，结合市场价格综合取定。

③ 校验费的计算。

台班校验费 = 年校验费/年工作台班 (2-38)

年校验费应按相关技术指标取定。

④ 动力费的计算。

台班动力费 = 台班耗电量 × 电价 (2-39)

台班耗电量依据施工仪器仪表的不同类别，按相关技术指标取定。电价应执行编制期工程造价管理机构发布的信息价格。

## 2.1.2 概算定额的编制

### 1. 概算定额的概念及作用

概算定额是在预算定额的基础上确定的，完成合格的单位扩大分项工程或单位扩大结构构件所需消耗的人工、材料、机械台班消耗量的数量标准。所以概算定额又称扩大结构定额。

概算定额的项目划分粗细应与扩大初步设计深度相适应，一般是在预算定额的基础上综合扩大，每一综合分项概算定额都包含了数项预算定额。如砖墙定额，就是以砖墙为主，综合了砌砖，钢筋混凝土过梁制作、运输、安装，勒脚，内外墙面抹灰，内墙面刷白等预算定额的分项工程项目。

概算定额是在初步设计阶段编制设计概算或技术设计阶段编制修正概算的依据，是确定建设工程项目投资额的依据。概算定额可用于对设计方案的技术经济比较，既是编制概算指标的基础，也是控制施工图预算及进行竣工决算和评价的依据。

### 2. 编制概算定额的一般要求

(1) 概算定额的编制深度要适应设计深度的要求。由于概算定额是在初步设计阶段使用的，受初步设计的设计深度所限制，因此定额项目划分应坚持简化、准确和适用的原则。

(2) 概算定额水平的确定应与基础定额、预算定额的水平基本一致。它必须反映出在正常条件下大多数企业的设计、生产、施工管理水平。

由于概算定额是在预算定额的基础上，适当地再一次扩大、综合和简化，因而在工程标准、施工方法和工程量取值等方面进行综合测算时，概算定额与预算定额之间必将产生并允许留有一定的幅度差，以便根据概算定额编制的概算能够控制住施工图预算。

#### 知识链接

概算定额与预算定额的区别与联系如下。

概算定额与预算定额的相同之处有：两者都是以建(构)筑物各个结构部分和分部分项工程为单位表示的，内容也都包括人工、材料和机械台班消耗量定额三个基本部分，并列有基准价，且在定额中两者表达的主要内容、表达的主要方式及基本使用方法都相近。

概算定额与预算定额的不同之处有：项目划分和综合扩大程度上的差异，同时，概算定额主要用于设计概算的编制，由于概算定额综合了若干分项工程的预算定额，因此概算工程量计算和概算表的编制都比施工图预算的编制简化一些。

### 3. 概算定额的内容与形式

概算定额的内容基本上由文字说明部分、定额项目表和附录三部分组成。

文字说明部分有总说明和分部工程说明。在总说明中，主要阐述概算定额的性质和作用、概算定额编撰形式及应注意事项、概算定额编制目的和使用范围，以及有关定额的使用方法的统一规定。

定额项目表是概算定额手册的主要内容，由若干分节定额组成。各节定额由工程内容、定额表及附注说明组成。定额表中列有定额编号，计量单位，概算价格，人工、材料、机械台班消耗量指标。以建筑工程概算定额为例说明，表 2-2 为某现浇钢筋混凝土柱概算定额。

**表 2-2 某现浇钢筋混凝土柱概算定额**

工程内容：模板安拆、钢筋绑扎安放、混凝土浇捣养护

<table>
<tr><th colspan="3">定额编号</th><th>3002</th><th>3003</th><th>3004</th><th>3005</th><th>3006</th></tr>
<tr><th colspan="3" rowspan="4">项目</th><th colspan="5">现浇钢筋混凝土柱</th></tr>
<tr><th colspan="5">矩形</th></tr>
<tr><th>周长 1.5m 以内</th><th>周长 2.0m 以内</th><th>周长 2.5m 以内</th><th>周长 3.0m 以内</th><th>周长 3.0m 以外</th></tr>
<tr><th>$m^3$</th><th>$m^3$</th><th>$m^3$</th><th>$m^3$</th><th>$m^3$</th></tr>
<tr><td colspan="2">工、料、机名称(规格)</td><td>单位</td><td colspan="5">数量</td></tr>
<tr><td rowspan="4">人工</td><td>混凝土工</td><td>工日</td><td>0.818 7</td><td>0.818 7</td><td>0.818 7</td><td>0.818 7</td><td>0.818 7</td></tr>
<tr><td>钢筋工</td><td>工日</td><td>1.103 7</td><td>1.103 7</td><td>1.103 7</td><td>1.103 7</td><td>1.103 7</td></tr>
<tr><td>木工(装饰)</td><td>工日</td><td>4.767 6</td><td>4.083 2</td><td>3.059 1</td><td>2.179 8</td><td>1.492 1</td></tr>
<tr><td>其他工</td><td>工日</td><td>2.034 2</td><td>1.790 0</td><td>1.424 5</td><td>1.110 7</td><td>0.865 3</td></tr>
<tr><td rowspan="13">材料</td><td>泵送预拌混凝土</td><td>$m^3$</td><td>1.015 0</td><td>1.015 0</td><td>1.015 0</td><td>1.015 0</td><td>1.015 0</td></tr>
<tr><td>木模板成材</td><td>$m^3$</td><td>0.036 3</td><td>0.031 1</td><td>0.023 3</td><td>0.016 6</td><td>0.014 4</td></tr>
<tr><td>工具式组合钢模板</td><td>kg</td><td>9.708 7</td><td>8.315 0</td><td>6.229 4</td><td>4.438 8</td><td>3.038 5</td></tr>
<tr><td>扣件</td><td>只</td><td>1.179 9</td><td>1.010 5</td><td>0.757 1</td><td>0.539 4</td><td>0.369 3</td></tr>
<tr><td>零星夹具</td><td>kg</td><td>3.735 4</td><td>3.199 2</td><td>2.396 7</td><td>1.707 8</td><td>1.169 0</td></tr>
<tr><td>钢支撑</td><td>kg</td><td>1.290 0</td><td>1.104 9</td><td>0.827 7</td><td>0.589 8</td><td>0.403 7</td></tr>
<tr><td>柱箍、梁夹具</td><td>kg</td><td>1.957 9</td><td>1.676 8</td><td>1.256 3</td><td>0.895 2</td><td>0.612 8</td></tr>
<tr><td>钢丝 18#～22#</td><td>kg</td><td>0.902 4</td><td>0.902 4</td><td>0.902 4</td><td>0.902 4</td><td>0.902 4</td></tr>
<tr><td>水</td><td>$m^3$</td><td>1.276 0</td><td>1.276 0</td><td>1.276 0</td><td>1.276 0</td><td>1.276 0</td></tr>
<tr><td>圆钉</td><td>kg</td><td>0.747 5</td><td>0.640 2</td><td>0.479 6</td><td>0.341 8</td><td>0.234 0</td></tr>
<tr><td>草袋</td><td>$m^2$</td><td>0.086 5</td><td>0.086 5</td><td>0.086 5</td><td>0.086 5</td><td>0.086 5</td></tr>
<tr><td>成型钢筋</td><td>t</td><td>0.193 9</td><td>0.193 9</td><td>0.193 9</td><td>0.193 9</td><td>0.193 9</td></tr>
<tr><td>其他材料费</td><td>%</td><td>1.090 6</td><td>0.957 9</td><td>0.746 7</td><td>0.552 3</td><td>0.391 6</td></tr>
<tr><td rowspan="3">机械</td><td>汽车式起重机 5t</td><td>台班</td><td>0.028 1</td><td>0.024 1</td><td>0.018 0</td><td>0.012 9</td><td>0.008 8</td></tr>
<tr><td>载重汽车 4t</td><td>台班</td><td>0.042 2</td><td>0.036 1</td><td>0.027 1</td><td>0.019 3</td><td>0.013 2</td></tr>
<tr><td>混凝土输送泵车 $75m^3/h$</td><td>台班</td><td>0.010 8</td><td>0.010 8</td><td>0.010 8</td><td>0.010 8</td><td>0.010 8</td></tr>
</table>

续表

| 定额编号 | | | 3002 | 3003 | 3004 | 3005 | 3006 |
|---|---|---|---|---|---|---|---|
| 项目 | | | 现浇钢筋混凝土柱 | | | | |
| | | | 矩形 | | | | |
| | | | 周长 1.5m 以内 | 周长 2.0m 以内 | 周长 2.5m 以内 | 周长 3.0m 以内 | 周长 3.0m 以外 |
| | | | $m^3$ | $m^3$ | $m^3$ | $m^3$ | $m^3$ |
| 机械 | 木工圆锯机 $\phi$500mm | 台班 | 0.010 5 | 0.009 0 | 0.006 8 | 0.004 8 | 0.003 3 |
| | 混凝土振捣器 插入式 | 台班 | 0.100 0 | 0.100 0 | 0.100 0 | 0.100 0 | 0.100 0 |

### 特别提示

概算定额项目有两种划分方法：一是按工程结构划分，一般是按土石方、基础、墙、梁板柱、门窗、楼地面、屋面、装饰、构筑物等工程结构划分；二是按工程部位(分部)划分，一般是按基础、墙、梁柱、楼地面、屋盖、其他工程部位等划分，如基础工程中包括了砖、石、混凝土基础等项目。

## 2.1.3 概算指标的编制

### 1. 概算指标的概念及作用

概算指标通常是以单位工程为对象，以建筑面积、体积或成套设备装置的台或组为计量单位而规定的人工、材料、机械台班的消耗量标准和造价指标。

概算指标主要适用于投资估价、初步设计阶段，其主要作用如下。

(1) 概算指标可作为编制投资估算的参考。

(2) 概算指标中的主要材料可作为匡算拟建工程主要材料用量的依据。

(3) 概算指标是设计单位进行设计方案比较和设计技术经济分析的依据。

(4) 概算指标是初步设计阶段编制概算书、确定工程概算造价的依据。

(5) 概算指标是编制固定资产投资计划、确定投资额和主要材料计划的主要依据。

(6) 概算指标是施工企业编制劳动力和材料计划、实行经济核算的依据。

### 知识链接

概算定额与概算指标的不同之处如下。

(1) 确定各种消耗量指标的对象不同。概算定额是以单位扩大分项工程或单位扩大结构构件为对象，而概算指标则是以单位工程为对象，因此概算指标比概算定额更加综合与扩大。

(2) 确定各种消耗量指标的依据不同。概算定额以现行预算定额为基础，通过计算之后才综合确定出各种消耗量指标，而概算指标中各种消耗量指标的确定，则主要来自各种预算或结算资料。

### 2. 概算指标的内容

概算指标的组成内容一般分为文字说明和列表形式两部分，以及必要的附录。概算指标分为两类，其一是建筑工程概算指标，其二是设备及安装工程概算指标。

1) 文字说明

文字说明包括总说明和分册说明。其内容一般包括：概算指标的编制范围、编制依据、分册情况、指标包括的内容、指标未包括的内容、指标的使用方法、指标允许调整的范围及调整说明方法等。

2) 列表形式

建筑工程和设备及安装工程这两类概算指标有其各自的列表形式。

(1) 建筑工程列表形式。一般来说，建筑工程列表形式包括示意图、工程特征、经济指标、构造内容及工程量指标。房屋建筑物、构筑物一般是以建筑面积、建筑体积、“座”“个”等为计算单位，附以必要的示意图来画出建筑物的轮廓示意或单线平面图，列出综合指标(“元/$m^2$”或“元/$m^3$”)、自然条件(如地基承载力、地震烈度等)，建筑物的类型、结构形式及各部位中结构的主要特点，以及主要工程量。

(2) 设备及安装工程列表形式。设备以“t”或“台”为计算单位，也可用设备购置费或设备原价的百分比(%)表示；工艺管道一般以“t”为计算单位；通信电话站安装以“站”为计算单位。列出指标编号、项目名称、规格、综合指标(元/计算单位)之后，一般还要列出其中的人工费，必要时还要列出主要材料费、辅材费。

**知识链接**

建筑工程概算指标包括一般土建工程概算指标、给排水工程概算指标、采暖工程概算指标、通信工程概算指标、电气照明工程概算指标。

设备及安装工程概算指标包括机械设备及安装工程概算指标，电气设备及安装工程概算指标，工、器具及生产家具购置费概算指标。

### 3. 概算指标的表现形式

1) 综合概算指标

综合概算指标是按照工业或民用建筑及其结构类型而制定的概算指标。其概括性较大，但其准确性、针对性不如单项概算指标。

2) 单项概算指标

单项概算指标是指为某种建筑物或构筑物而编制的概算指标。其针对性较强，故指标中对工程结构形式要做介绍。只要工程项目的结构形式及工程内容与单项概算指标中的工程概况相吻合，编制出的设计概算就比较准确。

## 2.1.4 投资估算指标的编制

### 1. 投资估算指标的概念及作用

工程建设投资估算指标是编制项目建议书、进行可行性研究等前期工作阶段投资估算的依据，也可作为编制固定资产计划投资额的参考。其以独立的建设项目、单项工程或单位工程为对象，综合项目全过程投资和建设中的各类成本和费用，反映出其扩大的技术经济指标。它既是定额的一种表现形式，又不同于其他的计价定额；既具有宏观指导作用，又能为编制项目建议书和可行性研究阶段的投资估算提供依据。

投资估算指标的作用如下。

(1) 在编制项目建议书阶段，其是项目主管部门审批项目建议书的依据之一，并对项目规划及规模起参考作用。

(2) 在可行性研究阶段，其是项目决策的重要依据，也是多方案比选、优化设计方案、正确编制投资估算、合理确定项目投资的重要基础。

(3) 在建设项目评价及决策过程中，其是评价建设项目投资可行性、分析投资效益的主要经济指标。

(4) 在项目实施阶段，其是限额设计和工程造价确定与控制的依据。

(5) 投资估算指标是核算建设项目建设投资额和编制建设投资计划的重要依据。

(6) 合理准确地确定投资估算指标是进行工程造价管理改革、实现工程造价事前管理和主动控制的前提条件。

### 2. 投资估算指标的内容

投资估算指标是确定和控制建设项目全过程各项投资支出的技术经济指标，其范围涉及建设前期、建设实施期和竣工验收交付使用期等各个阶段的费用支出，因此其内容因行业不同而各异，一般可分为建设项目综合指标、单项工程指标和单位工程指标三个层次。

1) 建设项目综合指标

建设项目综合指标指按规定应列入建设项目总投资的从立项筹建开始至竣工验收交付使用的全部投资额，包括单项工程投资、工程建设其他费用和预备费等。

建设项目综合指标一般以项目的综合生产能力单位投资表示，如“元/t”“元/kW”，或以使用功能表示，如医院床位的“元/床”。

2) 单项工程指标

单项工程指标指按规定应列入能独立发挥生产能力或使用效益的单项工程内的全部投资额，包括建筑工程费，安装工程费，设备、工具、器具及生产家具购置费，以及其他费用。

单项工程一般分为：主要生产设施、辅助生产设施、公用工程、环境保护工程、总图运输工程、厂区服务设施、生活福利设施、厂外工程等。

单项工程指标一般以单项工程生产能力单位投资额表示，如“元/t”“元/$m^3$”“元/$m^2$”等。

3) 单位工程指标

单位工程指标指按规定应列入能独立设计、施工的工程项目的费用，即建筑安装工程费用。

单位工程指标一般以如下方式表示：如房屋区别不同结构形式以“元/$m^2$”表示；水塔区别不同结构层、容积以“元/座”表示；管道区别不同材质、管径以“元/m”表示等。

## 2.1.5 企业定额的编制

### 1. 企业定额概述

企业定额是施工企业根据本企业的施工技术、机械装备和管理水平，编制的人工、材料和机械台班消耗量标准。

企业定额由企业考虑本企业具体情况，并参照国家、部门或地区定额的水平制定，只在企业内部使用，是企业素质的一个标志，企业定额水平一般应高于国家现行定额水平。企业定额反映企业的施工生产与生产消费之间的数量关系，是企业生产力水平的体现。在工程量清单计价模式下，每家企业均应拥有反映自己企业能力的企业定额，企业的技术和管理水平不同，企业定额水平也就不同。因此，企业定额是施工企业进行施工管理和投标报价的基础和依据，从一定意义上讲，企业定额是企业的商业秘密，是企业参与市场竞争的核心竞争能力的具体表现。

企业定额必须具备以下特点。

(1) 定额人工、材料和机械台班消耗量要比社会平均水平低，体现其先进性。

(2) 可以表现本企业在某些方面的技术优势和管理优势。

(3) 所有匹配的单价都是动态的，具有市场性。

(4) 与施工方案(或施工组织设计)能全面接轨。

目前，大部分施工企业还是以国家和行业制定的预算定额作为施工管理、工料分析和计算施工成本的依据。随着市场化改革的不断深入和发展，施工企业可以以预算定额和基础定额为参照，逐步建立反映企业自身施工管理水平和技术装备程度的企业定额。

### 2. 企业定额的作用

企业定额的作用主要表现在以下几个方面。

(1) 企业定额是企业计划管理的依据。

(2) 企业定额是组织和指挥施工生产的有效工具。

(3) 企业定额是计算工人劳动报酬的根据。

(4) 企业定额是企业激励工人的条件。

(5) 企业定额有利于推广先进技术。

(6) 企业定额是编制施工预算和加强企业成本管理的基础。

(7) 企业定额是施工企业进行工程投标、编制工程投标报价的基础和主要依据。

### 特别提示

企业定额与施工定额的区别与联系如下。

企业定额和施工定额都是以施工过程为研究对象，都是施工企业内部用于施工管理和成本核算的依据，但是施工定额是本地区主管部门和施工企业的有关职能机构根据大多数施工企业的平均先进水平制定的，而企业定额是某一施工企业完全根据自身的技术管理水平及相应优势制定的。

3. 企业定额的编制方法

编制企业定额的关键工作是根据本企业的技术水平和管理水平，参照本地区消耗量定额，编制出完成单位合格产品所必需的人工、材料和机械台班消耗量，计算分项工程单价或综合单价。

人工工日消耗量的确定是根据企业环境，拟定正常的施工作业条件，分别计算测定基本用工和其他用工的工日数，进而拟定施工作业的定额时间。

材料消耗量的确定是通过企业历史数据的统计分析、理论计算、实验室试验、实地考察等方法，计算确定包括周转材料在内的净用量和损耗量，从而拟定材料消耗的定额指标。

机械台班消耗量的确定同样需要按照企业的环境，拟定机械工作的正常施工条件，确定机械工作效率和利用系数，据此拟定施工机械作业的定额台班与机械作业相关的工人小组的定额时间。

除本任务中介绍的定额外，还有一种工程定额是补充定额，它是指随着设计、施工技术的发展，在现行定额不能满足需要的情况下，为了补充缺陷所编制的定额。补充定额只能在指定的范围内使用，可以作为以后修订定额的基础。

# 任务 2.2　工程量清单的编制

**知识目标**

(1) 熟悉工程量清单的内容。
(2) 掌握分部分项工程量清单的构成。
(3) 掌握措施项目清单编制的内容。
(4) 熟悉其他项目清单及规费、税金项目清单的编写形式和内容。

**工作任务**

能够根据已知条件熟练地进行工程量清单的编制。

## 2.2.1 工程量清单概述

工程量清单的编制

1. 工程量清单的概念及内容

工程量清单是指载明建设工程的分部分项工程、措施项目、其他项目的名称和相应数量，以及规费和税金项目等内容的明细清单。其中由招标人根据国家标准、招标文件、设计文件及施工现场实际情况编制的称为招标工程量清单，而作为投标文件组成部分的已标明价格并经承包人确认的称为已标价工程量清单。采用工程量清单方式招标，招标工程量清单必须作为招标文件的组成部分，其准确性和完整性由招标人负责。

目前，工程量清单计价主要遵循的依据是工程量清单计价与工程量计算规范，由《建设工程工程量清单计价规范》(GB 50500—2013)(本项目中简称《计价规范》)、《房屋建筑与装饰工程工程量计算规范》(GB 50854—2013)、《仿古建筑工程工程量计算规范》(GB 50855—2013)等组成。

工程量清单应由分部分项工程量清单、措施项目清单、其他项目清单，以及规费、税金项目清单组成。招标人在编制工程量清单时应包括下列内容。

(1) 明确的项目设置。依据《计价规范》进行项目设置，力求没有遗漏，也不重叠。

(2) 清单项目的工程量。在招标文件中应列出各个清单项目的工程量，这是工程量清单招标与定额招标的一个重大区别，工程量主要通过清单工程量计算规则计算得到，除另有说明外，所有清单项目的工程量应以实体的工程量为准，并以完成后的净值计算。

(3) 统一的表格格式。工程量清单的表格格式可参考《计价规范》。

**2. 工程量清单的作用**

工程量清单是工程量清单计价的基础，是编制最高投标限价和投标报价、计算工程量、支付工程款、调整合同价款、办理竣工结算及工程索赔等的依据。工程量清单计价的作用体现在以下方面。

《建设工程工程量清单计价规范》

(1) 提供一个平等的竞争条件。

(2) 满足市场经济条件下竞争的需要。

(3) 有利于提高工程计价效率，能真正实现快速报价。

(4) 有利于工程款的拨付和工程造价的最终结算。

(5) 有利于业主对投资的控制。

## 2.2.2 分部分项工程量清单的编制

分部分项工程是“分部工程”和“分项工程”的总称。“分部工程”是单位工程的组成部分，按结构部位、路段长度及施工特点或施工任务将单位工程划分为若干分部工程。例如，砌筑工程分为砖砌体、砌块砌体、石砌体、垫层分部工程。“分项工程”是分部工程的组成部分，按不同施工方法、材料、工序及路段长度等，分部工程可划分为若干个分项工程或项目。例如，砖砌体分为砖基础、砖砌挖孔桩护壁、实心砖墙、多孔砖墙、空心砖墙、空斗墙、空花墙、填充墙、空心砖柱、多孔砖柱、砖检查井、零星砌砖、砖散水、砖地坪、砖地沟、砖明沟等分项工程。

分部分项工程量清单是指构成建设工程实体的全部分项实体项目名称和相应数量的明细清单。分部分项工程量清单必须根据各专业工程工程量计算规范规定的项目编码、项目名称、项目特征、计量单位和工程量计算规则进行编制。分部分项工程量清单应包括序号、项目编码、项目名称、项目特征描述、计量单位、工程数量和金额，格式见表 2-3。在编制过程中，由招标人负责前六项内容的填写，金额部分在编制最高投标限价或投标报价时填写。

表 2-3 分部分项工程量清单与计价表

工程名称： 标段： 第 页 共 页

| 序号 | 项目编码 | 项目名称 | 项目特征描述 | 计量单位 | 工程数量 | 金额/元 | | |
|---|---|---|---|---|---|---|---|---|
| | | | | | | 综合单价 | 合价 | 其中：暂估价 |
| | | | | | | | | |

**1. 项目编码**

项目编码是分部分项工程和措施项目清单名称的标识，以五级编码设置，用 12 位阿拉伯数字表示。第一、二、三、四级编码(1～9 位)按工程量计算规范的附录统一设置；第五级编码(10～12 位)由工程量清单编制人根据拟建工程的工程量清单名称设置，不得有重号，由招标人针对招标工程项目具体编制，并应自 001 起顺序编制。

各级编码代表的含义如下。

(1) 第一级(第 1、2 位)表示专业工程代码：房屋建筑与装饰工程为 01、仿古建筑工程为 02、通用安装工程为 03、市政工程为 04、园林绿化工程为 05、矿山工程为 06、构筑物工程为 07、城市轨道交通工程为 08、爆破工程为 09。

(2) 第二级(第 3、4 位)表示附录分类顺序码。以房屋建筑与装饰工程为例，01 为附录 A，对应项目土(石)方工程；02 为附录 B，对应项目地基处理与边坡支护工程；03 为附录 C，对应项目桩基工程；04 为附录 D，对应项目砌筑工程；05 为附录 E，对应项目混凝土及钢筋混凝土工程；06 为附录 F，对应项目金属结构工程；07 为附录 G，对应项目木结构工程；08 为附录 H，对应项目门窗工程等。

(3) 第三级(第 5、6 位)表示分部工程顺序码。相当于章中的节。

(4) 第四级(第 7～9 位)表示分项工程项目顺序码。

(5) 第五级(第 10～12 位)表示清单项目名称顺序码。

以房屋建筑与装饰工程为例说明项目编码结构情况，如 01－01－01－004－×××这个项目编码，从左往右：第一级的 01 为专业工程代码，表示房屋建筑与装饰工程；第二级的 01 为附录分类顺序码，表示附录 A 土(石)方工程；第三级的 01 为分部工程顺序码，01 表示第 1 节土方工程；第四级的 004 为分项工程项目顺序码，表示挖基坑土方；第五级的×××为清单项目名称顺序码，从 001 开始编制。

**特别提示**

随着工程建设中新材料、新技术、新工艺等的不断涌现，工程量计算规范附录所列的工程量清单项目无法包含所有项目，当出现工程量计算规范附录中未包括的清单项目时，编制人应做补充。补充项目的编码应按工程量计算规范的规定确定。

具体做法如下：补充项目的编码由工程量计算规范的代码与“B”和 3 位阿拉伯数字组成，并应从 001 起顺序编制。例如，房屋建筑与装饰工程如需补充项目，则其编码应从 01B001 起顺序编制，同一招标工程的项目不得重码。

### 2. 项目名称

分部分项工程量清单的项目名称，应按各专业工程工程量计算规范附录的项目名称结合拟建工程的实际确定。附录表中的“项目名称”为分项工程项目名称，应考虑该项目的规格、型号、材质等特征要求，结合拟建工程的实际情况，使工程量清单项目名称具体化、细化，以反映影响工程造价的主要因素。例如，“门窗工程”中“特种门”应区分为“冷藏门”“冷冻间门”“保温门”等。

### 3. 项目特征

项目特征是指分部分项工程、措施项目自身价值的本质特征，是对项目的准确描述，是确定清单项目综合单价不可缺少的重要依据。分部分项工程量清单的项目特征应按各专业工程工程量计算规范附录中规定的项目特征，结合技术规范、标准图集、施工图纸，按照工程结构、使用材质及规格或安装位置等，予以详细而准确的表述和说明。凡项目特征未描述到的其他独有特征，由清单编制人视项目具体情况确定，以准确描述清单项目为准。

各专业工程工程量计算规范附录中，关于各清单项目“工作内容”的描述，是指完成清单项目可能发生的具体工作和操作程序。应注意：因在各专业工程工程量计算规范中，工程量清单项目与工程量计算规则、工作内容有一一对应关系，所以在编制分部分项工程量清单时，工作内容通常无须描述。

### 4. 计量单位

计量单位应采用基本单位，除各专业另有特殊规定外均按以下单位计算。

(1) 以质量计算的项目，计量单位取吨或千克(t 或 kg)。

(2) 以体积计算的项目，计量单位取立方米($m^3$)。

(3) 以面积计算的项目，计量单位取平方米($m^2$)。

(4) 以长度计算的项目，计量单位取米(m)。

(5) 以自然计量单位计算的项目，计量单位取个、套、块、樘、组、台等。

(6) 没有具体数量的项目，计量单位取宗、项等。

各专业有特殊计量单位的，须另外加以说明。同时有多个计量单位的，应根据所编制工程量清单项目的特征要求，选择最适宜表现该项目特征的且方便计量的单位，如门窗工程有“樘”或“$m^2$”两个计量单位，在实际工作中，应根据需要选择最适宜、最方便计量和组价的单位。

**特别提示**

关于计量单位有效位数的规定如下。

(1) 以“t”为计量单位的，应保留三位小数，第四位小数四舍五入。

(2) 以“$m^3$”“$m^2$”“m”“kg”为计量单位的，应保留两位小数，第三位小数四舍五入。

(3) 以“个”“项”等为计量单位的，应取整数。

### 5. 工程数量的计算

工程数量主要通过工程量计算规则计算得到。工程量计算规则是指对清单项目工程量的计算规定。除另有说明外，所有清单项目的工程量应以实体工程量为准，并以完成后的净值计算；投标人投标报价时，应在单价中考虑施工中的各种损耗和需要增加的工程量。

## 应用案例 2-4

某建筑Ⓐ轴外墙砖基础(截面尺寸如图 2.1 所示)中心线长度为 39.30m，高为 1.00m，具体做法为：100mm 厚度 C15 素混凝土垫层；防水砂浆防潮层一道；砖基础，M5 水泥砂浆砌筑。试确定该分部分项工程量清单项目。

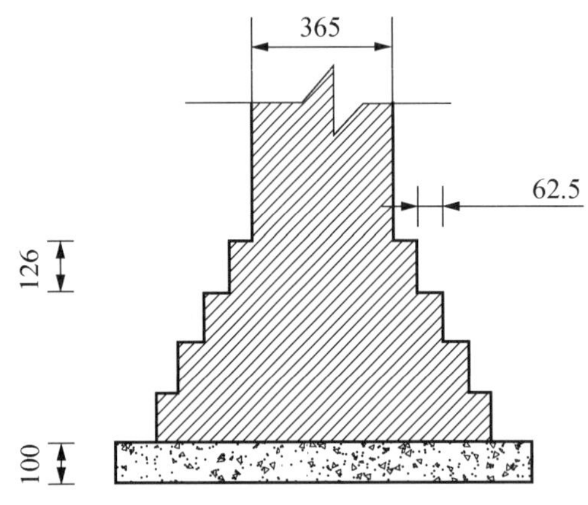


图 2.1　Ⓐ轴外墙砖基础截面尺寸图

**【案例解析】**

1．项目名称的确定

在确定该分部分项工程量清单项目时，首先在《房屋建筑与装饰工程工程量计算规范》(GB 50854—2013)附录 D 中找到“砖基础”，这是清单项目名称的主体，此处的“砖基础”适用于各种类型的砖基础，如内外墙砖基础、不同厚度的砖基础、不同强度等级的砖基础及砌筑砂浆不同的砖基础；其次在此基础上根据实际的情况，通过进一步细化，可将该清单项目命名为“外墙带形砖基础(365mm)”。也就是说，在这个名称中“砖基础”是附录里的主体名称，而“外墙带形”和“(365mm)”是根据设计要求，参照附录项目特征给出的砖基础的部位、形式和砌筑砂浆的类别及强度等级。如再明确些，还可以写明该项目所在的工程部位，这样该清单项目可命名为“Ⓐ轴外墙带形砖基础(365mm)”。

2．项目编码的确定

在确定清单项目编码时，首先依据附录 D 中“砖基础”所在的章节位置确定第一到四级编码。针对本清单项目的编码，因为“砖基础”在附录 D 的表 D.1 砖砌体中，所以对应的第一到四级编码(前 9 位编码)为“010401001”，然后将属于“砖基础”的项目按顺序排列，增加第五级编码，所以该清单项目的编码为“010401001001”

3．项目特征的确定

在填写清单项目包含的项目特征时，应参考《房屋建筑与装饰工程工程量清单计算规范》(GB 50854—2013)并结合工程的实际情况，尽量列全整个清单项目的项目特征。步骤见表 2-4。

4．计算清单项目的工程量

清单项目的工程量应根据招标人的意图或招标文件规定的承包范围和施工设计文件，按《房屋建筑与装饰工程工程量清单计算规范》(GB 50854—2013)附录规定的工程量计算规则和计量单位进行计算。

$$\text{砖基础的工程量} = (0.432 + 1.0) \times 0.365 \times 39.30 \approx 20.54\ (\text{m}^3)$$

式中，0.432 为等高式大放脚折算成 365mm 后的折加高度。

5．填写清单项目的工程数量和计量单位

清单项目的工程数量和计量单位见表 2-5。垫层清单此处略。

表 2-4　清单项目包含项目特征的确定

| 项目特征确定的第一步 | 项目特征确定的第二步 |
|---|---|
| 附录 D.1 中砖基础的项目特征 | 结合本例工程实际确定的该清单项目的项目特征 |
| (1) 砖的品种、规格、强度等级<br>(2) 基础类型<br>(3) 砂浆强度等级<br>(4) 防潮层材料种类 | Ⓐ轴外墙带形砖基础(365mm)<br>(1) 防水砂浆防潮层<br>(2) 砌砖，水泥砂浆 M5<br>(3) 砂浆、混凝土制作、运输和其他材料的运输 |

表 2-5　分部分项工程量清单与计价表

工程名称：××××　　　　第　页共　页

| 序号 | 项目编码 | 项目名称 | 项目特征描述 | 计量单位 | 工程数量 | 金额/元 | | |
|---|---|---|---|---|---|---|---|---|
| | | | | | | 综合单价 | 合价 | 其中：暂估价 |
| | 0104 | 砖砌体 | | | | | | |
| 1 | 010401001001 | Ⓐ轴外墙带形砖基础(365mm) | (1) 防水砂浆防潮层<br>(2) 砌砖，水泥砂浆 M5<br>(3) 砂浆、混凝土制作、运输和其他材料的运输 | $m^3$ | 20.54 | | | |
| 2 | 010401006001 | 素混凝土垫层 | 略 | | | | | |

## 2.2.3 措施项目清单的编制

### 1. 措施项目的列项

措施项目是指为完成工程项目施工，发生于该工程施工前和施工过程中的技术、生活、安全、环境保护等方面的项目，如脚手架工程、模板工程、超高施工增加、垂直运输等。

根据《计价规范》，措施项目清单有如下规定。

(1) 措施项目清单应根据拟建工程的实际情况列项。

正常情况下都要发生的措施项目包括：安全文明施工(包括环境保护、文明施工、安全施工、临时设施)，脚手架工程，模板工程，垂直运输，地上、地下设施，建筑物临时保护设施，已完工程及设备保护。此外，其他措施项目的清单列项条件详见表 2-6。

(2) 能计量的措施项目其清单编制同分部分项工程量清单。

能计量的措施项目包括：脚手架工程，模板工程，垂直运输，大型机械设备进出场及安拆，施工排水、降水。

(3) 不能计量的措施项目在编制清单时，按总价措施项目相应表格完成。

不能计量的措施项目包括：安全文明施工，夜间施工，非夜间施工照明，二次搬运，冬雨季施工，地上、地下设施，建筑物临时保护设施，已完成工程及设备保护。

表 2-6　其他措施项目的清单列项条件

| 序号 | 项目名称 | 其他措施项目发生的条件 |
|---|---|---|
| 1 | 大型机械设备进出场及安拆 | 施工方案中有大型机械的使用方案，拟建工程必须使用大型机械 |
| 2 | 超高施工增加 | 单层建筑物檐口高度超过 20m，多层建筑物超过 6 层 |
| 3 | 施工排水、降水 | 依据水文地质资料，拟建工程的地下施工深度低于地下水位 |
| 4 | 夜间施工 | 拟建工程有必须连续施工的要求，或工期紧张有夜间施工的倾向 |
| 5 | 非夜间施工照明 | 在地下室等特殊施工部位施工时 |
| 6 | 二次搬运 | 施工场地条件限制所发生的材料、成品等二次或多次搬运 |
| 7 | 冬雨季施工 | 冬雨季施工时 |

### 2. 措施项目计费方法

措施项目中能计量的项目清单宜采用分部分项工程量清单的方式编制，以综合单价计价，典型的有模板工程、脚手架工程、垂直运输等，这类措施项目按照分部分项工程量清单的方式采用综合单价计价，更有利于措施项目费(以下简称措施费)的确定和调整，需要列出项目编码、项目名称、项目特征描述、计量单位和工程数量，见表 2-3。

不能计量的项目清单，以“项”为计量单位，见表 2-7。“计算基础”一栏中，安全文明施工费对应可以为“定额基价”“定额人工费”“定额人工费 + 定额机械费”；其他措施项目费对应可以为“定额人工费”“定额人工费 + 定额机械费”。此外，按施工方案计算的措施费，若无“计算基础”和“费率”的数值，也可只填“金额”数值，但应在“备注”栏说明施工方案的出处或计算方法。

表 2-7　总价措施项目清单与计价表

工程名称：　　　　　　　　标段：　　　　　　　　第　页共　页

| 序号 | 项目编码 | 项目名称 | 计算基础 | 费率/% | 金额/元 | 调整费率/% | 调整后金额/元 | 备注 |
|---|---|---|---|---|---|---|---|---|
| 1 | | 安全文明施工 | | | | | | |
| 2 | | 夜间施工 | | | | | | |
| 3 | | 二次搬运 | | | | | | |
| 4 | | 冬雨季施工 | | | | | | |
| 5 | | 地上、地下设施，建筑物临时保护设施 | | | | | | |
| 6 | | 已完工程及设备保护 | | | | | | |
| | | | | | | | | |
| 合　计 | | | | | | | | |

注：本表适用于以“项”计价的措施项目。

知识链接

安全文明施工费是指工程项目施工期间，施工企业为保证安全施工、文明施工和保护现场内外环境等所发生的措施项目费用。其他措施项目费的介绍详见任务 1.3。

## 2.2.4 其他项目清单的编制

其他项目清单是指除分部分项工程量清单、措施项目清单所包含的内容外，因招标人的特殊要求而发生的与拟建工程有关的其他费用项目和相应数量的清单。工程建设标准的高低、工程的复杂程度、工程的工期长短、工程的组成内容、发包人对工程的管理要求等都会直接影响其他项目清单的具体内容。其他项目清单包括暂列金额，暂估价[包括材料(工程设备)暂估单价、专业工程暂估价]，计日工，总承包服务费。

其他项目清单应根据拟建工程具体情况编制，格式见表 2-8。其中在“备注”一栏中填“明细详见×××明细表××”，也就是说本表和各项目的明细表配合使用。此外，当出现表 2-8 中未列的项目时，可根据实际情况补充。

表 2-8 其他项目清单与计价汇总表

工程名称：　　　　　　　　　　标段：　　　　　　　　　　第　页共　页

| 序　号 | 项 目 名 称 | 金额/元 | 结算金额/元 | 备　　注 |
|---|---|---|---|---|
| 1 | 暂列金额 | | | |
| 2 | 暂估价 | | | |
| 2.1 | 材料(工程设备)暂估单价 | — | — | |
| 2.2 | 专业工程暂估价 | | | |
| 3 | 计日工 | | | |
| 4 | 总承包服务费 | | | |
| | | | | |
| 合　　计 | | | | — |

注：材料(工程设备)暂估单价计入清单项目综合单价，此处不汇总。

### 1. 暂列金额

暂列金额是指招标人在工程量清单中暂定并包括在合同价款中的一笔款项。其用于工程合同签订时尚未确定或者不可预见的所需材料、工程设备、服务的采购，施工中可能发生的工程变更、合同约定调整因素出现时的合同价款调整，以及发生的索赔、现场签证确认等的费用。暂列金额是为这类不可避免的价格调整设立的，但设立暂列金额并不能保证合同结算价格就不会再出现超过合同价格的情况，是否超过合同价格完全取决于工程量清单编制人对暂列金额预测的准确性，以及工程建设过程是否出现了其他事先未预测到的事件。

《计价规范》规定招标人要将暂列金额与拟用项目明细列出，但确实不能详细列出的也可只列暂定金额总额，并将其计入投标总价中。暂列金额应根据工程特点，按有关计价规定估算。暂列金额明细表见表 2-9。

表 2-9　暂列金额明细表

工程名称：　　　　　　　　　　　　标段：　　　　　　　　　　　　第　页 共　页

| 序　号 | 项 目 名 称 | 计量单位 | 暂定金额/元 | 备　注 |
|---|---|---|---|---|
| 1 | | | | |
| 2 | | | | |
| 3 | | | | |
| 合　计 | | | | — |

## 2. 暂估价

暂估价是指招标人在工程量清单中提供的用于支付必然发生但暂时不能确定价格的材料、工程设备的单价及专业工程的金额，包括材料暂估单价、工程设备暂估单价和专业工程暂估价。

暂估价是在招标阶段预见肯定要发生，只是因为标准不明确或者需要由专业承包人完成而暂时无法确定的价格。暂估价数量和拟用项目应当结合工程量清单中的暂估价表予以补充说明。材料暂估单价、工程设备暂估单价，需要纳入分部分项工程量清单项目综合单价中以方便投标人组价；专业工程暂估价一般应是综合暂估价，同样包括人工费、材料费、施工机具使用费、企业管理费和利润，不包括规费和税金。总承包招标时，专业工程设计深度往往是不够的，一般需要交由专业设计人设计，而公开、透明、合理地确定这类暂估价的实际开支金额的最佳途径就是施工总承包人与工程建设项目招标人共同组织的招标。

暂估价中的材料暂估单价、工程设备暂估单价应根据工程造价信息或参照市场价格估算，列出明细表，见表 2-10；专业工程暂估价应分不同专业，按有关计价规定估算，列出明细表，见表 2-11。

表 2-10　材料(工程设备)暂估单价及调整表

工程名称：　　　　　　　　　　　　标段：　　　　　　　　　　　　第　页 共　页

| 序号 | 材料(工程设备)名称、规格、型号 | 计量单位 | 数量 | | 暂估/元 | | 确认/元 | | 差额±/元 | | 备注 |
|---|---|---|---|---|---|---|---|---|---|---|---|
| | | | 暂估 | 确认 | 单价 | 合价 | 单价 | 合价 | 单价 | 合价 | |
| 1 | | | | | | | | | | | |
| 2 | | | | | | | | | | | |
| 3 | | | | | | | | | | | |
| | | | | | | | | | | | |
| 合　计 | | | | | | | | | | | |

注：此表由招标人填写“暂估单价”，并在“备注”栏说明暂估单价的材料、工程设备拟用在哪些清单项目上，投标人应将上述材料、工程设备暂估单价计入工程量清单综合单价报价中。

表 2-11　专业工程暂估价及结算价表

工程名称：　　　　标段：　　　　第　页共　页

| 序　号 | 工程名称 | 工程内容 | 暂估金额/元 | 结算金额/元 | 差额±/元 | 备　注 |
|---|---|---|---|---|---|---|
| 1 | | | | | | |
| 2 | | | | | | |
| 3 | | | | | | |
| | | | | | | |
| 合　计 | | | | | | |

注：此表“暂估金额”由招标人填写，投标人应将“暂估金额”计入投标总价中。结算时按合同约定结算金额填写。

### 3. 计日工

计日工是指在施工过程中，承包人完成发包人提出的工程合同范围以外的零星项目或工作，按合同中约定的单价计价的一种方式。计日工适用的所谓零星项目或工作一般是指合同约定之外的或者因变更而产生的、工程量清单中没有相应项目的额外工作，尤其是那些难以事先商定价格的额外工作。

计日工应列出项目名称、计量单位和暂定数量。计日工表格式见表 2-12。

表 2-12　计日工表

工程名称：　　　　标段：　　　　第　页共　页

| 编　号 | 项目名称 | 计量单位 | 暂定数量 | 实际数量 | 综合单价/元 | 合价/元 | |
|---|---|---|---|---|---|---|---|
| 一 | 人工 | | | | | 暂定 | 实际 |
| 1 | | | | | | | |
| 2 | | | | | | | |
| … | | | | | | | |
| 人工小计 | | | | | | | |
| 二 | 材料 | | | | | | |
| 1 | | | | | | | |
| 2 | | | | | | | |
| … | | | | | | | |
| 材料小计 | | | | | | | |
| 三 | 施工机具 | | | | | | |
| 1 | | | | | | | |
| 2 | | | | | | | |
| … | | | | | | | |
| 施工机具小计 | | | | | | | |
| 四、企业管理费和利润 | | | | | | | |
| 合　计 | | | | | | | |

注：此表“项目名称”“暂定数量”由招标人填写，编制最高投标限价时，综合单价由招标人按有关计价规定确定；投标时，综合单价由投标人自主报价，按暂定数量计算合价计入投标总价中。结算时，按发承包双方确认的实际数量计算合价。

#### 4. 总承包服务费

总承包服务费是指总承包人为配合协调发包人进行的专业工程发包，对发包人自行采购的材料、工程设备等进行保管及施工现场管理、竣工资料汇总整理等服务所需的费用。招标人应预计该项费用并按投标人的投标报价向投标人支付该项费用。

总承包服务费应列出服务项目及其内容等。总承包服务费计价表的格式见表 2-13。

表 2-13 总承包服务费计价表

工程名称：　　　　　　　　　　　　　　标段：　　　　　　　　　　　　　　第　页共　页

| 序号 | 项目名称 | 项目价值/元 | 服务内容 | 计算基础 | 费率/% | 金额/元 |
|---|---|---|---|---|---|---|
| 1 | 发包人发包专业工程 | | | | | |
| 2 | 发包人提供材料 | | | | | |
| … | | | | | | |
| | 合　计 | — | — | | — | |

注：此表“项目名称”“服务内容”由招标人填写，编制最高投标限价时，费率及金额由招标人按有关计价规定确定；投标时，费率及金额由投标人自主报价，计入投标总价中。

### 2.2.5 规费、税金项目清单的编制

#### 1. 规费

规费是指根据国家法律、法规规定，由省级政府或省级有关权力部门规定施工企业必须缴纳的，应计入建筑安装工程造价的费用。

规费项目清单的列项内容通常包括社会保险费(包含养老保险费、失业保险费、医疗保险费、工伤保险费、生育保险费)和住房公积金。出现未包含在上述规范中的项目，应根据省级政府或省级有关权力部门的规定列项。

#### 2. 税金

税金项目清单应包含增值税。出现《计价规范》位列项目，应根据税务部门的规定列项。规费、税金应按国家或省级、行业建设行政主管部门的规定计算，不得作为竞争性费用。

规费、税金项目清单与计价表的格式见表 2-14，表中未注明的规费项目的计算基础为定额人工费。

表 2-14 规费、税金项目清单与计价表

工程名称：　　　　　　　　　　　　　　标段：　　　　　　　　　　　　　　第　页共　页

| 序　号 | 项 目 名 称 | 计算基础 | 计算基数 | 计算费率/% | 金额/元 |
|---|---|---|---|---|---|
| 1 | 规费 | | | | |
| 1.1 | 社会保险费 | | | | |
| (1) | 养老保险费 | | | | |
| (2) | 失业保险费 | | | | |

续表

| 序　号 | 项 目 名 称 | 计算基础 | 计算基数 | 计算费率/% | 金额/元 |
|---|---|---|---|---|---|
| (3) | 医疗保险费 | | | | |
| (4) | 工伤保险费 | | | | |
| (5) | 生育保险费 | | | | |
| 1.2 | 住房公积金 | | | | |
| 1.3 | 危险作业意外伤害保险 | | | | |
| 1.4 | 工程定额测定费 | | | | |
| 2 | 税金<br>(增值税) | 人工费＋材料费＋施工机具使用费＋企业管理费＋利润＋规费 | | | |
| 合　计 | | | | | |

编制人(造价人员)　　　　　　　　　　　　　　　　　　复合人(造价工程师)

# 任务 2.3　工程造价指数的编制

## 知识目标

(1) 熟悉工程造价指数的概念。

(2) 掌握工程造价指数的分类。

(3) 掌握工程造价指数的编制方法。

## 工作任务

能够根据工程资料熟练编制各种工程造价指数。

## 2.3.1　工程造价指数的概念和编制意义

### 1. 工程造价指数的概念

工程造价指数是一定时期的建设工程造价相对于某一固定时期的工程造价的比值，即以某一设定值为参照得出的同比例数值。工程造价指数反映了报告期与基期相比的价格变化趋势及其对工程造价的影响程度，是调整工程造价价差的依据。

### 2. 工程造价指数的编制意义

在建筑市场供求和价格水平发生经常性波动的情况下，建设工程造价及其组成部分也处于不断变化之中，这不仅使得不同时期的工程在“量”与“价”两方面都失去可比性，而且给合理确定和有效控制造价造成了困难。根据工程建设的特点，编制工程造价指数是解决这些问题的最佳途径。以合理方法编制的工程造价指数，不仅能够较好地反映工程造价的变动趋势和变化幅度，而且可以剔除价格变化对工程造价的影响，从而正确反映建筑市场的供求关系和生产力发展水平。在实际工作中，工程造价指数对下列问题的研究很有意义。

(1) 可以利用工程造价指数分析价格变化趋势及其原因。

(2) 可以利用工程造价指数预计宏观经济变化对工程造价的影响。

(3) 工程发承包双方可以利用工程造价指数进行工程估价和结算。

## 2.3.2 工程造价指数的分类

工程造价指数分为人材机市场价格指数、单项工程造价指数、建设工程造价综合指数。

### 1. 人材机市场价格指数

人材机市场价格指数是反映各类工程的人工费、材料费、施工机具使用费报告期价格与基期价格相比的变化程度的指标，可利用它研究主要单项价格变化的情况及发展变化趋势，其计算过程可以简单表示为报告期价格与基期价格之比。表 2-15 为材料费指数示例。

表 2-15　××市 2018 年 1—10 月建安、市政工程材料费指数

| 类别 | 1 月 | 2 月 | 3 月 | 4 月 | 5 月 | 6 月 | 7 月 | 8 月 | 9 月 | 10 月 |
|---|---|---|---|---|---|---|---|---|---|---|
| 建安工程材料费 | 109.41 | 106.51 | 102.51 | 98.68 | 103.09 | 103.10 | 104.95 | 110.35 | 113.42 | 113.69 |
| 市政工程材料费 | 131.91 | 129.92 | 125.84 | 123.46 | 126.23 | 126.14 | 127.72 | 128.91 | 131.00 | 131.89 |

注：本指数以 2017 年 7 月为基期价格测算，基期指数为 100。

### 2. 单项工程造价指数

单项工程造价指数主要按照不同专业类型划分。与单项工程造价指标的分类类似，单项工程造价指数也可划分为房屋建筑与装饰工程、仿古建筑工程、通用安装工程、市政工程、园林绿化工程、矿山工程、构筑物工程、城市轨道交通工程和爆破工程等。表 2-16 为住宅建筑工程造价指数示例。

表 2-16　××市 2016—2017 年住宅建筑工程造价指数

| 项目 | 2016 年上半年 | 2016 年下半年 | 2017 年上半年 | 2017 年下半年 |
|---|---|---|---|---|
| 高层住宅 | 123.61 | 133.49 | 137.25 | 151.67 |
| 小高层住宅 | 119.08 | 129.16 | 133.02 | 147.41 |
| 综合办公楼 | 109.99 | 118.60 | 121.47 | 135.15 |
| 多层框架商品住宅 | 123.90 | 133.01 | 137.15 | 152.03 |

### 3. 建设工程造价综合指数

建设工程造价综合指数通常按照地区进行编制，即将不同专业的单项工程造价指数进行加权汇总后，反映出该地区某一时期内工程造价的综合变动情况。表 2-17 为某高层住宅

工程造价综合指数示例。

表 2-17　××市 2018 年第二季度某高层住宅工程造价综合指数

<table>
<tr><td colspan="12">1．工程概况</td></tr>
<tr><td colspan="2">工程名称</td><td colspan="2">某高层住宅</td><td colspan="2">工程用途</td><td colspan="2">住宅建筑</td><td colspan="2">工程结构</td><td colspan="2">框架(现浇)</td></tr>
<tr><td colspan="2">地上层数</td><td colspan="2">32 层</td><td colspan="2">地下层数</td><td colspan="2">2 层</td><td colspan="2">檐口高度</td><td colspan="2">91.05m</td></tr>
<tr><td colspan="2">建筑面积或规模/m²</td><td colspan="2">12 339.5</td><td colspan="2">计价方式</td><td colspan="2">工程量清单计价</td><td colspan="2">工程类别</td><td colspan="2">一类</td></tr>
<tr><td colspan="12">2．工程特征</td></tr>
<tr><td rowspan="5">土建部分</td><td colspan="2">土石方工程</td><td colspan="3">机械挖土</td><td colspan="3">屋盖工程</td><td colspan="3">40 厚细石混凝土，改性沥青卷材防水，挤塑保温板</td></tr>
<tr><td colspan="2">基础工程</td><td colspan="3">静压管桩</td><td colspan="3">内墙饰面</td><td colspan="3">乳胶漆</td></tr>
<tr><td colspan="2">柱梁板工程</td><td colspan="3">C30 现浇混凝土</td><td colspan="3">外墙饰面</td><td colspan="3">乳胶漆</td></tr>
<tr><td colspan="2">墙体工程</td><td colspan="3">加气混凝土砌块</td><td colspan="3">外墙保温节能</td><td colspan="3">聚苯颗粒保温砂浆</td></tr>
<tr><td colspan="2">楼地面工程</td><td colspan="3">水泥砂浆整体面层</td><td colspan="3">门窗工程</td><td colspan="3">塑钢中空玻璃</td></tr>
<tr><td rowspan="3">安装部分</td><td colspan="2">动力照明</td><td colspan="3">钢管敷设暗配，节能吸顶灯</td><td colspan="3">通风空调</td><td colspan="3">铝合金风口，碳钢管道</td></tr>
<tr><td colspan="2">给排水</td><td colspan="3">PP-R 给水管，UPVC 排水管</td><td colspan="3">消防工程</td><td colspan="3">火灾报警系统</td></tr>
<tr><td colspan="2">弱电工程</td><td colspan="3">电话、电视敷线</td><td colspan="3"></td><td colspan="3"></td></tr>
<tr><td colspan="12">3．每平方米工程总价及土建安装造价指数</td></tr>
<tr><td colspan="12">工程总价 2 155.44 元/m²，其中土建 1 806.73 元/m²，安装 348.71 元/m²</td></tr>
<tr><td rowspan="2">总造价指数</td><td>上期</td><td>本期</td><td rowspan="2">土建</td><td>上期</td><td>本期</td><td rowspan="2">安装</td><td>上期</td><td>本期</td><td colspan="3"></td></tr>
<tr><td>143.12</td><td>145.42</td><td>147.41</td><td>150.26</td><td>124.72</td><td>124.63</td><td colspan="3"></td></tr>
<tr><td colspan="12">注：人工、机械指数为 100，指数均以 2007 年下半年为基准。</td></tr>
<tr><td colspan="12">4．每 100 平方米主要材料和人工消耗量指标</td></tr>
<tr><td>钢材用量</td><td>755.055</td><td>t</td><td>钢材消耗指标</td><td>6.1</td><td>t/100m²</td><td>水泥用量</td><td>851.931</td><td>t</td><td>水泥消耗指标</td><td>6.9</td><td>t/100m²</td></tr>
<tr><td>木材用量</td><td>2.04</td><td>m²</td><td>木材消耗指标</td><td>0.02</td><td>m³/100m²</td><td>人工工日用量</td><td>64 627</td><td>工日</td><td>人工工日消耗指标</td><td>524</td><td>工日/100m²</td></tr>
</table>

## 2.3.3 工程造价指数的编制方法

### 1. 人材机市场价格指数的编制

人材机市场价格指数可以直接用报告期价格与基期价格相比后得到，计算公式为

$$人工费(材料费、施工机具使用费)价格指数 = P_1/P_0 \tag{2-40}$$

式中：$P_0$——基期人工单价(材料单价、施工机具台班单价)；

$P_1$——报告期人工单价(材料单价、施工机具台班单价)。

2. 单项工程造价指数的编制

单项工程造价指数可以使用已有的各类单项工程造价指标进行编制，通过报告期与基期相应的工程造价指标的比值计算，计算公式为

$$单项工程造价指数 = P_1^1 / P_0^1 \tag{2-41}$$

式中：$P_0^1$——基期单项工程造价指标；

$P_1^1$——报告期单项工程造价指标。

3. 建设工程造价综合指数的编制

建设工程造价综合指数的编制是在单项工程造价指数编制结果的基础上，将不同专业类型的单项工程造价指数以投资额为权重加权汇总后编制完成的，计算公式为

$$建设工程造价综合指数 = \frac{A_1 \cdot X_1 + A_2 \cdot X_2 + \cdots + A_n \cdot X_n}{X_1 + X_2 + \cdots + X_n} \tag{2-42}$$

式中：$A_n$——同期各类单项工程造价指数；

$X_n$——同期各类单项工程总投资额。

# 任务 2.4　工程造价的计价方法

**知识目标**

(1) 掌握定额计价的程序。

(2) 掌握工程量清单计价的基本过程。

(3) 熟悉定额计价与工程量清单计价方法的区别及联系。

**工作任务**

能够根据已有资料进行工程的定额计价和工程量清单计价。

定额计价是在计划经济条件下，确定工程造价的一种传统的计价方法；工程量清单计价是在市场经济条件下，产生的一种现行的与国际惯例一致的计价方法。本节将主要讲述这两种不同计价方法的计价程序，以及两者之间的区别和联系。

## 2.4.1 定额计价方法

传统的定额计价方法首先按概预算定额规定的计量单位和计算规则，逐项计算拟建工程施工图设计中的分项工程量，再套用概预算定额单价(单位估价表)确定直接工程费，其次按规定的取费标准确定措施费、间接费、利润和税金，汇总后形成工程的概预算价格。

在用此法进行工程计价的过程中，充分体现了“量”与“价”的结合，存在这样两个基本过程，即工程量计算和工程计价。

工程计价的程序可以用公式概括如下。

(1) 每一计量单位建筑产品的基本构造单元(假定建筑产品)的工料单价 = 人工费 + 材料费 + 施工机具使用费。

式中：人工费 = $\sum$(人工工日消耗量 × 人工单价)

材料费 = $\sum$(材料消耗量 × 材料单价) + 工程设备费

施工机具使用费 = $\sum$(施工机械台班消耗量 × 施工机械台班单价) + $\sum$(施工仪表仪器台班消耗量 × 施工仪表仪器台班单价)

(2) 单位工程直接费 = $\sum$(假定建筑产品工程量 × 工料单价)。

(3) 单位工程概预算造价 = 单位工程直接费 + 间接费 + 利润 + 税金。

(4) 单项工程概预算造价 = $\sum$单位工程概预算造价 + 设备及工、器具购置费。

(5) 建设项目全部工程概预算造价 = $\sum$单项工程概预算造价 + 预备费 + 工程建设其他费用 + 建设期贷款利息 + 流动资金。

## 2.4.2 工程量清单计价方法

工程量清单计价方法是区别于工程定额计价的新的计价方法，它是与市场经济体制相适应的计价方法。总的来说，它是由建筑产品的买方和卖方在建筑市场上根据供求状况、信息状况进行自由竞价，从而最终能够签订工程合同价格的方法，这种新的计价方法是建筑市场逐步发展完善的必然产物，由定额计价方法到工程量清单计价方法的演变也表明了我国建筑产品价格市场化的进程。

**1. 工程量清单计价的适用范围**

工程量清单计价适用于建设工程发承包及其实施阶段的计价活动。全部使用国有资金(含国家融资资金)投资或国有资金(含国家融资资金)投资为主的工程建设项目，必须采用工程量清单计价；非国有资金投资的工程建设项目，宜采用工程量清单计价；不采用工程量清单计价的工程建设项目，应执行《计价规范》中除工程量清单等专门性规定外的其他规定。

(1) 国有资金投资的工程建设项目。

① 使用各级财政预算资金的项目。

② 使用纳入财政管理的各种政府性专项建设资金的项目。

③ 使用国有企事业单位自有资金，并且国有投资者实际拥有控制权的项目。

(2) 国家融资资金投资的工程建设项目。

① 使用国家发行债券所筹资金的项目。

② 使用国家对外借款或者担保所筹资金的项目。

③ 使用国家政策性贷款的项目。

④ 国家授权投资主体融资的项目。

⑤ 国家特许的融资项目。

(3) 国有资金(含国家融资资金)投资为主的工程建设项目。

这类项目是指国有资金占投资总额 50%以上，或虽不足 50%但国有投资者实质上拥有控股权的工程建设项目。

2. 工程量清单计价的基本过程

工程量清单计价的基本过程可以描述为：按照《计价规范》规定，在各相应专业工程工程量计算规范规定的工程量清单项目设置和工程量计算规则基础上，针对具体工程的施工图纸和施工组织设计计算出各个清单项目的工程量，根据规定的方法计算出综合单价，并汇总各清单合价得出工程总价。

用公式概括上述计算过程如下。

(1) 分部分项工程费 $=\sum$分部分项工程量 × 相应分部分项综合单价。

(2) 措施费 $=\sum$各种措施项目费。

(3) 其他项目费 = 暂列金额 + 暂估价 + 计日工 + 总承包服务费。

(4) 单位工程报价 = 分部分项工程费 + 措施费 + 其他项目费 + 规费 + 税金。

(5) 单项工程报价 $=\sum$单位工程报价。

(6) 建设项目的总报价 $=\sum$单项工程报价。

特别提示

投标报价是在发包人提供工程量清单的基础上，企业根据自身所掌握的各种信息资料，结合企业定额编制出的工程价格；综合单价是指完成一个规定计量单位的分部分项工程量清单项目或措施清单项目所需要的人工费、材料费、施工机具使用费、企业管理费和利润，以及一定范围内的风险费用的总和。风险费用隐含于已标价工程量清单综合单价中，用于化解发承包双方在工程合同中约定的风险内容和范围的费用。

3. 工程量清单计价的作用

(1) 满足市场经济条件下的竞争需要，能充分发挥市场竞争规律和价格的杠杆作用。

(2) 由市场定价，为投标人提供了一个平等的竞争平台。

(3) 有利于业主对投资的控制。

(4) 有利于提高工程计价效率，实现快速报价。

(5) 有利于工程款的拨付和工程造价的最终结算。

## 2.4.3 定额计价与工程量清单计价方法的区别及联系

1. 定额计价与工程量清单计价方法的区别

1) 计价依据不同

这是两种方法的最根本区别。定额计价的唯一依据就是各地区建设行政主管部门颁布的预算定额及费用定额，而工程量清单计价的主要依据是各投标人所编制的企业定额和市场价格信息。

定额计价

2) 计价方式不同

定额计价时，单位工程造价由直接费、间接费、利润、税金构成，计价时先计算直接费，再以直接费(或其中的人工费或人工费与施工机具使用费)为基数计算间接费、利润、税金，汇总为单位工程造价。

工程量清单计价时，造价由分部分项工程费、措施费、其他项目费、规费、税金五部分构成，做这种划分的考虑是为了将施工过程中的措施性消耗和实体性消耗分开，对于措施性消耗费用，只列出项目名称，由投标人根据招标文件要求和施工现场情况、施工方案自行确定，以体现出以施工方案为基础的造价竞争；对于实体性消耗费用，则列出具体的工程数量，投标人要报出每个清单项目的综合单价。

3) 项目名称划分不同

定额计价的工程项目划分按“分项工程”划分，其划分原则是按工程的不同部位、不同材料、不同工艺、不同施工机械、不同施工方法和材料规格型号划分，划分十分详细。

工程量清单计价的工程项目划分则具有较大的综合性，是综合的工程量。它考虑工程部位、材料、工艺特征，但不考虑具体的施工方法或措施，同时对于同一项目不再按阶段或过程分为几项，而是综合到一起，如混凝土，可以将同一项目的搅拌(制作)、运输、安装、接头灌缝等综合为一项，门窗也可以将制作、运输、安装、刷油、五金等综合到一起，这样就减少了原来定额对于施工企业工艺方法选择的限制，报价时有更多的自主性。

4) 反映的成本价不同

定额计价时，各投标人根据相同的预算定额及估价表投标报价，所报的价格基本相同，不能体现中标单位的真正实力，所报的工程造价实际上是社会平均价。而工程量清单计价时，投标人依据企业自己的管理能力、技术装备水平和市场行情，自主报价，反映的是个别成本。

5) 风险处理的方式不同

定额计价时，其风险承担人是由合同价的确定方式决定的，当采用固定价合同时，其风险由承包人承担；当采用可调价合同时，其风险由承包人与发包人共担，但在合同中往往明确了工程结算时按实调整，实际上风险基本上由发包人承担。

工程量清单计价时，其风险由发包人与承包人合理分担，发包人承担计量的风险；承包人应完全承担技术风险和管理风险，应有限度地承担市场风险，应完全不承担法律、法规、规章和政策变化的风险。

**2. 定额计价与工程量清单计价方法的联系**

(1) 定额计价是传统的计价方法，不会退出计价舞台。工程量清单计价是为了适应市场经济以及与国际的招投标形式相统一而产生的计价方法，是在定额计价的基础上做的改革，可以说它们是并存的两种计价方法。

(2) 计量规范中清单项目的设置参考了全国统一定额的项目划分，注意使工程量清单计价项目设置与定额计价项目设置衔接，以便于推广工程量清单计价模式的使用。

(3) 计量规范附录中的“工作内容”基本上源自原定额项目(或子目)设置的工作内容，它是综合单价的组价内容。

(4) 在目前多数企业没有企业定额的情况下，采用工程量清单计价时，现行全国统一定额或各地区建设行政主管部门发布的预算定额(或消耗量定额)可作为重要参考。

## 综合应用案例

某大型公共建筑，其混凝土灌注护坡桩、护坡桩钢筋笼、旋喷桩止水帷幕及长锚索四项分部分项工程的工程量见表 2-18，护坡桩施工方案采用泥浆护壁成孔混凝土灌注桩，其相关项目定额预算单价见表 2-19，且已知混凝土灌注护坡桩在《房屋建筑与装饰工程工程量计算规范》(GB 50854—2013)中的清单编码为 010302001。

【问题】

(1) 根据给定的数据，列式计算综合单价，管理费以人材机费用合计为基数按 9%计算，利润以人材机和管理费用合计为基数按 7%计算。计算结果填入表 2-20 综合单价分析表中。

(2) 根据问题(1)的结果，按《计价规范》的要求，在表 2-21 中编制分部分项工程和单价措施项目清单与计价表(表中已含部分清单项目，仅填写空缺部分)。

(3) 利用以下相关数据，在表 2-22 中编制单位工程竣工结算汇总表，已知相关数据如下：①分部分项工程费为 16 000 000.00 元；②单价措施费为 440 000.00 元，安全文明施工费为分部分项工程费的 3.82%；③规费为分部分项工程费、措施费及其他项目费合计的 3.16%；④税金利率为 3.48%。

(计算结果保留两位小数)

表 2-18 分部分项工程量表

| 序号 | 项目名称 | 单位 | 工程量 |
|---|---|---|---|
| 1 | 混凝土灌注护坡桩 | $m^3$ | 2 856.49 |
| 2 | 护坡桩钢筋笼 | t | 266.853 |
| 3 | 旋喷桩止水帷幕 | m | 3 150.00 |
| 4 | 长锚索 | m | 11 162.00 |

表 2-19 定额预算单价

单位：$m^3$

| 定额编号 | | | 3-20 | | 3-24 | |
|---|---|---|---|---|---|---|
| 项目 | | | 泥浆护壁冲击钻成孔 *D*800 | | 泥浆护壁混凝土灌注桩 | |
| 项目内容 | 单位 | 单价/元 | 数量 | 金额/元 | 数量 | 金额/元 |
| 人工 | 工日 | 74.30 | 0.875 | 65.01 | 0.736 | 54.69 |
| C25 预拌混凝土 | $m^3$ | 390.00 | | | 1.167 | 455.13 |
| 其他材料 | 元 | | | 133.37 | | 37.15 |
| 机械费 | 元 | | | 146.25 | | 16.80 |
| 预算单价 | 元 | | | 344.63 | | 563.77 |

表 2-20 综合单价分析表

| 项目编码 | 010302001001 | 项目名称 | | 混凝土灌注护坡桩 | | | 计量单位 | $m^3$ | | 工程量 | |
|---|---|---|---|---|---|---|---|---|---|---|---|
| 清单综合单价组成明细 | | | | | | | | | | | |
| 定额编号 | 项目名称 | 定额单位 | 数量 | 单价 | | | | 合计 | | | |
| | | | | 人工费 | 材料费 | 机械费 | 管理费和利润 | 人工费 | 材料费 | 机械费 | 管理费和利润 |
| 3-20 | 泥浆护壁冲击钻成孔 $D800$ | $m^3$ | | | | | | | | | |
| 3-24 | 泥浆护壁混凝土灌注桩 | $m^3$ | | | | | | | | | |
| | 人工单价 | 小计 | | | | | | | | | |
| | 元/工日 | 未计价材料费 | | | | | | | | | |
| | 清单项目综合单价 | | | | | | | | | | |
| | 主要材料名称、规格 | | | | | 单位 | 数量 | 单价/元 | 合价/元 | 暂估单价/元 | 暂估单价/元 |
| | C25 预拌混凝土 | | | | | $m^3$ | | | | / | / |
| | 其他材料 | | | | | | | | | / | / |
| | 材料小计 | | | | | | | | | / | / |

表 2-21 分部分项工程和单价措施项目清单与计价表

| 序号 | 项目编码 | 项目名称 | 项目特征描述 | 单位 | 工程量 | 金额/元 | |
|---|---|---|---|---|---|---|---|
| | | | | | | 综合单价 | 合价 |
| 分部分项工程 | | | | | | | |
| 1 | 010101001001 | 平整场地 | / | $m^2$ | 8 000.00 | 1.58 | 12 640.00 |
| 2 | 010101004001 | 挖基坑土方 | 略 | $m^3$ | 124 000.00 | 46.50 | 5 766 000.00 |
| 3 | 010302001001 | 混凝土灌注护坡桩 | 略 | $m^2$ | | | |
| 4 | | 护坡桩钢筋笼 | 略 | t | | 6 200.00 | |
| 5 | | 旋喷桩止水帷幕 | 略 | m | | 420.00 | |
| 6 | | 长锚索 | 略 | m | | 253.00 | |
| 7 | | 桩顶连梁 | 略 | $m^3$ | 253.00 | 793.00 | 200 629.00 |
| 8 | | 挡墙构造柱 | 略 | $m^3$ | 67.00 | 680.00 | 45 560.00 |
| 9 | | 挡墙压顶 | 略 | $m^3$ | 58.00 | 700.00 | 40 600.00 |
| 10 | | 钢筋 | / | t | 25.00 | 5 900.00 | 147 500.00 |
| | 分部分项工程小计 | | | 元 | | | |
| | 单价措施项目 | | | | | | |

续表

| 序号 | 项目编码 | 项目名称 | 项目特征描述 | 单位 | 工程量 | 金额/元 | |
|---|---|---|---|---|---|---|---|
| | | | | | | 综合单价 | 合价 |
| 11 | 011702005001 | 桩顶梁模板 | | $m^2$ | 630.00 | 45.00 | 28 350.00 |
| 12 | 011702003001 | 构造柱模板 | | $m^2$ | 50.00 | 61.00 | 3 050.00 |
| 13 | 011702008001 | 压顶模板 | | $m^2$ | 316.00 | 82.00 | 25 912.00 |
| | 单价措施项目合计 | | | 元 | | | 57 312.00 |
| | 分部分项工程和单价措施项目合计 | | | 元 | | | |

表 2-22　单位工程竣工结果汇总表

| 序号 | 汇 总 内 容 | 金额/元 |
|---|---|---|
| 1 | 分部分项工程费 | |
| 2 | 单价措施费 | |
| 3 | 安全文明施工费 | |
| 4 | 措施费合计 | |
| 5 | 其他项目费 | |
| 6 | 规费 | |
| 7 | 税金 | |
| | 竣工结算总价合计 | |

**【案例解析】**

(1) 综合单价计算如下。

① 综合单价中管理费和利润的计算。

管理费和利润 = (65.01 + 133.37 + 146.25) × 9% + (65.01 + 133.37 + 146.25) × (1 + 9%) × 7% + (54.69 + 455.13 + 37.15 + 16.80) × 9% + (54.69 + 455.13 + 37.15 + 16.80) × (1 + 9%) × 7% ≈ 151.06(元)

② 其他材料费的计算。

其他材料费 = 625.65 − 1.167 × 390.00 = 170.52(元)

计算结果见表 2-23。

表 2-23　综合单价分析表

| 项目编码 | 010302001001 | 项目名称 | 混凝土灌注护坡桩 | | 计量单位 | $m^3$ | | 工程量 | 2 856.49 |
|---|---|---|---|---|---|---|---|---|---|
| 清单综合单价组成明细 | | | | | | | | | |
| 定额编号 | 项目名称 | 定额单位 | 数量 | 单价 | | | | 合计 | |
| | | | | 人工费 | 材料费 | 机械费 | 管理费和利润 | 人工费 | 材料费 |
| 3-20 | 泥浆护壁冲击钻成孔 $D800$ | $m^3$ | 1 | 65.01 | 133.37 | 146.25 | 57.31 | 65.01 | 133.37 |

| 定额编号 | 合计：机械费 | 合计：管理费和利润 |
|---|---|---|
| 3-20 | 146.25 | 57.31 |

续表

| 项目编码 | 010302001001 | 项目名称 | 混凝土灌注护坡桩 | | | | 计量单位 | $m^3$ | | 工程量 | 2 856.49 |
|---|---|---|---|---|---|---|---|---|---|---|---|
| 3-24 | 泥浆护壁混凝土灌注桩 | $m^3$ | 1 | 54.69 | 492.28 | 16.80 | 93.75 | 54.69 | 482.28 | 16.80 | 93.75 |
| | 人工单价 | 小计 | | | | | | 119.70 | 625.65 | 163.05 | 151.06 |
| | 元/工日 | 未计价材料费 | | | | | | | | | |
| | 清单项目综合单价 | | | | | | | 1 059.46 | | | |
| | 主要材料名称、规格 | | | | 单位 | 数量 | 单价/元 | 合价/元 | | 暂估单价/元 | 暂估单价/元 |
| | C25 预拌混凝土 | | | | $m^3$ | 1.167 | 390.00 | 455.13 | | | |
| | 其他材料 | | | | | | | 170.52 | | | |
| | 材料小计 | | | | | | | 625.65 | | | |

(2) 分部分项工程和单价措施项目清单与计价表见表 2-24。

**表 2-24　分部分项工程和单价措施项目清单与计价表**

| 序号 | 项目编码 | 项目名称 | 项目特征描述 | 单位 | 工程量 | 金额/元 | |
|---|---|---|---|---|---|---|---|
| | | | | | | 综合单价 | 合价 |
| 分部分项工程 | | | | | | | |
| 1 | 010101001001 | 平整场地 | | $m^2$ | 8 000.00 | 1.58 | 12 640.00 |
| 2 | 010101004001 | 挖基坑土方 | 略 | $m^3$ | 124 000.00 | 46.50 | 5 766 000.00 |
| 3 | 010302001001 | 混凝土灌注护坡桩 | 略 | $m^2$ | 2 856.49 | 1 059.46 | 3 026 336.90 |
| 4 | | 护坡桩钢筋笼 | 略 | t | 266.85 | 6 200.00 | 1 654 488.60 |
| 5 | | 旋喷桩止水帷幕 | 略 | m | 3 150.00 | 420.00 | 1 323 000.00 |
| 6 | | 长锚索 | 略 | m | 11 162.00 | 253.00 | 2 823 986.00 |
| 7 | | 桩顶连梁 | 略 | $m^3$ | 253.00 | 793.00 | 200 629.00 |
| 8 | | 挡墙构造柱 | 略 | $m^3$ | 67.00 | 680.00 | 45 560.00 |
| 9 | | 挡墙压顶 | 略 | $m^3$ | 58.00 | 700.00 | 40 600.00 |
| 10 | | 钢筋 | | t | 25.00 | 5 900.00 | 147 500.00 |
| | 分部分项工程小计 | | | 元 | | | 15 040 740.50 |
| | 单价措施项目 | | | | | | |
| 11 | 011702005001 | 桩顶梁模板 | | $m^2$ | 630.00 | 45.00 | 28 350.00 |
| 12 | 011702003001 | 构造柱模板 | | $m^2$ | 50.00 | 61.00 | 3 050.00 |
| 13 | 011702008001 | 压顶模板 | | $m^2$ | 316.00 | 82.00 | 25 912.00 |
| | 单价措施项目合计 | | | 元 | | | 57 312.00 |
| | 分部分项工程和单价措施项目合计 | | | 元 | | | 15 098 052.50 |

(3) 单位工程竣工结算汇总表见表 2-25。

表 2-25　单位工程竣工结算汇总表

| 序　号 | 汇 总 内 容 | 金额/元 |
| --- | --- | --- |
| 1 | 分部分项工程费 | 16 000 000.00 |
| 2 | 单价措施费 | 440 000.00 |
| 3 | 安全文明施工费 | 611 200.00 |
| 4 | 措施费合计 | 1 051 200.00 |
| 5 | 其他项目费 | 0.00 |
| 6 | 规费 | 538 817.92 |
| 7 | 税金 | 612 132.62 |
|  | 竣工结算总价合计 | 18 202 150.54 |

## 项目小结

本项目详细地阐述了工程计价依据与计价方法的具体内容，包括建设工程定额的编制、工程量清单的编制、工程造价指数的编制、工程造价的计价方法。

建设工程定额的编制中介绍了预算定额的概念及编制方法，预算定额人工、材料、机械台班消耗量指标的确定，人工、材料、机械台班单价的确定，概算定额的概念及概算定额的内容与形式，概算指标的编制，投资估算指标的概念及内容等。

工程量清单的编制中介绍了工程量清单的内容，分部分项工程量清单的构成，措施项目清单、其他项目清单、规费及税金项目清单的编制。

工程造价指数的编制中介绍了工程造价指数的概念和编制意义，以及工程造价指数的分类和编制方法。

工程造价的计价方法介绍了定额计价的程序、工程量清单计价的基本过程、定额计价与工程量清单计价方法的区别及联系。

## 思考与练习

### 一、单选题

1. 关于预算定额性质与特点的说法，不正确的是(　　)。

A. 是一种计价性定额　　B. 以分项工程为对象编制

C. 反映平均先进水平　　D. 以施工定额为基础编制

2. 作为工程定额体系的重要组成部分，预算定额是(　　)。

A. 完成一定计价单位的某一施工过程所需要消耗的人工、材料和机械台班数量标准

B. 完成单位合格扩大分项工程所需消耗的人工、材料和机械台班数量及费用标准

C. 完成一定计量单位和各分项工程和结构构件所需消耗的人工、材料、机械台班数量及其费用标准

D. 完成一个规定计量单位建筑安装产品的费用消耗标准

3. 施工仪器仪表台班单价不包括(　　)。

A. 折旧费　　B. 检修费　　C. 校验费　　D. 动力费

4. 依法必须采用工程量清单招标的建设项目，投标人需要采用而招标人不需要采用的计价依据是(　　)。

A. 国家、地区或行业定额资料　　B. 工程造价信息、资料和指数

C. 企业定额　　D. 计价活动相关规章规程

5. 除另有说明外，分部分项工程量清单中的工程量应等于(　　)。

A. 实体工程量

B. 实体工程量＋施工损耗

C. 实体工程量＋施工需要增加的工程量

D. 实体工程量＋措施项目工程量

6. 在分部分项工程量清单的项目设置中，除明确说明项目的名称外，还应阐释清单项目的(　　)。

A. 计量单位　　B. 清单编码

C. 工程数量　　D. 项目特征

7. 关于其他项目清单与计价表的编制，下列说法正确的是(　　)。

A. 材料暂估单价计入清单项目综合单价，并汇总到其他项目清单与计价表中

B. 暂列金额归招标人所有，投标人应将其扣除后再做投标报价

C. 专业工程暂估价的费用构成类别应与分部分项工程综合单价的构成保持一致

D. 计日工的名称和数量应由投标人填写

8. 某分部分项工程的清单编码为010301001×××，则该分部分项工程所属工程类别为(　　)。

A. 房屋建筑与装饰工程　　B. 仿古建筑工程

C. 园林绿化工程　　D. 市政工程

9. 关于工程量清单计价的适用范围，下列说法正确的是(　　)。

A. 达到或超过规定建设规模的工程，必须采用工程量清单计价

B. 不采用工程量清单计价的建设工程，应执行《计价规范》中除工程量清单等专门性规定以外的规定

C. 达到或超过规定投资数额的工程，必须采用工程量清单计价

D. 国有资金占投资总额不足50%的建设工程发承包，不必采用工程量清单计价

10. 工程量清单计价模式所采用的综合单价不含(　　)。

A. 管理费　　B. 利润　　C. 措施费　　D. 风险费

## 二、多选题

1. 制订工程量清单的项目设置规则是为了统一工程量清单的(　　)。

A. 项目编码　　B. 项目名称　　C. 项目特征

D. 工作内容　　E. 计量单位

2. 关于工程量清单及其编制，下列说法中正确的有(　　)。

A. 招标工程量清单必须作为投标文件的组成部分

B. 安全文明施工费应列入以“项”为单位计价的措施项目清单中

C. 暂列金额中包括用于施工中必然发生但暂不能确定价格的材料、设备的费用

D. 招标工程量清单的准确性和完整性由招标人负责

E.《计价规范》中未列的规费项目，应根据省级政府或省级有关权力部门的规定列项

3. 为了便于措施费的确定和调整，通常采用分部分项工程量清单方式编制的措施项目有(　　)。

A. 脚手架工程　　B. 垂直运输

C. 二次搬运　　D. 已完工程及设备保护

E. 施工排水、降水

4. 根据《计价规范》，最高投标限价中综合单价中应考虑的风险因素包括(　　)。

A. 项目管理的复杂性　　B. 项目的技术难度

C. 人工单价的市场变化　　D. 材料价格的市场风险

E. 税金、规费的政策变化

5. 材料基价的组成包括(　　)。

A. 材料原价　　B. 材料运杂费

C. 采购及保管费　　D. 检验试验费

E. 材料运输损耗费

6. 关于材料单价的构成和计算，下列说法中正确的有(　　)。

A. 材料单价中包括材料仓储费和工地管理费

B. 材料单价指材料由其来源地运达工地仓库的入库价

C. 运输损耗指材料在场外运输装卸及施工现场内搬运发生的不可避免损耗

D. 采购及保管费包括组织材料检验、供应过程中发生的费用

E. 材料生产成本的变动直接影响材料单价的波动

7. 定额计价和工程量清单计价是我国目前并存的两种计价模式，两者的区别在于(　　)。

A. 定额计价的价格介于国家指导价和国家调控价之间，工程量清单计价的价格反映市场价

B. 定额计价所依据的各种定额具有指导性，工程量清单计价所依据的《计价规范》含有强制性条文

C. 定额单价为直接费单价，清单综合单价包括直接费、管理费、利润和风险

D. 在定额计价法中，工程量由招标人和投标人分别按图计算，在工程量清单计价法中，工程量由招标人统一计算

E. 定额计价只适用于建设前期各阶段使用，工程量清单计价只适用于招投标阶段使用

8. 根据《计价规范》，在其他项目清单中，应由投标人自主确定价格的有(　　)。

A. 暂列金额　　B. 专业工程暂估价

C. 材料暂估单价　　D. 计日工单价

E. 总承包服务费

9. 编制预算定额应依据(　　)。

A. 现行劳动定额　　B. 典型施工图纸

C. 现行施工及验收规范　　D. 新结构、新材料和先进施工方法

E. 现行的概算定额

10. 关于概算定额、概算指标及其编制，下列说法正确的有(　　)。

A. 概算定额以单位工程为对象，概算指标以单项工程为对象

B. 概算定额以预算定额为基础，概算指标主要来自各种预算和结算资料

C. 概算定额项目可以按工程结构划分，也可以按工程部位划分

D. 概算指标比概算定额更加综合与扩大

E. 概算定额是确定概算指标中各种消耗量的依据

## 三、简答题

1. 人工、材料、机械台班的定额消耗量指标是如何确定的?
2. 简述人工单价、材料单价的确定方法。
3. 何谓措施项目清单？一般土建工程中的措施项目有哪几项?
4. 常用的工程造价指数有哪些？如何编制工程造价指数?
5. 简述工程量清单的编制程序及步骤。
6. 传统定额计价方法与工程量清单计价方法有何区别?

## 四、案例题

已知某六层砖混结构住宅楼，每层层高均为 3.0m，基础为钢筋混凝土片筏基础，下设素混凝土垫层，垫层底标高为-3.200m，垫层下换入 2m 厚 3∶7 灰土碾压。施工工期为 8 个月(当年 3 月至 10 月)，地下水位于-3.000m 处，室外设计地坪标高为-0.900m。总价措施项目清单与计价表见表 2-26。

表 2-26　总价措施项目清单与计价表

工程名称:某住宅楼建筑工程　　标段:　　第　页共　页

| 序号 | 项目编码 | 项 目 名 称 | 计算基础 | 费率/% | 金额/元 | 调整费率/% | 调整后金额/元 | 备注 |
|---|---|---|---|---|---|---|---|---|
| 1 | 011707001 | 安全文明施工 | | | | | | |
| 2 | 011707002 | 夜间施工 | | | | | | |
| 3 | 011707003 | 非夜间施工照明 | | | | | | |
| 4 | 011707004 | 二次搬运 | | | | | | |
| 5 | 011707005 | 冬雨季施工 | | | | | | |
| 6 | 011707006 | 地上、地下设施，建筑物的临时保护设施 | | | | | | |
| 7 | 011707007 | 已完工程及设备保护 | | | | | | |

依据通常的合理施工方案，假设基础施工需要搭设满堂脚手架，墙体砌筑搭设里脚手架，主体施工搭设垂直全封闭安全网。

【问题】

根据以上资料编制建筑工程部分措施项目清单。

# 项目3 建设项目决策阶段造价控制与管理

## 能力目标

通过本项目内容的学习，要求学生在熟悉可行性研究报告内容的基础上，会编制基本的可行性研究报告；掌握各类资金的估算方法，重点是静态投资的估算方法，能够对一些简单的建设项目采用合适的方法进行投资估算；了解建设项目财务评价的内容，熟悉资金时间价值的计算，熟悉财务基础数据的测算，掌握基本财务评价指标的计算，在此基础上具备编制基本财务报表的能力，并了解建设项目不确定性分析的基本内容。

## 能力要求

| 知识目标 | 知识要点 | 权重 |
|---|---|---|
| 熟悉可行性研究报告的编制 | 可行性研究报告的概念、作用、内容、编制程序和审批 | 10% |
| 掌握建设项目投资估算的编制 | 投资估算的内容、作用，投资估算的编制依据及步骤，静态投资、价差预备费、建设期贷款利息及流动资金的估算方法 | 40% |
| 掌握建设项目基本财务报表的编制 | 现金流量及资金时间价值，财务评价指标的计算，财务数据的测算，基本财务报表的编制内容及方法，财务评价方法中不确定性分析的基本内容 | 50% |

## 引例

现实中有不少决策失败的工程项目，给国家和人民造成了巨大的损失。

案例一：川东天然气氯碱国家工程是与三峡工程配套的最大移民开发项目，工程概算近 30 亿元，于 1994 年开工，1997 年年底因资金缺乏停建，1998 年工程下马，但已耗资 13.2 亿元，清债还需 4.5 亿元。更让人痛心的是，难以解决离开了土地的近 140 万三峡移民的生计问题。

案例二：被珠海市列为一号“政绩工程”、曾经号称“全国最大最先进最新潮”的原珠海机场“仅基建拖欠就达 17 亿元”，该机场建成后每月客流量仅四五万人次，只相当于广州白云机场一天的客流量。机场设计客流量是一年 1 200 万人次，而 2000 年只有 57 万人次，利用率不过 1/24。

案例三：1991 年开工建设，1994 年投产，总投资达 7.8 亿元的冶钢 170mm 无缝钢管厂，投产 4 年不仅未赚一分钱，反而亏损 4.3 亿元。该公司董事长称，市场预测不准、决策严重失误是这一项目失败的根本原因。

案例四：黄河中游重要支流渭河变成悬河，多次发生水灾，沿岸民众受害不浅。学界早已公认其祸首就是三门峡水库，设计上的缺陷使得水库发电和上游泥沙淤积之间形成了尖锐矛盾。由于三门峡水库建设中存在的重大决策失误所造成的日益恶化的环境问题，早已超出了经济所能挽救的范围。

面对由于决策失误所造成的一系列工程项目的失败，人们都应进行思考。

**【点评】**

工程建设的根本目的是满足人民对美好生活的需要。在进行项目决策时，要始终坚持以人民为中心的发展思想[①]，将人民的利益放在工程建设的首位，再关注项目投资者和项目客户的需求，这是项目决策成功的前提。

在项目全过程中，造价控制对工程造价全过程管理起着重要作用。决策时期的技术、经济决策对整个项目的工程造价有重要影响，决策阶段的造价控制是建设项目工程造价控制的源头，对建设项目工程造价全过程控制具有总揽全局的决定性作用。决策的成功，首先在于对建设项目进行合理的选择，这是对资源进行优化配置的最直接、最重要的手段；其次是建设标准水平(如建设规模、占地面积、建筑标准、配套工程等)的确定、建设地点的选择、建设设备的选型和施工工艺的选用等，这些均直接关系到工程造价的高低。项目决策的内容是决定工程造价的基础，直接影响着其他建设阶段工程造价的确定与控制是否科学、合理。因此，正确的决策是合理确定和控制工程造价的前提。

## 项目导入

项目决策阶段的造价控制与管理是指投资方对项目编制可行性研究报告，并对拟建项目进行经济和财务评价，选择技术上可行、经济上合理的建设方案，并在此基础上编制高质量的投资估算，使其在项目建设中真正起到控制项目总投资的作用。项目决策不能仅凭

① 党的二十大报告提出，“坚持以人民为中心的发展思想”。坚持以人民为中心的发展思想，就是要“维护人民根本利益，增进民生福祉，不断实现发展为了人民、发展依靠人民、发展成果由人民共享，让现代化建设成果更多更公平惠及全体人民”。

决策者的经验和直觉进行，只有重视项目决策阶段的造价控制与管理，并且立足于事前控制和主动控制，加强建设项目可行性研究，严格控制投资估算，科学地进行项目投资财务评价，才能从根本上解决建设项目投资决策失误和造价失控的问题。

# 任务 3.1 项目可行性研究报告的编制和审批

**知识目标**

(1) 了解可行性研究报告的作用。
(2) 熟悉可行性研究报告的编制内容。
(3) 熟悉可行性研究报告的审批规定。

**工作任务**

会编写一般项目的可行性研究报告。

## 3.1.1 可行性研究报告概述

### 1. 可行性研究报告的概念

可行性研究报告是从事一种经济活动(投资)之前，运用多种科学手段综合论证一个建设项目在技术上是否先进、实用和可靠，在财务上是否盈利，并做出环境影响、社会效益和经济效益的分析和评价，以及建设项目抗风险能力分析等，据此提出该项目是否应该投资建设，以及选定最佳投资建设方案等结论性意见的一种书面文件，它可为投资决策提供科学依据。

如果在实施中才发现工程费用过高，投资不足，或原材料不能保证等问题，将会给投资者造成巨大损失。因此，无论是发达国家还是发展中国家，都把可行性研究视为重要环节。投资者为了排除盲目性，减少风险，在竞争中取得最大利润，宁肯在投资前多花费一些费用，也要进行投资项目的可行性研究，以提高投资获利的可靠程度。

### 2. 可行性研究报告的作用

对于新建、改建和扩建项目，在项目投资决策之前，都需要编制可行性研究报告，从而使项目投资决策科学化，减少和避免投资决策的失误，提高项目投资的经济效益。具体来说，其作用主要包括以下几点。

(1) 可行性研究报告是建设项目投资决策的主要依据。项目的开发和建设需要投入大量的人力、物力和财力，受到社会、技术、经济等各种因素的影响，不能只凭感觉或经验确定，而是要在投资决策前，对项目进行深入、细致的可行性研究，从社会、技术、经济等方面对项目进行分析、评价，项目投资决策者主要根据可行性研究报告的评价结果，决定一个建设项目是否应该投资和如何投资。

(2) 可行性研究报告是筹集资金时向银行申请贷款的依据。我国的建设银行、国家开发银行和投资银行等，以及其他境内外的各类金融机构，在接受项目建设贷款时，都要对贷款项目进行全面、细致的分析评估，只有在确认项目具有偿还贷款能力、不承担过大的风险的情况下，才会同意贷款。

(3) 可行性研究报告可作为项目主管部门商谈合同、签订协议的依据。根据可行性研究报告，建设项目主管部门可同国内有关部门签订项目所需原材料、能源资源和基础设施等方面的协议和合同，以及同国外厂商引进技术和设备。

(4) 可行性研究报告可作为项目进行工程设计、设备订货、施工准备等基本建设前期工作的依据。可行性研究报告一经审批通过，即意味着该项目正式批准立项，可以进行初步设计。在可行性研究工作中，对项目选址、建设规模、主要生产流程、设备选型等方面都进行了比较详细的论证和研究，编制设计文件、进行建设准备工作都应以可行性研究报告为依据。

(5) 可行性研究报告可作为项目拟采用的新技术、新设备的研制和进行地形、地质及工业性试验工作的依据。项目拟采用新技术、新设备必须经过技术经济论证认为可行，方能拟订研制计划。

(6) 可行性研究报告可作为环保部门审查项目对环境影响的依据，也可作为向项目建设所在地政府和规划部门申请施工许可证的依据。

## 3.1.2 可行性研究报告的编制

### 1. 可行性研究报告的编制程序

可行性研究报告的编制程序如下。

(1) 投资单位提出项目建议书和初步可行性研究报告。各投资单位根据国家经济发展的长远规划、经济建设的方针任务和技术经济政策，结合资源情况、建设布局等条件，在广泛收集各种资料的基础上，提出需要进行可行性研究的项目建议书和初步可行性研究报告。

(2) 项目建设、承办单位委托有资格的单位进行可行性研究。当项目建议书经国家计划部门、贷款部门审定批准后，该项目即可立项，项目建设和承办单位就可以以签订合同的方式委托有资格的工程咨询公司(或设计单位)着手编制拟建项目的可行性研究报告。

(3) 咨询公司(或设计单位)进行可行性研究工作，编制完整的可行性研究报告。一般按以下步骤开展工作。

① 了解有关部门与委托单位对建设项目的意图，并组建工作小组，制订工作计划。

② 调查研究与收集资料。调查研究主要从市场调查和资源调查两方面着手，通过分析论证，研究项目建设的必要性。

③ 方案设计和优选。建立几种可供选择的技术方案和建设方案，结合实际条件进行方案论证和比较，从中选出最优方案，研究论证项目在技术上的可行性。

④ 经济分析和评价。项目经济分析人员根据调查资料和领导机关有关规定，选定与本项目有关的经济评价基础数据和参数，对选定的最佳建设总体方案进行详细的财务预测、

财务评价、国民经济评价和社会评价。

⑤ 编写可行性研究报告。项目可行性研究的各专业方案经过技术经济论证和优化后，由各专业组分工编写，经项目负责人衔接协调，综合汇总，提出可行性研究报告初稿。

⑥ 与委托单位交换意见。

**2. 可行性研究报告的编制内容**

编制可行性研究报告是项目决策阶段最关键的一个环节，它的任务是对拟建项目在技术上、经济上进行全面的分析与论证，向决策者推荐最优的建设方案。可行性研究报告一经批准，就是对项目进行了最终决策，是主管部门进行项目审批的主要依据。项目的可行性研究报告一般应按以下结构和内容编写。

1) 总论

总论部分包括项目背景、项目概况和问题与建议三个部分。

(1) 项目背景。主要内容包括项目名称、承办单位情况、可行性研究报告编制依据、项目提出的理由与过程等。

(2) 项目概况。主要内容包括项目拟建地点、拟建规模与目标、主要建设条件、项目投入总资金及效益情况、主要技术经济指标等。

(3) 问题与建议。主要指存在的可能对拟建项目造成影响的问题及相关解决建议。

2) 产品的市场分析和拟建规模

主要内容包括产品需求量调查、产品价格分析、预测未来发展趋势、预测销售价格、需求量、制订拟建项目生产规模、制订产品方案等。

3) 资源、原材料、燃料及公用设施情况

主要内容包括资源评述，原材料、主要辅助材料需用量及供应，燃料、动力及公用设施的供应，材料试验情况等。

4) 建设条件和场址选择

主要内容包括项目的地理位置，气象、水文、地质、地形条件和社会经济现状，交通、运输及水、电、气的现状和发展趋势，场址比较与选择意见。

5) 设计方案

主要内容包括生产技术方法，总平面布置和运输方案，主要建筑物、构筑物的建筑特征与结构设计，特殊基础工程的设计，建筑材料、土建工程造价估算，给排水、动力、公用工程设计方案，地震设防、生活福利设施设计方案等。

6) 环境保护与安全卫生

分析建设地区的环境现状，分析主要污染源和污染物、项目拟采用的环境保护标准、治理环境的方案、环境监测制度的建议、环境保护投资估算、环境影响评价结论、劳动保护与安全卫生。

7) 项目节能、节水措施

分析建设项目的能耗情况，包括项目节能措施、能耗指标分析、项目节水措施等。

8) 企业组织、劳动定员和人员培训估算

主要内容包括全厂管理体制、机构设置，工程技术人员和管理人员素质、数量的要求，劳动定员的配备方案，人员培训的规划和费用估算。

9) 项目实施进度

项目建设方案确定后，须确定项目实施进度，包括建设工期、项目实施进度计划(横线图的进度表)，应科学组织施工和安排资金计划，保证项目按期完工。

10) 投资估算和资金筹措

投资估算部分包括投资估算依据，固定资产投资(建筑工程费，设备及工、器具购置费，安装工程费，工程建设其他费用，基本预备费，价差预备费，建设期贷款利息)估算、流动资金估算和投资估算表等方面的内容；资金筹措部分包括资金来源和项目筹资方案。

11) 项目经济评价

项目经济评价包括财务评价和国民经济评价，并通过有关指标的计算，进行项目盈利能力、偿还能力等分析，得出经济评价结论。

12) 项目社会评价

项目社会评价是分析拟建项目对当地社会的影响和当地社会条件对项目的适应性和可接受程度，评价项目的社会可行性。

13) 项目结论与建议

在前面各项研究论证的基础上，从技术、经济、社会、财务等各个方面综合论述项目的可行性，推荐一个或几个方案供决策参考，提出结论性意见，指出项目存在的问题和改进建议。

## 特别提示

建设项目可行性研究报告可概括为三个部分：第一部分是市场调查和预测，说明项目建设的“必要性”；第二部分是建设条件和技术方案，说明项目在技术上的“可行性”；第三部分是经济效益的分析与评价，这是可行性研究的核心，说明项目在经济上的“合理性”。

## 应用案例 3-1

下面是某中学综合教学楼建设项目的可行性研究报告，其目录如下。

### ××中学综合教学楼建设项目可行性研究报告

目　　录

### 3.1.3 可行性研究报告的审批

根据《国务院关于投资体制改革的决定》(国发〔2004〕20 号)，政府对于投资项目的管理分为审批、核准和备案 3 种方式。

**1. 政府对于非政府性资金投资建设项目的管理**

凡企业不使用政府性资金投资建设的项目，政府区别不同情况实行核准制或备案制，其中，政府仅对重大项目和限制类项目从维护社会公共利益角度进行核准，其他项目无论规模大小，均改为备案制。对实行核准制的项目，仅需向政府提交项目申请报告，而无须报批项目建议书、可行性研究报告和开工报告；备案制则无须提交项目申请报告，只要备案即可。

**2. 政府对政府投资项目的管理**

对于政府投资项目，只有采用直接投资和资本金注入方式的项目，政府才需要对可行性研究报告进行审批，其他项目无须审批可行性研究报告，具体规定如下。

(1) 使用中央预算内投资、中央专项建设基金、中央统还国外贷款 5 亿元及以上的项目，以及使用中央预算内投资、中央专项建设基金、统借自还国外贷款的总投资 50 亿元及以上的项目，由国家发展改革委审核报国务院审批。

(2) 国家发展改革委对地方政府投资项目只需审批项目建议书，无须审批可行性研究报告。

(3) 对于使用国外援助性资金的项目，由中央统借统还的项目，按照中央政府直接投资项目进行管理，其可行性研究报告由国家发展改革委审批或审核后报国务院审批；省级政府负责偿还或提供还款担保的项目，按照省级政府直接投资项目进行管理，其项目审批权限按国务院及国家发展改革委的有关规定执行；由项目用款单位自行偿还且不需政府担保的项目，参照《政府核准的投资项目目录(2016 年本)》规定办理。

# 任务 3.2　建设项目投资估算的编制

## 知识目标

(1) 熟悉投资估算的内容。
(2) 了解投资估算的作用及编制步骤。
(3) 掌握各类资金的投资估算方法。

## 工作任务

收集并利用已有数据，能够编制建设项目的投资估算。

## 3.2.1 项目投资估算的含义及作用

### 1. 投资估算的含义

投资估算是在项目决策阶段，以方案设计或可行性研究文件为依据，按照规定的程序、方法和依据，对拟建项目所需总投资及其构成进行的预测和估计。投资估算是在研究并确定项目的建设规模、产品方案、技术方案、工艺技术、设备方案、场址方案、工程建设方案及项目进度计划等的基础上，依据特定的方法，估算项目从筹建、施工直至建成投产所需全部建设资金总额，并测算建设期各年资金使用计划的过程。投资估算的成果文件称作投资估算书，也简称投资估算。投资估算是项目建议书或可行性研究报告的重要组成部分，是项目决策的重要依据之一。

投资估算按委托内容可分为建设项目投资估算、单项工程投资估算、单位工程投资估算。

### 2. 投资估算的作用

投资估算的准确性不仅影响可行性研究工作的质量和经济评价结果，而且直接关系到下一阶段设计概算和施工图预算的编制，同时对建设项目资金筹措方案也有直接的影响。因此，全面准确地估算建设项目的投资，是可行性研究乃至整个决策阶段造价管理的重要任务。

投资估算的作用包括以下几点。

(1) 项目建议书阶段的投资估算是项目主管部门审批项目建议书的依据之一，并对项目的规划、规模起参考作用。

(2) 项目可行性研究阶段的投资估算是项目投资决策的重要依据，也是研究、分析、计算项目投资经济效果的重要条件。

(3) 项目投资估算对工程设计概算起控制作用，当可行性研究报告被批准之后，设计概算就不得突破批准的投资估算额，应被控制在投资估算额以内。

(4) 项目投资估算可作为项目资金筹措及制订建设贷款计划的依据，建设单位可根据批准的项目投资估算额，进行资金筹措和向银行申请贷款。

(5) 项目投资估算是核算项目建设投资额和编制建设投资计划的重要依据。

(6) 合理准确的投资估算是进行工程造价管理改革、实现工程造价事前管理和主动控制的前提条件。

### 知识链接

项目投资估算是在做初步设计之前的一项工作。在初步设计之前，应编制项目规划和项目建议书，同时应根据项目已明确的技术经济条件，编制和估算出精度不同的投资估算额。我国建设项目的投资估算分为以下几个阶段。

1. 项目建议书阶段的投资估算

在项目建议书阶段，按项目建议书中的产品方案、项目建设规模、产品主要生产工艺、企业车间组成、初选建设地点等，估算建设项目所需的投资额。此阶段项目投资估算是审批项目建议书的依据，是判断项目能否进行下一阶段工作的依据，其对投资估算精度的要求为误差控制在±30%以内。

2. 预可行性研究阶段的投资估算

预可行性研究阶段，是指在掌握更详细、更深入的资料的条件下，估算建设项目所需的投资额。此阶段项目投资估算是初步明确项目方案，为项目进行技术经济论证提供依据，同时是判断是否进行可行性研究的依据，其对投资估算精度的要求为误差控制在±20%以内。

3. 可行性研究阶段的投资估算

可行性研究阶段的投资估算较为重要，是对项目进行较详细的技术经济分析，决定项目是否可行，并选出最佳投资方案的依据。此阶段项目投资估算经审查批准后，即是工程设计任务书中规定的项目投资限额，对工程设计概算起控制作用，其对投资估算精度的要求为误差控制在±10%以内。

## 3.2.2 项目投资估算的编制依据及步骤

**1. 投资估算的编制依据**

(1) 项目建议书、可行性研究报告、方案设计。

(2) 投资估算指标、概算指标、技术经济指标。

(3) 造价指标，包括单项工程和单位工程造价指标。

(4) 类似工程的概预算。

(5) 设计参数，包括各种建筑面积指标、能源消耗指标等。

(6) 概预算定额及其单价。

(7) 当地人工、材料、机械台班、设备价格。

(8) 当地建筑工程取费标准，如其他直接费、现场经费、间接费、利润、税金及与建设有关的其他费用等。

(9) 当地建设要素市场价格情况及变化趋势。

(10) 现场情况，如地理位置、地质、交通、供水、供电等条件。

(11) 其他经验参考数据，如材料/设备运杂费率、设备安装费率、零星工程及辅材的比率等。

在编制投资估算时，以上资料越具体、越完备，编制的投资估算就越准确、越全面。

**2. 投资估算的编制步骤**

不同类型的工程项目选用不同的投资估算编制方法，不同的投资估算编制方法有不同的估算结果。但投资估算的编制程序基本不变，从工程项目费用组成考虑，投资估算编制一般包括静态投资部分、动态投资部分与流动资金估算三部分，主要包括以下步骤。

(1) 分别估算各单项工程所需建筑工程费，设备及工、器具购置费，以及安装工程费。在汇总各单项工程费用的基础上，估算工程建设其他费用和基本预备费，完成工程项目静态投资部分的估算。

(2) 在静态投资部分的基础上，估算价差预备费和建设期贷款利息，完成工程项目动态投资部分的估算。

(3) 估算流动资金。

(4) 估算建设项目总投资。

建设项目投资估算的编制步骤具体见图 3.1。

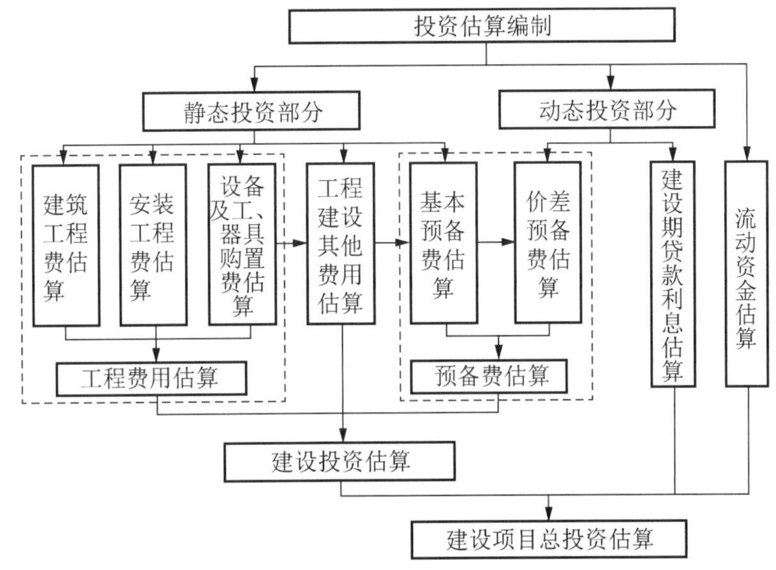


图 3.1 建设项目投资估算的编制步骤

## 3.2.3 项目投资估算的编制方法

投资估算属于项目建设前期的工作，编制时要从大方向入手，根据项目的性质、不同阶段的条件，有针对性地选用适宜的方法，做到粗中有细，尽可能提高投资估算的科学性和准确性。

**1. 静态投资的简单估算方法**

静态投资估算的编制方法较多，但各种方法的适用范围不同，精确度也不同。有些方法适用于整个项目的投资估算，有些方法适用于一套生产设备的投资估算，有些方法适用于单个项目的投资估算。因此，应按建设项目的性质、内容、范围、技术资料和数据的具体情况，有针对性地选用较为适宜的方法。

1) 项目建议书阶段投资估算方法

(1) 生产能力指数法。

这种方法起源于国外对化工厂投资的统计分析，据统计，生产能力不同的两个装置，它们的初始投资与两个装置生产能力之比的指数幂成正比。其计算公式为

$$C_2=C_1\left(\frac{x_2}{x_1}\right)^n\cdot f \tag{3-1}$$

式中：$C_2$ ——拟建项目或装置的投资额；

$C_1$ ——已建类似项目或装置的投资额；

$x_2$ ——拟建项目的生产能力；

$x_1$ ——已建类似项目的生产能力；

$f$ ——不同时期、不同地点的定额、单价、费用变更等的综合调整系数。

该方法中生产能力指数 $n$ 是一个关键因素。不同行业、性质、工艺流程、建设水平、生产率水平的项目，应取不同的指数值。选取 $n$ 值的原则是：若已建类似项目的规模和拟建项目的规模相差不大，生产规模的比值为 0.5～2，则指数 $n$ 的取值近似为 1；若已建类似项目的规模和拟建项目的规模相差不大于 50 倍，且拟建项目规模的扩大仅靠增大设备规模来达到，则 $n$ 取值为 0.6～0.7，若靠增加相同规格设备的数量来达到，则 $n$ 取值为 0.8～0.9。

## 应用案例 3-2

2017 年已建成年产 20 万吨的生产线，其投资额为 6 000 万元，2020 年拟建生产 50 万吨的该生产线项目，建设期为 2 年。自 2017 年至 2020 年每年平均造价指数递增 4%，预计建设期 2 年内平均造价指数递减 5%。试估算拟建该生产线项目的静态投资($n$ 取 0.8)。

**【案例解析】**

$$C_2=C_1\left(\frac{x_2}{x_1}\right)^n\cdot f=6\,000\times\left(\frac{50}{20}\right)^{0.8}\times(1+4\%)^3\approx 14\,048\ (\text{万元})$$

生产能力指数法计算简单、速度快，主要应用于设计深度不足，拟建项目与已建类似项目的规模不同，设计定型并系列化，行业内相关指数和系数等基础资料完备的情况。生产能力指数法误差可控制在±20%以内。一般拟建项目与已建类似项目生产能力比值不宜大于 50，以在 10 倍以内效果较好，否则误差就会增大。尽管该方法估价误差较大，但这种方法不需要详细的工程设计资料，只需要知道工艺流程及规模就可以，在总承包工程报

价时，承包商大多采用这种方法。在我国，生产能力指数法在项目建议书阶段较为适用。

(2) 系数估算法。

系数估算法也称为因子估算法，它是以拟建项目的主体工程费或主要设备购置费为基数，以其他辅助配套工程费与主体工程费或主要设备购置费的百分比为系数，依此估算拟建项目静态投资的方法。本方法主要应用于设计深度不足，拟建项目与已建类似项目的主体工程费或主要设备购置费比重较大，行业内相关系数等基础资料完备的情况。在我国，常用的有设备系数法和主体专业系数法，国际上项目投资估算常用的是朗格系数法。

① 设备系数法。设备系数法是指以拟建项目的设备购置费为基数，根据已建类似项目的建筑安装工程费和其他工程费等占设备购置费的百分比，求出拟建项目的建筑安装工程费和其他工程费，进而求出项目的静态投资。其计算公式为

$$C = E(1 + f_1P_1 + f_2P_2 + f_3P_3 + \cdots) + I \tag{3-2}$$

式中：$C$——拟建项目的静态投资；

$E$——根据拟建项目当时当地价格计算的设备购置费；

$P_1$，$P_2$，$P_3$，…——已建类似项目中建筑安装工程费及其他工程费等占设备购置费的比例；

$f_1$，$f_2$，$f_3$，…——不同建设时间、地点而产生的定额、价格、费用标准等差异的调整系数；

$I$——拟建项目的其他费用。

## 应用案例 3-3

购买某套设备，估计设备购置费为 6 200 万元，根据以往资料，与设备配套的建筑工程费、安装工程费和其他工程费占设备费用的百分比分别为 43%、15%、10%。假定各工程费用上涨与设备费用上涨是同步的。试估计该项目的静态投资。

**【案例解析】**

$C = E(1 + f_1P_1 + f_2P_2 + f_3P_3 + \cdots) + I = 6\,200 \times (1 + 1 \times 43\% + 1 \times 15\% + 1 \times 10\%)$

$=10\,416$(万元)

该项目的静态投资为 10 416 万元。

② 主体专业系数法。主体专业系数法是指以拟建项目中投资比重较大，并与生产能力直接相关的工艺设备投资为基数，根据已建类似项目的有关统计资料，计算出拟建项目各专业工程(总图、土建、采暖、给排水、管道、电气、自控等)费用占工艺设备投资的百分比，据以求出拟建项目各专业投资，然后加总即为拟建项目的静态投资。其计算公式为

$$C = E(1 + f_1P_1^1 + f_2P_2^1 + f_3P_3^1 + \cdots) + I \tag{3-3}$$

式中：$E$——与生产能力直接相关的工艺设备投资；

$P_1^1$，$P_2^1$，$P_3^1$，…——已建类似项目中各专业工程费用占工艺设备投资的比例。

其他符号含义不变。

## 应用案例 3-4

某拟建年产 3 000 万吨的铸钢厂，根据可行性研究报告提供的已建年产 2 500 万吨类似项目的主厂房工艺设备投资约 2 400 万元。已建类似项目资料——与工艺设备投资有关的各专业工程投资系数见表 3-1。

表 3-1 与工艺设备投资有关的各专业工程投资系数

| 加热炉 | 汽化冷却 | 余热锅炉 | 自动化仪表 | 起重设备 | 供电与传动 | 建安工程 |
|---|---|---|---|---|---|---|
| 0.12 | 0.01 | 0.04 | 0.02 | 0.09 | 0.18 | 0.40 |

已知拟建项目建设期与已建类似项目建设期的综合价格差异调整系数为 1.25，试用生产能力指数法估算拟建项目的工艺设备投资，并用主体专业系数法估算该项目主厂房的静态投资。

【案例解析】

(1) 用生产能力指数法。由于已建类似项目的规模与拟建项目的规模相差不大，所以指数 $n$ 取值为 1。

$$\text{主厂房工艺设备投资} = 2\,400 \times \left(\frac{3\,000}{2\,500}\right)^1 \times 1.25 = 3\,600\ (\text{万元})$$

(2) 用主体专业系数法。

$$\begin{aligned}\text{主厂房静态投资} &= 3\,600 \times (1 + 0.12 + 0.01 + 0.04 + 0.02 + 0.09 + 0.18 + 0.40)\\ &= 3\,600 \times (1 + 0.86) = 6\,696(\text{万元})\end{aligned}$$

③ 朗格系数法。这种方法是以设备购置费为基数，乘以适当系数来推算项目的静态投资。这种方法在国内不常见，是世界银行项目投资估算常采用的方法。该方法的基本原理是将项目建设的总成本费用中的直接成本和间接成本分别计算，再合为项目的静态投资。其计算公式为

$$C = E(1+\sum K_{\rm i})\cdot K_{\rm c} \tag{3-4}$$

式中：$K_{\rm i}$——电气、仪表、建筑物等工程费用的估算系数；

$K_{\rm c}$——包括管理费、合同费、应急费等间接费在内的总估算系数。

其他符号含义不变。

静态投资与设备购置费之比为朗格系数 $K_{\rm L}$，即

$$K_{\rm L} = (1+\sum K_{\rm i})\cdot K_{\rm c} \tag{3-5}$$

朗格系数包含的内容见表 3-2。

表 3-2 朗格系数包含的内容

| 项目 | | 固体流程 | 固流流程 | 流体流程 |
|---|---|---|---|---|
| 朗格系数 $K_{\rm L}$ | | 3.1 | 3.63 | 4.74 |
| 内容 | (a) 包括基础、设备、绝热、油漆及设备安装费 | $E\times1.43$ | | |
| | (b) 包括上述在内和配管工程费 | (a) × 1.1 | (a) × 1.25 | (a) × 1.6 |
| | (c) 装置直接费 | (b) × 1.5 | | |
| | (d) 包括上述在内和间接费，总投资 $C$ | (c) × 1.31 | (c) × 1.35 | (c) × 1.38 |

## 应用案例 3-5

在北非某地建设一座年产 30 万套汽车轮胎的工厂，已知该工厂的设备到达工地的费用为 2 204 万美元。试估算该工厂的静态投资。

**【案例解析】**

轮胎工厂的生产流程基本上属于固体流程，因此在采用朗格系数法时，全部数据应采用固体流程的数据。现计算如下。

(1) 设备到达现场的费用为 2 204 万美元。

(2) 根据表 3-2 计算费用(a)。

(a) = $E$ × 1.43 = 2 204 × 1.43 = 3 151.72(万美元)

则基础、设备、绝热、刷油及设备安装费为：3 151.72 − 2 204 = 947.72(万美元)

(3) 计算费用(b)。

(b) = $E$ × 1.43 × 1.1 = 2 204 × 1.43 × 1.1 ≈ 3 466.89(万美元)

则其中配管工程费为：3 466.89 − 3 151.72 = 315.17(万美元)

(4) 计算费用(c)，即装置直接费。

(c) = $E$ × 1.43 × 1.1 × 1.5 ≈ 5 200.34(万美元)

则电气、仪表、建筑物等工程费用为：5 200.34 − 3 466.89 = 1 733.45(万美元)

(5) 计算总投资 $C$。

$C = E \times 1.43 \times 1.1 \times 1.5 \times 1.31 \approx 6\,812.45$(万美元)

则间接费为：6 812.45 − 5 200.34 = 1 612.11(万美元)

由此估算出该工厂的静态投资为 6 812.45 万美元，其中间接费为 1 612.11 万美元。

## 特别提示

朗格系数法是国际上估算一个工程项目或一套装置的费用时采用较为广泛的方法。但是应用朗格系数法进行工程项目或装置估价的精度仍不是很高，主要原因为：①装置规模大小发生变化；②不同地区自然地理条件的差异；③不同地区经济条件的差异；④不同地区气候条件的差异；⑤主要设备材质发生变化时，设备费变化较大而安装费变化不大。

(3) 比例估算法。

比例估算法是根据已知的同类建设项目主要设备购置费占整个建设项目的投资比例，先逐项估算出拟建项目主要设备购置费，再按比例估算拟建项目的静态投资的方法。本方法主要应用于设计深度不足，拟建项目与同类建设项目的主要设备购置费比重较大，行业内相关系数等基础资料完备的情况。其计算公式为

$$I = \frac{1}{K}\sum_{i=1}^{n} Q_i P_i \tag{3-6}$$

式中：$I$——拟建项目的静态投资；

$K$——已建项目主要设备购置费占已建项目投资的比例；

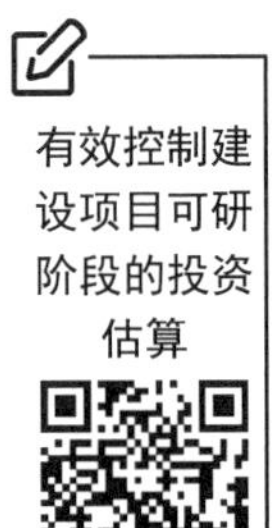


$n$ ——主要设备种类数；

$Q_i$——第 $i$ 种主要设备的数量；

$P_i$——第 $i$ 种主要设备的购置单价(到厂价格)。

(4) 混合法。

混合法是根据主体专业设计的阶段和深度，投资估算编制者所掌握的国家及地区、行业或部门相关投资估算基础资料和数据，以及其他统计和积累的可靠的相关造价基础资料，对一个拟建项目采用生产能力指数法与比例估算法，或系数估算法与比例估算法混合估算其静态投资的方法。

2) 可行性研究阶段投资估算方法

指标估算法是投资估算的主要方法，为了保证编制精度，可行性研究阶段建设项目投资估算原则上应采用指标估算法。

指标估算法是指依据投资估算指标，对各单位工程或单项工程费用进行估算，进而估算建设项目总投资的方法。首先，把拟建项目以单项工程或单位工程为单位，按建设内容纵向划分为各个主要生产系统、辅助生产系统、公用工程、服务性工程、生活福利设施，以及各项其他工程费用；同时，按费用性质横向划分为建筑工程、设备购置、安装工程等。其次，根据各种具体的投资估算指标，进行各单位工程或单项工程费用的估算，在此基础上汇集编制成拟建项目的各个单项工程费用和拟建项目的工程费用投资估算。最后，按相关规定估算工程建设其他费用、预备费等，形成拟建项目静态投资。

在条件具备时，对于对投资有重大影响的主体工程应估算出分部分项工程量，套用相关综合定额(概算指标)或概算定额进行编制。对于子项单一的大型民用公共建筑，主要单项工程估算应细化到单位工程估算书。无论如何，可行性研究阶段的投资估算应满足项目的可行性研究与评估，并最终满足国家和地方相关部门批复或备案的要求。预可行性研究阶段、方案设计阶段建设项目投资估算视设计深度，宜参照可行性研究阶段的编制办法进行。

(1) 建筑工程费估算。建筑工程费是指为建造永久性建筑物或构筑物所需要的费用。其估算主要采用单位实物工程量投资估算法，即以单位实物工程量的建筑工程费乘以实物工程总量来估算建筑工程费的方法。当无适当估算指标或类似工程造价资料时，可采用计算主体实物工程量套用相关综合定额或概算定额进行估算，但通常需要较为详细的工程资料，工作量较大。实际工作中可根据具体条件和要求选用估算指标。一般多层轻工车间(厂房)每 100m$^2$ 建筑面积的主要工程量指标见表 3-3。

表 3-3　厂房主要工程量指标

| 项　目 | 单　位 | 框架结构(3～5 层) | 砖混结构(2～4 层) |
|---|---|---|---|
| 基础(钢筋混凝土、砖、毛石等) | m$^3$ | 14～20 | 16～25 |
| 外墙(1～1.5 砖) | m$^3$ | 10～12 | 15～25 |
| 内墙(1 砖) | m$^3$ | 7～15 | 12～20 |
| 钢筋混凝土(现、预制) | m$^3$ | 19～31 | 18～25 |
| 门(木) | m$^2$ | 4～8 | 6～10 |
| 屋面(卷材平屋面) | m$^2$ | 20～30 | 25～50 |

(2) 设备及工、器具购置费估算。设备购置费根据项目主要设备表及价格、费用资料

编制，工、器具购置费按设备购置费的一定比例计取。对于价值高的设备应按单台(套)估算购置费，价值较低的设备可按类估算，国内设备和进口设备应分别估算。具体估算方法见本书项目 1 相关内容。

(3) 安装工程费估算。安装工程费包括安装主材费和安装费。其中，安装主材费可以根据行业和地方相关部门定期发布的价格信息或市场询价进行估算；安装费根据设备专业属性，以质量或长度等为单位，套用相应的投资估算指标或类似工程造价资料进行估算。

(4) 工程建设其他费用估算。工程建设其他费用的估算应结合拟建项目的具体情况，有合同或协议明确的费用按合同或协议列入；无合同或协议明确的费用，根据国家和各行业部门、工程所在地地方政府的有关工程建设其他费用定额(规定)和计算办法估算。

(5) 预备费估算。具体估算方法见本书项目 1。

(6) 指标估算法注意事项。使用指标估算法，应注意以下事项。

① 在应用指标估算法时，应根据不同地区、建设年代、条件等进行调整。影响投资估算精度的因素主要包括价格变化、现场施工条件、项目特征的变化等，地区、年代不同，人工、材料与设备的价格均有差异。调整方法可以以人工、主要材料消耗量或“工程量”为计算依据，也可以按不同的工程项目的“万元工料消耗定额”确定不同的系数。在有关部门颁布定额或人工、材料价差系数(物价指数)时，可以据其调整。

② 使用估算指标法进行投资估算绝不能生搬硬套，而必须对工艺流程、定额、价格及费用标准进行分析，经过实事求是的调整与换算后，才能提高其精确度。

《建设项目投资估算编审规程》

2. 动态投资的估算方法

动态投资部分包括价差预备费和建设期贷款利息两部分。具体计算方法见本书项目 1。动态投资估算应以基准年静态投资的资金使用计划为基础来计算，而不是以编制年的静态投资为基础计算。

## 应用案例 3-6

已知年产 2 000t 的某种紧俏产品的工业项目，主要设备投资额为 2 500 万元，建筑面积为 4 000m$^2$，其他附属项目投资占设备投资比例，以及由于建造时间、地点、使用定额等方面因素引起的拟建项目的综合调价系数见表 3-4。工程建设其他费用占项目总投资的 20%。拟建 2 800t 生产同类产品的项目，建筑面积为 4 200m$^2$，基本预备费费率为 5%，项目建设前期年限和建设期均为 1 年，建设期物价上涨率为 6%，不考虑建设期贷款利息，试确定拟建项目的建设投资，并编制该项目的固定资产投资估算表($n = 1$)。

表 3-4 附属项目投资占设备投资比例及综合调价系数表

| 序号 | 工程名称 | 占设备投资比例 $P_i$ | 综合调价系数 $f_i$ | 序号 | 工程名称 | 占设备投资比例 $P_i$ | 综合调价系数 $f_i$ |
|---|---|---|---|---|---|---|---|
| 一 | 生产项目 | | | 6 | 电气照明工程 | 10% | 1.10 |
| 1 | 土建工程 | 30% | 1.10 | 7 | 自动化仪表工程 | 9% | 1.00 |
| 2 | 设备安装工程 | 10% | 1.20 | 8 | 设备购置 | 100% | 1.20 |
| 3 | 工艺管理工程 | 4% | 1.05 | | | | |
| 4 | 给排水工程 | 8% | 1.10 | 二 | 附属工程 | 10% | 1.10 |
| 5 | 暖通工程 | 9% | 1.10 | 三 | 总体工程 | 10% | 1.30 |

【案例解析】

(1) 根据生产能力指数法，计算拟建项目的设备投资额 $E$。

$$E = 2\,500 \times \left(\frac{2\,800}{2\,000}\right)^{1} \times 1.20 = 4\,200\ (\text{万元})$$

(2) 根据其他附属项目投资占设备投资的比例，用系数估算法估算拟建项目的投资额 $C$。

$$C = E(1 + f_1P_1 + f_2P_2 + f_3P_3 + \cdots) + I$$

$$= E(1 + f_1P_1 + f_2P_2 + f_3P_3 + \cdots) + KC$$

$$C = 4\,200 \times [1 + 1.10 \times (30\% + 8\% + 9\% + 10\% + 10\%) + 1.20 \times 10\% + 1.05 \times 4\% + 1.00 \times 9\% + 1.30 \times 10\%] + 20\% \times C$$

$$C = \frac{4\,200 \times 2.119}{1 - 20\%} = 11\,124.75\ (\text{万元})$$

(3) 计算工程费用。

土建工程投资 = 4 200 × 30% × 1.10 = 1 386(万元)

设备安装工程投资 = 4 200 × 10% × 1.20 = 504(万元)

工艺管理工程投资 = 4 200 × 4% × 1.05 = 176.4(万元)

给排水工程投资 = 4 200 × 8% × 1.10 = 369.6(万元)

暖通工程投资 = 4 200 × 9% × 1.10 = 415.8(万元)

电气照明工程投资 = 4 200 × 10% × 1.10 = 462(万元)

自动化仪表工程投资 = 4 200 × 9% × 1.00 = 378(万元)

设备购置投资 = 4 200 万元

附属工程投资 = 4 200 × 10% × 1.10 = 462(万元)

总体工程投资 = 4 200 × 10% × 1.30 = 546(万元)

工程费用合计：8 899.8 万元

(4) 计算工程建设其他费用。

工程建设其他费用 = $C$ × 20% = 11 124.75 × 20% = 2 224.95(万元)

(5) 计算预备费。

基本预备费 = (工程费用 + 工程建设其他费用) × 5%= (8 899.8 + 2 224.95) × 5% ≈ 556.24(万元)

价差预备费：$PF = \sum_{t=1}^{n} I_t[(1+f)^m(1+f)^{0.5}(1+f)^{t-1} - 1]$

$$= (8\,899.8 + 2\,224.95 + 556.24)[(1+6\%)^1(1+6\%)^{0.5} - 1]$$

$$\approx 1\,066.90(\text{万元})$$

预备费 = 基本预备费 + 价差预备费 = 556.24 + 1 066.90 = 1 623.14(万元)

(6) 计算拟建项目建设投资。

拟建项目建设投资 = 工程费用 + 工程建设其他费用 + 预备费

=8 899.8 + 2 224.95 + 1 623.14 = 12 747.89(万元)

(7) 编制拟建项目固定资产投资估算表，见表 3-5。

表 3-5 拟建项目固定资产投资估算表 单位：万元

| 序号 | 费用名称 | 单位 | 数量 | 建安工程费 | 设备购置费 | 其他费用 | 合 计 |
|---|---|---|---|---|---|---|---|
| 一 | 工程费用 | | | 4 321.8 | 4 578 | | 8 899.8 |
| 1 | 土建工程 | $m^2$ | 4 200 | 1 386 | | | 1 386 |
| 2 | 设备安装工程 | $m^2$ | 4 200 | 504 | | | 504 |
| 3 | 工艺管理工程 | $m^2$ | | 176.4 | | | 176.4 |
| 4 | 给排水工程 | $m^2$ | 4 200 | 369.6 | | | 369.6 |
| 5 | 暖通工程 | $m^2$ | 4 200 | 415.8 | | | 415.8 |
| 6 | 电气照明工程 | $m^2$ | 4 200 | 462 | | | 462 |
| 7 | 附属工程 | 项 | 1 | 462 | | | 462 |
| 8 | 总体工程 | 项 | 1 | 546 | | | 546 |
| 9 | 自动化仪表工程 | $m^2$ | 4 200 | | 378 | | 378 |
| 10 | 设备购置 | $m^2$ | | | 4 200 | | 4 200 |
| 二 | 工程建设其他费用 | 元 | | | | 2 224.95 | 2 224.95 |
| | 一 + 二 | 元 | | 4 321.8 | 4 578 | 2 224.95 | 11 124.75 |
| 三 | 预备费 | 元 | | | | 1 623.14 | 1 623.14 |
| 1 | 基本预备费 | 元 | | | | 556.24 | |
| 2 | 价差预备费 | 元 | | | | 1 066.90 | |
| | 合计 | 元 | | 4 321.8 | 4 578 | 3 848.09 | 12 747.89 |

### 3. 流动资金的估算

流动资金估算一般采用分项详细估算法，项目决策分析与评价的初期阶段或者小型项目可采用扩大指标估算法。

1) 分项详细估算法

分项详细估算法就是对构成流动资金的各项流动资产与流动负债分别进行估算。其计算公式为

$$流动资金 = 流动资产 - 流动负债 \tag{3-7}$$

$$流动资产 = 应收账款 + 预付账款 + 存货 + 现金 \tag{3-8}$$

$$流动负债 = 应付账款 + 预收账款 \tag{3-9}$$

$$流动资金本年增加额 = 本年流动资金 - 上年流动资金 \tag{3-10}$$

流动资金估算的具体步骤：首先计算各类流动资产和流动负债的周转次数，然后分别估算占用资金额。

(1) 周转次数的计算。周转次数是指流动资金在一年内循环的次数。

$$周转次数 = 360 / 最低周转天数 \tag{3-11}$$

各类流动资产和流动负债的最低周转天数可参照同类企业的平均周转天数并结合项目特点确定，或按部门(行业)规定计算。

(2) 应收账款估算。应收账款是指企业对外赊销商品、提供劳务尚未收回的资金。

应收账款 = 年经营成本/应收账款周转次数　　(3-12)

(3) 预付账款估算。预付账款是指企业为购买各类材料、半成品或服务所预先支付的款项。

预付账款 = 年外购商品或服务费用/预付账款周转次数　　(3-13)

(4) 存货估算。存货是指企业为销售或者生产耗用而储备的各种物资，主要有原材料、辅助材料、燃料、低值易耗品、维修备件、包装物、商品、在产品、自制半成品和产成品等。

存货 = 外购原材料、燃料 + 其他材料 + 在产品 + 产成品　　(3-14)

外购原材料、燃料 = 年外购原材料、燃料及动力费/分项周转次数　　(3-15)

其他材料 = 年其他材料费用/其他材料周转次数　　(3-16)

在产品 = (年外购原材料、燃料及动力费 + 年工资及福利费 + 年修理费 + 年其他制造费用)/在产品周转次数　　(3-17)

产成品 = (年经营成本 − 年其他营业费用)/产成品周转次数　　(3-18)

其他制造费用是指制造费用中扣除生产单位管理人员工资及福利费、折旧费、修理费后的其余部分。

其他营业费用是指营业费用中扣除工资及福利费、折旧费、修理费后的其余部分。

(5) 现金估算。现金是指企业生产运营活动中停留于货币形态的那部分资金，包括企业库存现金和银行存款。

现金 = (年工资及福利费 + 年其他费用)/现金周转次数　　(3-19)

年其他费用 = 制造费用 + 管理费用 + 营业费用 − 以上 3 项费用中所含的工资及福利费、折旧费、摊销费、修理费　　(3-20)

(6) 流动负债估算。流动负债是指在一年或者超过一年的一个营业周期内，需要偿还的各种债务，包括短期借款、应付票据、应付账款、预收账款、应付工资、应付福利费、应付股利、应交税费、其他暂收应付款、预提费用和一年内到期的长期借款等。在可行性研究中，流动负债的估算可以只考虑应付账款和预收账款两项。

应付账款 = 年外购原材料、燃料及动力费与其他材料费用/应付账款周转次数　　(3-21)

预收账款 = 年预收营业收入金额/预收账款周转次数　　(3-22)

特别提示

在采用分项详细估算法时，应根据项目实际情况分别确定现金、应收账款、预付账款、存货及应付账款和预收账款的最低周转天数，并考虑一定的保险系数。由于最低周转天数减少将增加周转次数，从而降低流动资金需用量，因此，必须切合实际地选用最低周转天数。对于存货中的外购原材料和燃料，再分品种和来源，考虑运输方式和运输距离，以及占用流动资金的比重大小等因素确定。

## 应用案例 3-7

某企业预投资一石化项目，该项目达到设计生产能力以后，全厂定员 1 100 人，工资及福利费按照每人每年 12 000 元估算，每年的其他费用为 860 万元(其中其他制造费用 300 万元)。年外购商品或服务费用为 900 万元，年外购原材料、燃料及动力费为 6 200 万元，年修理费为 500 万元，年经营成本为 4 500 万元，年其他营业费用忽略不计，年预收营业收入为 1 200 万元。各项流动资金的最低周转天数：应收账款为 30 天，预付账款为 20 天，现金为 45 天，存货中各构成项均为 40 天，应付账款为 30 天，预收账款为 35 天。试用分项详细估算法估算拟建项目的流动资金。

**【案例解析】**

应收账款 = 年经营成本÷应收账款周转次数 = 4 500÷(360÷30) =375(万元)

预付账款 = 年外购商品或服务费用÷预付账款周转次数

= 900÷(360÷20) = 50(万元)

现金 = (年工资及福利费 + 年其他费用)÷现金周转次数

=(1.2 × 1 100 + 860)÷(360÷45) = 272.50(万元)

外购原材料、燃料 = 年外购原材料、燃料及动力费÷存货周转次数

=6 200÷(360÷40) ≈ 688.89(万元)

在产品 = (年工资及福利费 + 年其他制造费用 + 年外购原材料、燃料及动力费 + 年修理费)÷存货周转次数 = (1.2 × 1 100 + 300 + 6 200 + 500)÷(360÷40) ≈ 924.44(万元)

产成品 = (年经营成本 − 年其他营业费用)÷存货周转次数

= 4 500÷(360÷40) =500(万元)

存货 = 外购原材料、燃料 + 在产品 + 产成品 = 688.89 + 924.44 + 500 = 2 113.33(万元)

流动资产 = 应收账款 + 预付账款 + 存货 + 现金

=375 + 50 + 2 113.33 + 272.50 = 2 810.83(万元)

应付账款 = 年外购原材料、燃料及动力费÷应付账款周转次数

=6 200÷(360÷30) ≈ 516.67(万元)

预收账款 = 年预收营业收入金额÷预收账款周转次数

=1 200÷(360÷35) ≈ 116.67(万元)

流动负债 = 应付账款 + 预收账款 = 516.67 + 116.67 = 633.34(万元)

流动资金 = 流动资产 − 流动负债 = 2 810.83 − 633.34 = 2 177.49(万元)

2) 扩大指标估算法

扩大指标估算法是一种简化的流动资金估算方法，一般可参照同类企业流动资金占建设投资、经营成本、销售收入的比例，或者单位产量占用流动资金的数额估算。具体采用何种基数依据企业习惯而定。其计算公式为

$$年流动资金 = 年费用基数 \times 各类流动资金率 \tag{3-23}$$

该方法简单易行，但准确度不高，适用于项目建议书阶段的投资估算。

# 任务 3.3　建设项目财务评价

## 知识目标

(1) 了解财务评价的基本内容。
(2) 掌握财务评价指标的计算。
(3) 掌握各种基本财务报表的编制。
(4) 了解不确定性分析的基本方法和内容。

## 工作任务

收集整理财务数据，能够编制出基本的财务报表，并通过财务评价指标的计算，来决定项目是否应该投资建设。

## 3.3.1 财务评价概述

### 1. 财务评价的概念及基本内容

财务评价又称财务分析，是根据国家现行财税制度和价格体系，分析和计算项目直接发生的财务效益和费用，编制财务报表，计算评价指标，考察项目财务盈利能力、偿债能力及财务生存能力等，据以判别项目的财务可行性。

对于经营性项目，财务评价是从建设项目的角度，根据国家现行财政、税收制度和现行市场价格，计算项目的投资费用、产品成本与产品销售收入、税金等财务数据，通过编制财务报表，计算评价指标，分析项目的财务盈利能力、偿债能力和财务生存能力，据此考察建设项目的财务可行性和财务可接受性，明确项目对财务主体及投资者的价值贡献，并得出财务评价的结论。投资者可根据项目财务评价结论、项目投资的财务状况和投资者所承担的风险程度，决定是否应该投资建设。

对于非经营性项目，财务评价应主要分析项目的财务生存能力。

(1) 财务盈利能力分析。项目的财务盈利能力分析是指分析和测算建设项目计算期的盈利能力和盈利水平。其主要分析指标包括项目投资财务内部收益率和财务净现值、项目资本金财务内部收益率、投资回收期、总投资收益率和资本金净利润率等，可根据项目的特点及财务评价的目的和要求等选用。

(2) 偿债能力分析。投资项目的资金构成一般可分为借入资金和自有资金。自有资金可长期使用，而借入资金必须按期偿还。项目的投资者自然要关心项目偿债能力；借入资金的所有者——债权人也非常关心贷出资金能否按期收回本息。项目偿债能力分析可在编制项目借款还本付息估算表的基础上进行。

(3) 财务生存能力分析。财务生存能力分析是根据项目财务计划现金流量表，通过考察项目计算期内的投资、融资和经营活动所产生的各项现金流入和流出，计算净现金流量和累计盈余资金，分析项目是否有足够的净现金流量维持正常运营，以实现财务可持续性。

此外，投资方案在建设期和运营期可能遇到一些不确定性的因素和随机因素，为了分析这些因素对项目经济效果的影响程度，并考察项目承受各种投资风险的能力，要对投资方案进行抗风险能力分析，常用的分析方法是不确定性分析方法。

**2. 财务评价的分类**

财务评价可分为融资前分析和融资后分析，一般宜先进行融资前分析，在融资前分析结论满足要求的情况下，初步设定融资方案，再进行融资后分析。

(1) 融资前分析。融资前分析与融资条件无关，其依赖数据少，报表编制简单，但其分析结论可满足方案比选和初步投资决策的需要。如果分析结果表明项目效益符合要求，再考虑融资方案，继续进行融资后分析；如果分析结果不能满足要求，可以修改方案设计，完善项目方案，必要时甚至可据此做出放弃项目的建议。在项目建议书阶段，可只进行融资前分析。融资前分析应以动态分析为主、静态分析为辅，主要工作有编制项目投资现金流量表，计算项目财务净现值、财务内部收益率等动态盈利能力评价指标，计算项目静态投资回收期。

(2) 融资后分析。融资后分析是指以设定的融资方案为基础进行的财务评价，它以融资前分析和初步的融资方案为基础，考察项目在拟定融资条件下的财务盈利能力、偿债能力和财务生存能力，判断项目方案在融资条件下的可行性。融资后分析是比较融资方案、进行融资决策和投资者最终决定出资的依据。

**3. 财务评价的程序**

(1) 收集、整理和计算有关的基础数据资料，主要包括以下内容。

① 项目生产规模和产品品种方案。

② 项目总投资估算和分年度使用计划，包括固定资产投资和流动资金。

③ 项目生产期间分年产品成本，分别计算出总成本、经营成本、单位产品成本、固定成本和变动成本。

④ 项目资金来源方式、数额及贷款条件(包括贷款利率、偿还方式、偿还时间和分年还本付息额)。

⑤ 项目生产期间分年产品销量、销售收入、销售税金和销售利润及其分配额。

⑥ 实施进度，包括建设期、投产和达产的时间及进度等。

(2) 运用基础数据资料编制基本的财务报表。基本财务报表包括项目投资现金流量表、资本金现金流量表、投资各方财务现金流量表、利润与利润分配表、资产负债表、财务计划现金流量表等。此外，还应编制辅助报表，其格式可参照国家规定或推荐的报表进行编制。

(3) 通过基本财务报表计算有关财务评价指标，进行财务评价。

(4) 进行不确定性分析。

(5) 做出财务评价的最终结论。

财务评价的基本程序如图 3.2 所示。

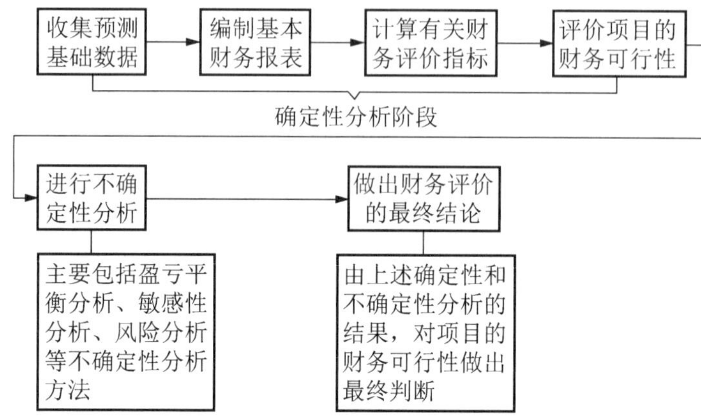


图 3.2　财务评价的基本程序

## 3.3.2 财务评价指标

### 1. 资金时间价值

资金时间价值是指一定量的资金在不同时点上具有不同的价值。例如，今天将 100 元存入银行，若银行的年利率是 10%，一年以后的今天，将得到 110 元。其中的 100 元是本金，10 元是利息，这个利息就是资金的时间价值。

1) 复利计算

某一计息周期的利息是由本金加上先前计息周期所累积利息总额之和计算的，该利息称为复利，即通常所说的“利生利”“利滚利”，在考虑资金时间价值时，需明确以下几个参数的含义。

(1) $i$：表示利率。

(2) $n$：表示计息的期数。

(3) $P$：表示现值(即现在的资金价值或本金)，指资金发生在(或折算为)某一特定时间序列起点的价值。

(4) $F$：表示终值($n$ 期末的资金价值或本利和)，指资金发生在(或折算为)某一特定时间序列终点的价值。

(5) $A$：表示年金，指资金发生在(或折算为)某一特定时间序列各计息期末(不包括零期)的等额资金序列的价值。

将 $P$、$F$ 与 $A$ 之间的换算公式及对应的现金流量图进行归纳，见表 3-6。

表 3-6　资金等值换算公式汇总

| 公式名称 | | 已知 | 求解 | 公　　式 | 系数名称符号 | 现金流量图 |
|---|---|---|---|---|---|---|
| 整付 | 终值公式 | 现值 $P$ | 终值 $F$ | $F=P(1+i)^n$ | $(F/P,i,n)$ | $F$；1 2 3 4 … $n-1$ $n$；$P$ |
| | 现值公式 | 终值 $F$ | 现值 $P$ | $P=F(1+i)^{-n}$ | $(P/F,i,n)$ | |

续表

| 公式名称 | | 已知 | 求解 | 公　式 | 系数名称符号 | 现金流量图 |
|---|---|---|---|---|---|---|
| 等额分付 | 终值公式 | 年金 $A$ | 终值 $F$ | $F=A\times\frac{(1+i)^n-1}{i}$ | $(F/A,i,n)$ | |
| | 偿债基金公式 | 终值 $F$ | 年金 $A$ | $A=F\times\frac{i}{(1+i)^n-1}$ | $(A/F,i,n)$ | |
| | 现值公式 | 年金 $A$ | 现值 $P$ | $P=A\times\frac{(1+i)^n-1}{i(1+i)^n}$ | $(P/A,i,n)$ | |
| | 资本回收公式 | 现值 $P$ | 年金 $A$ | $A=P\times\frac{i(1+i)^n}{(1+i)^n-1}$ | $(A/P,i,n)$ | |

2) 利率、名义利率与实际利率

利率是在一个计息周期内所应付出的利息额与本金之比，或是单位本金在单位时间内所支付的利息。计算公式为

$$i=\frac{I}{P}\times 100\% \tag{3-24}$$

式中：$I$——利息。

在复利计算中，一般是采用年利率。若利率为年利率，实际计算周期也是以年计，这种年利率称为实际利率；若利率为年利率，而实际计算周期小于 1 年，如每月、每季或每半年计息 1 次，这种年利率就称为名义利率。例如，年利率为 3%，每月计息 1 次，此年利率就是名义利率，它相当于月利率为 2.5‰。又如季利率为 1%，则名义利率就为 4%(4 × 1% = 4%)。因此，名义利率可定义为周期利率乘以每年计息周期数。

设名义利率为$r$，在 1 年中计息$m$次，则每期的利率为$r/m$，假定年初借款$P$，则 1 年后的复本利和为

$$F=P(1+r/m)^m \tag{3-25}$$

实际利率可由下式求得。

$$i=\frac{I}{P}=\frac{P(1+r/m)^m-P}{P}=(1+r/m)^m-1 \tag{3-26}$$

由上式可知，当$m=1$时，实际利率$i$等于名义利率$r$；当$m>1$时，实际利率$i$将大于名义利率 $r$，而且 $m$ 越大，两者相差也越大。

## 应用案例 3-8

王某向银行借款 10 000 元，约定 10 年后归还。银行规定：年利率为 6%，要求按月计算利息。试求王某 10 年后应归还银行多少钱。

**【案例解析】**

年名义利率 6%，每年计息次数$m=12$，则年实际利率为

$$i=\left(1+\frac{r}{m}\right)^m-1=\left(1+\frac{6\%}{12}\right)^{12}-1\approx 6.168\%$$

每年按实际利率计算利息，则 10 年后 10 000 元的终值为

$$F = P(1+i)^n = 10\,000 \times (1+6.168\%)^{10} \approx 18\,194.34\ (元)$$

王某 10 年后应归还银行 18 194.34 元。

2. 财务评价指标体系

建设项目经济效果可采用不同的指标来表达，任何一种评价指标都是从一定的角度、某一个侧面反映项目的经济效果的，总会带有一定的局限性。因此，需建立一整套指标体系来全面、真实、客观地反映建设项目的经济效果。常用的财务评价指标体系如图 3.3 所示。

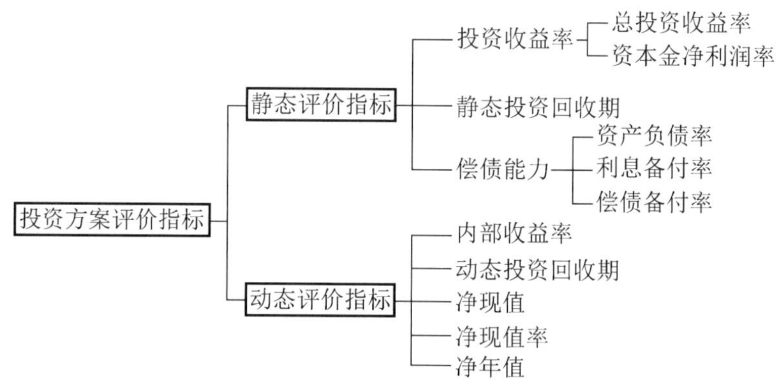


图 3.3　常用的财务评价指标体系

静态评价指标的最大特点是不考虑时间因素，计算简便，所以在对方案进行粗略评价或对短期投资项目及逐年收益大致相等的项目进行评价时，静态评价指标是可采用的。动态评价指标强调利用复利方法计算资金时间价值，它将不同时间内资金的流入和流出换算成同一时点的价值，从而为不同方案的经济比较提供了可比基础，并能反映方案在未来时期的发展变化情况。

总之，在进行项目财务评价时，应根据评价深度要求、可获得资料的多少及评价方案本身所处的条件，选用多个不同的评价指标，这些指标有主有次，从不同侧面反映评价方案的经济效果。

3. 财务评价指标的具体计算

1) 净现值(NPV)

净现值是指按设定的折现率，将项目寿命期内每年发生的现金流量折现到建设期初的现值之和，它是对项目进行动态评价的最重要指标之一。其计算公式为

$$\mathrm{NPV} = \sum_{t=0}^{n} (\mathrm{CI}-\mathrm{CO})_t (1+i_c)^{-t} \tag{3-27}$$

式中：$\mathrm{CI}$ ——现金流入量；

$\mathrm{CO}$ ——现金流出量；

$(\mathrm{CI}-\mathrm{CO})_t$ ——第 $t$ 年的净现金流量(应注意“+”“-”号)；

$i_c$ ——基准收益率；

$n$ ——投资方案计算期。

判别准则：对单一项目方案而言，若 NPV≥0，则项目应予以接受；若 NPV < 0，则项目应予以拒绝。多方案比选时，净现值越大的方案相对越优。

## 知识链接

基准收益率的取值：在进行方案经济性评价时，通常选取基准折现率作为计算参数。基准折现率是行业或国家可以接受的最低期望收益率。它是一个重要的经济杠杆参数，从它作为度量方案经济可行性标准的角度看，它是行业或社会的最低期望时间价值；从理论上讲，其大小应当是边际方案的边际收益率。实际应用中，基准折现率的大小一般综合考虑资金成本、通货膨胀和投资风险系数来确定。作为国家参数，基准折现率由有关部门定期制定并发布。

## 应用案例 3-9

某项目各年的净现金流量如图 3.4 所示，试用净现值指标判断项目的经济性 ($i_0 = 10\%$) 。

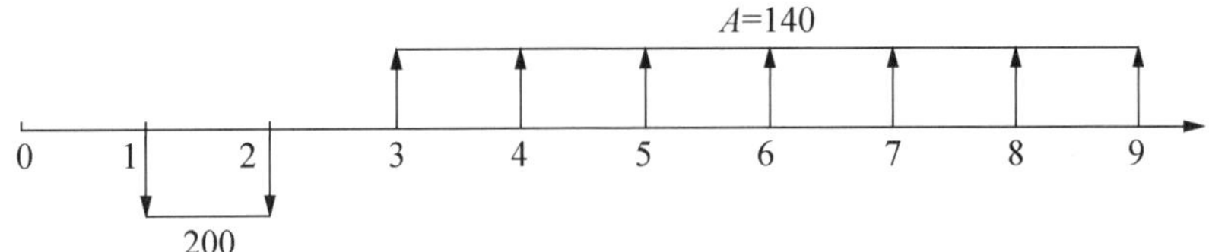


图 3.4　某项目净现金流量

【案例解析】

$NPV(i_0 = 10\%) = -200(P/A, 10\%, 2) + 140(P/A, 10\%, 7)(P/F, 10\%, 2) = 216.15$

由于 NPV > 0，故项目在经济效果上是可以接受的。

2) 净现值率(NPVR)

在多方案比选时，如果几个方案的净现值都大于零但投资规模相差较大，则可以进一步用净现值率作为净现值的辅助指标。净现值率是项目净现值与项目投资总额现值之比，其经济含义是单位投资现值所能带来的净现值。其计算公式为

$$NPVR = \frac{NPV}{I_P} \tag{3-28}$$

$$I_P = \sum_{t=0}^{m} I_t (P / A, i_c, t) \tag{3-29}$$

式中：$I_P$ ——投资现值；

$I_t$ ——第 $t$ 年投资额；

$m$ ——建设期年数。

判别准则：对单一项目方案而言，净现值率的判别准则与净现值一样；多方案比选时，

净现值率越大越好。

## 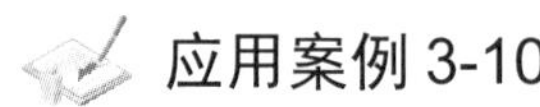 应用案例 3-10

试计算图 3.4 所示净现金流量的净现值率。

【案例解析】

$$I_P = 200(P/A,\ 10\%,\ 2) = 200 \times \frac{(1+10\%)^2 - 1}{10\% \times (1+10\%)^2} \approx 347.11$$

$$\text{NPVR} = \frac{216.15}{347.11} \approx 0.623$$

3) 内部收益率(IRR)

内部收益率是反映项目获利能力常用的重要的动态评价指标，它是指项目在计算期内各年净现金流量现值累计等于零时的折现率。其表达式为

$$\sum_{t=0}^{n}(\text{CI}-\text{CO})_t(1+\text{IRR})^{-t} = 0 \tag{3-30}$$

内部收益率反映了项目的实际收益率，该指标越大越好。一般情况下，内部收益率大于或等于基准收益率时，项目可行。

内部收益率可通过现金流量表中的净现金流量求得，一般采用一种称为线性插值试算法的近似方法进行计算，其计算过程如下。

(1) 首先根据经验确定一个初始折现率 $i_0$。

(2) 根据投资方案的净现金流量计算净现值 $\text{NPV}(i_0)$。

(3) 若 $\text{NPV}(i_0)=0$，则 $\text{IRR}=i_0$；若 $\text{NPV}(i_0)>0$，则继续增大 $i_0$；若 $\text{NPV}(i_0)<0$，则继续减小 $i_0$。

(4) 重复步骤(3)，直到找到两个折现率 $i_1$ 和 $i_2$，满足 $\text{NPV}(i_1)>0$，$\text{NPV}(i_2)<0$，其中 $i_2-i_1$ 一般不超过 2%～5%。

(5) 利用线性插值公式近似计算内部收益率 IRR。其计算公式为

$$\text{IRR} = i_1 + \frac{\text{NPV}_1}{\text{NPV}_1 + |\text{NPV}_2|}(i_2 - i_1) \tag{3-31}$$

判别准则：设基准收益率为 $i_c$，若 $\text{IRR} \geqslant i_c$，则 $\text{NPV} \geqslant 0$，投资方案在经济上可以接受；若 $\text{IRR} < i_c$，则 $\text{NPV}<0$，投资方案在经济上应予以拒绝。

## 应用案例 3-11

某方案净现金流量见表 3-7。当基准收益率 $i_c=12\%$ 时，试用内部收益率指标判断方案是否可行。

表 3-7　某方案现金流量表　　单位：万元

| 年　份 | 0 | 1 | 2 | 3 | 4 | 5 |
|---|---|---|---|---|---|---|
| 净现金流量 | −200 | 40 | 60 | 40 | 80 | 80 |

【案例解析】

第一步：初估 IRR 的值，设 $i_1=12\%$。

$$\mathrm{NPV}_1=-200+40(P/F,12\%,1)+60(P/F,12\%,2)+40(P/F,12\%,3)+80(P/F,12\%,4)+80(P/F,12\%,5)=8.25\,(万元)$$

第二步：再估 IRR 的值，设 $i_2=15\%$。

$$\mathrm{NPV}_2=-8.04\,(万元)$$

第三步：用线性插值试算法算出内部收益率 IRR 的近似值。

$$\mathrm{IRR}=12\%+8.25\div(8.25+8.04)\times(15\%-12\%)\approx 13.52\%$$

由于 IRR 大于基准收益率，即 $13.52\%>12\%$，故该方案在经济效果上是可以接受的。

4) 净年值(NAV)

净年值通常称为年值，是指将方案计算期内的净现金流量，通过基准收益率折算成其等值的各年年末等额支付序列。其计算公式为

$$\mathrm{NAV}=\mathrm{NPV}(A/P,i_c,n)=\sum_{t=0}^{n}(\mathrm{CI}-\mathrm{CO})_t(1+i_c)^{-t}(A/P,i_c,n) \tag{3-32}$$

因为 $(A/P,i_c,n)>0$，所以 NAV 与 NPV 总是同为正或同为负，故 NAV 与 NPV 在评价同一项目时的结论总是一致的。判别准则：NAV≥0，则投资方案在经济上可以接受；NAV<0，则投资方案在经济上应予以拒绝。

5) 静态投资回收期( $P_t$ )

从项目投资开始(第 0 年)算起，用投产后项目净收益回收全部投资所需的时间，称为投资回收期，一般以年为单位计。如果从投产年或达产年算起，应予以注明。投资回收期反映了方案的增值能力和方案运行中的风险，因而是常用的评价指标。一般认为，投资回收期越短，其实施方案的增值能力越强，运行风险越小。

所谓静态投资回收期，即不考虑资金的时间价值因素的回收期。因静态投资回收期不考虑资金的时间价值，所以项目投资的回收过程就是方案现金流量的算术累加过程，累计净现金流量为“0”时所对应的年份即为投资回收期。其表达式为

$$\sum_{t=0}^{P_t}(\mathrm{CI}-\mathrm{CO})_t=0 \tag{3-33}$$

如果投产或达产后的年净收益相等，或用年平均净收益计算时，则静态投资回收期的表达式转化为

$$P_t=\frac{\mathrm{TI}}{A} \tag{3-34}$$

式中：TI——项目总投资；

$A$——每年的净收益，即 $A=(\mathrm{CI}-\mathrm{CO})_t$。

实际上，投产或达产后的年净收益不可能都是等额数值，因此，静态投资回收期亦可根据全部投资现金流量表中累计净现金流量计算求得，表中累计净现金流量等于零或出现正值的年份，即为项目投资回收的终止年份。其计算公式为

$$P_t=T-1+\frac{第(T-1)年累计净现金流量的绝对值}{第T年净现金流量} \tag{3-35}$$

式中：$T$——累计净现金流量出现正值的年份。

判别准则：设基准投资回收期为 $P_c$，若 $P_t\leqslant P_c$，则项目可以接受；若 $P_t>P_c$，则项目

应予以拒绝。

静态投资回收期的优点主要是概念清晰，简单易用，在技术进步较快时能反映项目的风险大小；其缺点是舍弃了回收期以后的收入与支出数据，不能全面反映项目在寿命期内的真实效益，难以对不同方案的比较做出正确判断，所以使用该指标时应与其他指标相配合。

6) 动态投资回收期( $P_t'$ )

动态投资回收期是将投资方案各年的净现金流量按基准收益率折成现值之后，再来折算投资回收期。这是它与静态投资回收期的根本区别。动态投资回收期就是累计现值为“0”时的年份。动态投资回收期的表达式为

$$\sum_{t=0}^{P_t'}(\mathrm{CI}-\mathrm{CO})_t(1+i_{\mathrm{c}})^{-t}=0 \tag{3-36}$$

在实际应用中，可根据项目投资现金流量表用下列公式近似计算。

$$P_t'=\text{累计净现金流量现值出现正值的年份}-1+\frac{\text{上一年累计净现金流量现值的绝对值}}{\text{出现正值年份净现金流量现值}} \tag{3-37}$$

## 应用案例 3-12

某投资方案的现金流量及累计现金流量见表 3-8，求该方案的静态和动态投资回收期。

表 3-8　某投资方案现金流量表　　单位：万元

| 年　份 | 1 | 2 | 3 | 4 | 5 | 6 | 7 | 8 |
|---|---|---|---|---|---|---|---|---|
| 净现金流量 | −600 | −900 | 300 | 500 | 500 | 500 | 500 | 500 |
| 累计净现金流量 | −600 | −1 500 | −1 200 | −700 | −200 | 300 | 800 | 1 300 |
| 净现金流量现值 | −555.54 | −771.57 | 238.14 | 367.5 | 340.4 | 315.1 | 291.75 | 270.15 |
| 累计净现金流量现值 | −555.54 | −1 327.11 | −1 088.97 | −721.47 | −381.17 | −66.07 | 225.68 | 495.83 |

**【案例解析】**

根据式(3-35)，$P_t=(6-1)+\frac{|-200|}{500}=5.4$ (年)

根据式(3-37)，$P_t'=(7-1)+\frac{|-66.07|}{291.75}\approx 6.23$ (年)

从以上计算看，动态投资回收期长于静态投资回收期。这是因为计算动态投资回收期考虑了资金的时间价值，先投资的资金比未来的资金价值更大。

动态投资回收期具有静态投资回收期的优点和缺点，但由于资金具有时间价值的事实，因此，动态投资回收期比静态投资回收期应用更广，在经济效果评价中应用非常普遍。

7) 投资收益率

(1) 总投资收益率(ROI)。总投资收益率是指项目达到设计能力后正常年份的年息税前利润或运营期内年平均息税前利润(EBIT)与项目总投资(TI)的比率，它考察项目总投资的盈利水平。其表达式为

$$ROI = \frac{EBIT}{TI} \times 100\% \tag{3-38}$$

式中：EBIT ——项目达到设计能力后正常年份的年息税前利润或运营期内年平均息税前利润，息税前利润 = 利润总额 + 计入总成本费用的利息费用；

TI ——项目总投资。

总投资收益率高于同行业的收益率参考值时，表明用总投资收益率表示的盈利能力满足要求。

(2) 资本金净利润率(ROE)。资本金净利润率是指项目达到设计能力后正常年份的年净利润或运营期内平均净利润(NP)与项目资本金(EC)的比率。其表达式为

$$ROE = \frac{NP}{EC} \times 100\% \tag{3-39}$$

资本金净利润率高于同行业的净利润率参考值时，表明用项目资本金净利润率表示的盈利能力满足要求。

## 应用案例 3-13

某项目期初投资 2 500 万元，其中 1 500 万元为自有资金，建设期为 3 年，投产前两年每年的利润总额为 300 万元，以后每年的利润总额为 500 万元，假定利息支出为 0，所得税税率为 25%，基准投资收益率和净利润率均取为 18%，问该方案是否可行？

**【案例解析】**

该方案正常年份的利润总额为 500 万元，因此：

$$ROI = \frac{500}{2\,500} \times 100\% = 20\%$$

$$ROE = \frac{500 \times (1 - 25\%)}{1\,500} \times 100\% = 25\%$$

该方案的总投资收益率和资本金净利润率均大于基准值，因此，该方案可行。

8) 资产负债率

资产负债率是反映项目各年所面临的财务风险程度及偿债能力的指标。其表达式为

$$资产负债率 = 负债总额/资产总额 \times 100\% \tag{3-40}$$

作为提供贷款的机构，可以接受 100%以下(包括 100%)的资产负债率。资产负债率大于 100%时，表明企业已资不抵债，已达到破产底线。

## 应用案例 3-14

某建设项目开始运营后，在某一生产年份资产总额为 6 000 万元，短期借款为 700 万元，长期借款为 2 500 万元，应收账款为 130 万元，存货款为 600 万元，现金为 1 500 万元，应付账款为 120 万元，项目单位产品可变成本为 50 万元，达产期的产量为 30t，年总固定成本为 600 万元，销售收入为 3 000 万元，销售税金税率为 6%，试求该项目的资产负债率。

**【案例解析】**

$$资产负债率 = \frac{负债总额}{资产总额} \times 100\% = \frac{2\,500 + 700 + 120}{6\,000} \times 100\% \approx 55\%$$

9) 利息备付率(ICR)

利息备付率是指项目在借款偿还期内，各年可用于支付利息的息税前利润(EBIT)与当期应付利息(PI)的比值。其表达式为

$$\mathrm{ICR}=\frac{\mathrm{EBIT}}{\mathrm{PI}} \tag{3-41}$$

式中：PI——计入总成本费用的全部利息。

利息备付率应当按年计算，利息备付率表示项目的利润偿付利息的保障程度。对于正常运营的企业，利息备付率应当大于 1；否则，表示付息能力保障程度不足。

10) 偿债备付率(DSCR)

偿债备付率是指项目在借款偿还期内，各年可用于还本付息资金(EBITDA − $T_{\mathrm{AX}}$)与当期应还本付息金额(PD)的比值。其表达式为

$$\mathrm{DSCR}=\frac{\mathrm{EBITDA}-T_{\mathrm{AX}}}{\mathrm{PD}} \tag{3-42}$$

式中：EBITDA ——息税前利润加折旧费和摊销费；

$T_{\mathrm{AX}}$——企业所得税；

PD——应还本付息金额，包括还本金额和计入总成本费用的全部利息，融资租赁费用可视同借款偿还，运营期内的短期借款本息也应纳入计算。

如果项目在运行期内有维持运营的投资，可用于还本付息的资金应扣除维持运营的投资。

偿债备付率应分年计算，偿债备付率越高，表明可用于还本付息的资金保障程度越高。偿债备付率应大于 1，并结合债权人的要求确定。

## 应用案例 3-15

某企业借款偿还期为 4 年，各种利润总额、税后利润、折旧和摊销费等数额见表 3-9，试计算偿债备付率和利息备付率(还本付息资金不包括当年应交的所得税)。

**表 3-9　某企业各项财务数据**　　单位：元

| 年份 | 息税前利润加折旧费和摊销费 | 利息 | 折旧费 | 摊销费 | 还本 | 还本付息资金 |
|---|---|---|---|---|---|---|
| 1 | 155 174 | 74 208 | 102 314 | 42 543 | 142 369 | 155 174 |
| 2 | 204 405 | 64 932 | 102 314 | 42 543 | 152 143 | 204 405 |
| 3 | 254 315 | 54 977 | 102 314 | 42 543 | 162 595 | 254 315 |
| 4 | 265 493 | 43 799 | 102 314 | 42 543 | 173 774 | 245 019 |

**【案例解析】**

计算结果见表 3-10。

表 3-10　计算结果

| 年份 | 息税前利润加折旧费和摊销费/元 | 息税前利润/元 | 利息/元 | 税前利润/元 | 所得税/元 | 税后利润/元 | 折旧费/元 | 摊销费/元 | 还本/元 | 还本付息总额/元 | 利息备付率/% | 还本付息资金/元 | 偿债备付率/% |
|---|---|---|---|---|---|---|---|---|---|---|---|---|---|
| 1 | 155 174 | 10 317 | 74 208 | −63 891 | 0 | −63 891 | 102 314 | 42 543 | 142 369 | 216 577 | 13.90 | 155 174 | 72 |
| 2 | 204 405 | 59 548 | 64 932 | −5 384 | 0 | −5 384 | 102 314 | 42 543 | 152 143 | 217 075 | 91.71 | 204 405 | 94 |
| 3 | 254 315 | 109 458 | 54 977 | −54 481 | 0 | 54 481 | 102 314 | 42 543 | 162 595 | 217 572 | 199.10 | 254 315 | 117 |
| 4 | 265 493 | 120 636 | 43 799 | 76 831 | 20 474 | 56 363 | 102 314 | 42 543 | 173 774 | 217 573 | 275.43 | 245 019 | 113 |

## 3.3.3 财务数据测算

建设项目财务数据的测算是在项目可行性研究的基础上，按照项目财务评价的要求，调查、收集和测算一系列的财务数据，如总投资、总成本、营业收入、税金和利润，并编制各种财务基础数据估算表。

### 知识链接

2016 年 5 月 1 日起，我国全面推行“营改增”。增值税是以商品(含应税劳务)在流转过程中产生的增值额作为计税依据而征收的一种流转税，实行价外税。增值税应纳税额按照如下公式计算。

$$增值税应纳税额 = 当期销项税额 - 当期进项税额$$

$$当期销项税额 = 营业收入 \times 增值税税率$$

当期进项税额为纳税人当期购进货物或者接受应税劳务支付或者负担的增值税额。

当期销项税额小于当期进项税额不足抵扣时，其不足部分可以结转下期继续抵扣。

### 1. 生产成本费用估算

生产成本费用是指项目生产运营支出的各种费用，按财务评价的特定要求分为总成本费用和经营成本，按成本与产量的关系分为固定成本和可变成本。

1) 总成本费用估算

一般建设项目总成本费用是指生产和销售过程中所消耗的活劳动和物化劳动的货币表现。总成本费用按其生产要素划分，如图 3.5 所示。

(1) 外购原材料、燃料及动力费。外购原材料、燃料及动力费指构成产品实体的原材料及有助于产品形成的材料，以及直接用于生产的燃料及动力的费用。

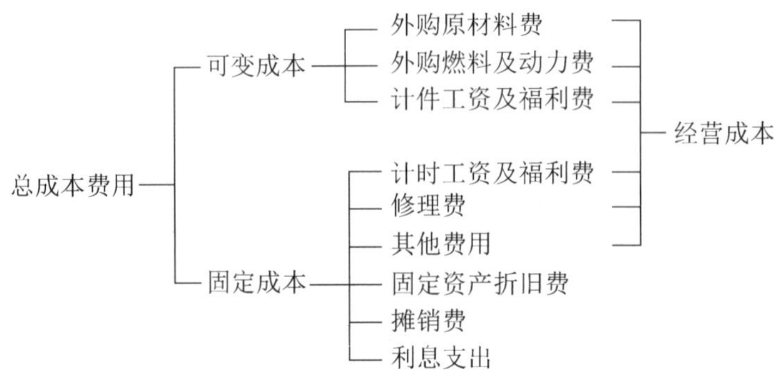


图 3.5　总成本费用构成

$$外购原材料、燃料及动力费=\sum(某种原材料、燃料及动力消耗量\times某种原材料、燃料及动力单价) \tag{3-43}$$

(2) 工资及福利费。工资一般按照项目建成投产后各年所需的职工总数即劳动定员数和人均年工资水平测算，同时可以根据工资的历史数据并结合工资的现行增长趋势确定一个合理的年增长率，在各年的工资水平中反映出这种增长趋势。职工福利费一般按照工资总额的 14%提取。

(3) 固定资产折旧费。固定资产折旧是固定资产在使用过程中，由于逐渐磨损而转移到生产成本中去的价值。固定资产折旧费是产品成本的组成部分，也是偿还投资贷款的资金来源。固定资产的折旧方法可在税法允许的范围内由企业自行确定，一般采用直线折旧法，包括平均年限法和工作量法。税法也允许采用某些快速折旧法，通常选用双倍余额递减法和年数总和法。

① 平均年限法。其计算公式为

$$年折旧率=(1-预计净残值率)/折旧年限\times100\% \tag{3-44}$$

$$年折旧额=固定资产原值\times年折旧率(\%) \tag{3-45}$$

② 工作量法。工作量法又分两种：一种是按照工作小时计算折旧；另一种是按照工作量计算折旧。对于一些运输设备，一般按照行驶里程计算折旧，其计算公式为

$$单位里程折旧额=固定资产原值\times(1-预计净残值率)/总行驶里程 \tag{3-46}$$

$$年折旧额=单位里程折旧额\times年实际行驶里程 \tag{3-47}$$

按照工作小时计算折旧的公式为

$$每工作小时折旧额=固定资产原值\times(1-预计净残值率)/总工作小时 \tag{3-48}$$

$$年折旧额=每工作小时折旧额\times年实际工作小时 \tag{3-49}$$

③ 双倍余额递减法。实行双倍余额递减法的，应在折旧年限到期前两年内，将固定资产账面净值扣除净残值后的净额平均摊销。其计算公式为

$$年折旧率=\frac{2}{折旧年限}\times100\% \tag{3-50}$$

$$年折旧额=固定资产净值\times年折旧率(\%) \tag{3-51}$$

④ 年数总和法。年数总和法是根据固定资产原值减去净残值后的余额，按照逐年递减的分数(即年折旧率，也叫折旧递减系数)计算折旧的一种方法。其每年的折旧率是一个变

化的分数：分子为每年开始时可以使用的年限，分母为固定资产折旧年限逐年相加的总和。其计算公式为

$$年折旧率=\frac{折旧年限-已使用年限}{折旧年限\times(折旧年限+1)/2}\times100\% \tag{3-52}$$

$$年折旧额=(固定资产原值-预计净残值)\times年折旧率(\%) \tag{3-53}$$

## 特别提示

计算折旧费时的固定资产原值是指项目投产时按规定由投资形成固定资产的价值，包括工程费用(设备购置费、安装工程费、建筑工程费)和工程建设其他费用中应计入固定资产原值的部分(也称固定资产其他费用)。预备费通常计入固定资产原值，按相关规定，建设期贷款利息应计入固定资产原值。

此外，根据增值税相关规定，工程项目投资构成中建筑安装工程费，设备及工、器具购置费，工程建设其他费用中所含的增值税进项税额，可以根据国家增值税相关规定实施抵扣，但该可抵扣固定资产进项税额不得计入固定资产原值。

## 应用案例 3-16

某企业进口某设备，固定资产原值为 90 万元(包括可抵扣固定资产进项税额 10 万元)，预计使用 5 年，预计净残值为 1.6 万元，在折旧年限内，各年的尚可使用年限分别为 5 年、4 年、3 年、2 年和 1 年，年数总和为 15 年。同年又购入一大卡车，原值为 15 万元，预计净残值率为 5%，预计总行驶里程为 40 万千米，当年行驶里程为 2.5 万千米。试求以下费用。

(1) 用平均年限法求该设备的年折旧额。

(2) 按双倍余额递减法计算该设备各年折旧额。

(3) 按年数总和法计算该设备各年折旧额。

(4) 购入的大卡车年折旧额。

**【案例解析】**

固定资产原值＝形成固定资产的费用－可抵扣固定资产进项税额

＝90－10＝80(万元)

(1) 年折旧额 $=\frac{80-1.6}{5}=15.68$ (万元)

(2) 年双倍直线折旧率 $=\frac{2}{5}\times100\%=40\%$

第 1 年计提折旧额＝80 × 40%＝32(万元)

第 2 年计提折旧额＝(80－32) × 40%＝19.2(万元)

第 3 年计提折旧额＝(80－32－19.2) × 40%＝11.52(万元)

第 4 年计提折旧额 $=\frac{(80-32-19.2-11.52)-1.6}{2}=7.84$ (万元)

第 5 年计提折旧额 $=\frac{(80-32-19.2-11.52)-1.6}{2}=7.84$ (万元)

(3) 第 1 年：年折旧率＝5/15，年折旧额＝(80－1.6) × 5/15 ≈ 26.13(万元)

第 2 年：年折旧率＝4/15，年折旧额＝(80－1.6) × 4/15 ≈ 20.91(万元)

第 3 年：年折旧率 = 3/15，年折旧额 = (80 − 1.6) × 3/15 = 15.68(万元)

第 4 年：年折旧率 = 2/15，年折旧额 = (80 − 1.6) × 2/15 ≈ 10.45(万元)

第 5 年：年折旧率 = 1/15，年折旧额 = (80 − 1.6) × 1/15 ≈ 5.23(万元)

(4) 单位里程折旧额 $=\dfrac{15\times(1-5\%)}{40}\approx 0.356\,3$ (万元/万千米)

年折旧额 = 2.5 × 0.356 3 ≈ 0.89(万元)

(4) 修理费。其计算公式为

$$年修理费 = 年折旧费 \times 一定的百分比 \tag{3-54}$$

该百分比可参照同类项目的经验数据加以确定。

(5) 摊销费。摊销费是指无形资产等的一次性投入费用在有效使用期限内的平均分摊。摊销费一般采用直线法计算，不留残值。

特别提示

根据国家现行财税制度的规定，贷款还本的资金来源主要包括可用于归还借款的利润、固定资产折旧费、无形资产及递延资产摊销费和其他还款资金来源。其中利润是指提取公积金等后的未分配利润，其他还款是指按有关规定可以用减免的销售税金来作为偿还贷款的资金来源。

(6) 利息支出。利息支出包括生产期中建设投资借款还款利息和流动资金借款还款利息。

① 等额还本付息(等额本息法)。这种方法是指在还款期内，每年偿付的本金利息之和是相等的，但每年支付的本金数和利息数均不相等。其计算公式为

$$A = I \times i \times (1+i)^n / [(1+i)^n - 1] \tag{3-55}$$

式中：$A$ ——每年还本付息总额；

$I$ ——还款年年初的本息和；

$i$ ——年利率；

$n$ ——预定的还款期。

其中：

$$每年支付利息(年付息额) = 年初本金累计 \times 年利率 \tag{3-56}$$

$$每年偿还本金(年还本额) = A - 每年支付利息 \tag{3-57}$$

$$年初本金累计 = A - 本年以前各年偿还的本金累计 \tag{3-58}$$

## 应用案例 3-17

已知某项目建设期末贷款本息和累计为 1 000 万元，按照贷款协议，采用等额还本付息的方法分 5 年还清，已知年利率为 6%，求该项目还款期每年的还本额、付息额和还本付息总额。

**【案例解析】**

每年的还本付息总额为

$$A = I\frac{i(1+i)^n}{(1+i)^n-1} = 1\,000 \times \frac{6\% \times (1+6\%)^5}{(1+6\%)^5-1} \approx 237.40\ (万元)$$

等额还本付息方法下各年的还款数据见表 3-11。

表 3-11 等额还本付息方法下各年的还款数据表

| 项 目 | 年 份 | | | | |
|---|---|---|---|---|---|
| | 1 | 2 | 3 | 4 | 5 |
| 年初借款余额/万元 | 1 000 | 822.60 | 634.56 | 435.23 | 223.94 |
| 年利率/% | 6 | 6 | 6 | 6 | 6 |
| 年付息额/万元 | 60 | 49.36 | 38.07 | 26.11 | 13.46 |
| 年还本额/万元 | 177.40 | 188.04 | 199.33 | 211.29 | 223.94 |
| 年还本付息总额/万元 | 237.40 | 237.40 | 237.40 | 237.40 | 237.40 |
| 年末借款余额/万元 | 822.60 | 634.56 | 435.23 | 223.94 | 0 |

② 等额还本、利息照付(等额本金法)。这种方法是指在还款期内每年等额偿还本金，而利息按年初借款余额和年利率的乘积计算，利息不等，而且每年偿还的本息和不等。其计算步骤如下。

首先计算建设期末的累计借款本金和未付的资本化利息之和。

其次计算在指定的偿还期内，每年应偿还的本金 $A$。

然后计算每年应付的利息额：

$$年付息额 = 年初借款余额 \times 年利率 \tag{3-59}$$

最后计算每年的还本付息总额：

$$年还本付息总额 = A + 年付息额 \tag{3-60}$$

此方法由于每年偿还的本金是等额的，计算简单，但项目投产初期还本付息的压力大。因此，此法适用于投产初期效益好，有充足现金流量的项目。

## 应用案例 3-18

以应用案例 3-17 为例，求在等额还本、利息照付方法下每年的还本额、付息额和还本付息总额。

**【案例解析】**

每年的还本额 $A = 1\,000/5 = 200$(万元)

等额还本、利息照付方法下各年的还款数据见表 3-12。

表 3-12 等额还本、利息照付方法下各年的还款数据表

| 项 目 | 年 份 | | | | |
|---|---|---|---|---|---|
| | 1 | 2 | 3 | 4 | 5 |
| 年初借款余额/万元 | 1 000 | 800 | 600 | 400 | 200 |
| 年利率/% | 6 | 6 | 6 | 6 | 6 |
| 年付息额/万元 | 60 | 48 | 36 | 24 | 12 |
| 年还本额/万元 | 200 | 200 | 200 | 200 | 200 |
| 年还本付息总额/万元 | 260 | 248 | 236 | 224 | 212 |
| 年末借款余额/万元 | 800 | 600 | 400 | 200 | 0 |

③ 流动资金借款还本付息估算。流动资金借款的还本付息方式与建设投资不同，流动

资金借款在生产经营期内只计算每年所支付的利息，本金通常是在项目寿命期最后一年一次性支付的。利息计算公式为

$$年流动资金借款利息 = 流动资金借款额 \times 年利率 \tag{3-61}$$

(7) 其他费用。其他费用是指除上述费用之外的，应计入生产总成本费用的其他所有费用。

2) 经营成本估算

经营成本是项目财务评价特有的概念，主要是为了满足项目财务现金流量分析的需要，以及对项目进行动态的经济效益分析。经营成本是指总成本费用扣除固定资产折旧费、摊销费和利息支出后的成本费用。一般计算公式为

$$经营成本 = 总成本费用 - 折旧费 - 摊销费 - 利息支出 \tag{3-62}$$

3) 固定成本与可变成本估算

为了进行不确定性分析，需将总成本费用分解为固定成本和可变成本。固定成本指成本总额不随产品产量和销量变化的各项成本费用。可变成本指产品成本中随产品产量发生变动的费用。

**2. 营业收入、增值税及附加和利润的估算**

1) 营业收入的估算

假定年生产量即为年销售量，不考虑库存，产品销售价格一般采用出厂价，营业收入的计算公式为

$$\begin{aligned}各年含税营业收入 &= 销售量 \times 产品单价(含税) \\ &= 销售量 \times 产品单价(不含税) \times (1 + 增值税税率)\end{aligned} \tag{3-63}$$

2) 增值税及附加的估算

增值税及附加的计征依据是项目应纳的增值税，计算公式为

$$增值税及附加 = 增值税应纳税额 + 增值税应纳税额 \times 增值税附加税率 \tag{3-64}$$

$$增值税应纳税额 = 销项税额 - 进项税额 \tag{3-65}$$

3) 利润总额和利润分配的估算

(1) 利润总额估算。利润总额是企业在一定时期内生产经营的最终成果，集中反映企业生产的经济效益。利润总额的计算公式为

$$\begin{aligned}利润总额 &= 营业收入(含销项税) - 总成本费用(含进项税) - 增值税及附加 \\ &= 营业收入(不含销项税) - 总成本费用(不含进项税) - 增值税附加\end{aligned} \tag{3-66}$$

根据利润总额可计算所得税和税后利润，在此基础上可进行税后利润的分配。在工程项目的经济分析中，利润总额是计算一些静态指标的基础数据。

(2) 税后利润及其分配估算。税后利润是利润总额扣除企业所得税后的余额，税后利润可在企业、投资者、职工之间分配。

① 企业所得税。根据税法的规定，企业取得利润后，应先向国家缴纳所得税，即凡在我国境内实行独立经营核算的各类企业或者组织者，其来源于我国境内外的生产、经营所得和其他所得，均应依法缴纳企业所得税。

$$企业所得税 = (利润总额 - 弥补以前年度亏损) \times 企业所得税税率 \tag{3-67}$$

如企业发生年度亏损的，可以用下一纳税年度的所得弥补；下一纳税年度的所得不足以弥补的，可以逐年延续弥补，但是延续弥补期最长不得超过 5 年。

## 应用案例 3-19

某企业相关各年的利润总额见表 3-13，若企业所得税税率为 33%，根据现行财务制度，该企业在第 5 年、第 7 年应缴纳的企业所得税分别为多少万元？

表 3-13 各年利润总额统计表 单位：万元

| 项　目 | 年　份 | | | | | | |
|---|---|---|---|---|---|---|---|
| | 1 | 2 | 3 | 4 | 5 | 6 | 7 |
| 利润总额 | −1 000 | 200 | 500 | 200 | 300 | −100 | 400 |
| 累计利润 | −1 000 | −800 | −300 | −100 | 200 | 100 | 500 |

【案例解析】

第 5 年应缴纳企业所得税 = (300 − 100) × 33% = 66(万元)

第 7 年应缴纳企业所得税 = (400 − 100) × 33% = 99(万元)

② 税后利润的分配。税后利润即净利润，计算公式为

$$税后利润 = 利润总额 - 企业所得税 \tag{3-68}$$

在工程项目的经济分析中，一般视税后利润为可供分配的净利润，可按照下列顺序分配。

A. 提取盈余公积金和公益金。先按可供分配利润的 10%提取法定盈余公积金，随后按可供分配利润的 5%提取公益金，然后提取任意公积金，按可供分配利润的一定比例(由董事会决定)提取。

B. 应付利润。应付利润是向投资者分配的利润，如何分配由董事会决定。

C. 未分配利润。未分配利润是向投资者分配完利润后剩余的利润，该利润可用来归还建设投资借款。

## 应用案例 3-20

某地拟新建一个制药项目，项目建设投资总额为 10 981 万元(其中包括无形资产 1 200.1 万元)，项目投资第 1 年投入 60%，第 2 年投入 40%。本项目的资金来源为自有资金和贷款，贷款本金为 6 000 万元，年利率为 6%。每年贷款比例与建设资金投入比例相同，且在各年年中均衡发放，到第 2 年年末建设期贷款利息共计为 402.48 万元，并与银行约定，从生产期的第 1 年开始，按 5 年等额还本付息方式还款。固定资产折旧年限为 8 年，按平均年限法计算折旧，预计净残值率为 5%，在生产期末回收固定资产余值。无形资产在运营期 8 年中，均匀摊入成本。

项目生产期为 8 年，预计生产期各年的经营成本均为 2 000 万元(不含增值税进项税额)，经营成本中的进项税额均 300 万元，项目营业收入(不含增值税销项税额)在生产期第 1 年为 4 000 万元，第 2～8 年均为 5 500 万元。企业适用的增值税税率为 17%，增值税附加税率为 12%，企业所得税税率为 25%。

问题：(1) 根据已有的数据编制项目借款还本付息估算表。

(2) 编制项目总成本费用估算表。

(3) 计算项目生产期第 3 年的利润总额、所得税、净利润。

【案例解析】

(1) 还款第 1 年年初的借款本息累计 = 6 000 + 402.48 = 6 402.48(万元)

采用等额还本付息方式，则

$$每年还本付息总额 = 6\,402.48 \times (A/P, 6\%, 5) = 1\,519.95(万元)$$

$$还款期第1年付息额 = 6\,402.48 \times 6\% \approx 384.15(万元)$$

$$还款期第1年还本额 = 1\,519.95 - 384.15 = 1\,135.80(万元)$$

其他各年计算略，项目借款还本付息估算见表 3-14。

**表 3-14　项目借款还本付息估算表**

| 项　目 | 年　份 | | | | |
|---|---|---|---|---|---|
| | 3 | 4 | 5 | 6 | 7 |
| 年初借款余额/万元 | 6 402.48 | 5 266.68 | 4 062.73 | 2 786.54 | 1 433.78 |
| 年利率/% | 6 | 6 | 6 | 6 | 6 |
| 年付息额/万元 | 384.15 | 316.00 | 243.76 | 167.19 | 86.03 |
| 年还本额/万元 | 1 135.80 | 1 203.95 | 1 276.19 | 1 352.76 | 1 433.92 |
| 年还本付息总额/万元 | 1 519.95 | 1 519.95 | 1 519.95 | 1 519.95 | 1 519.95 |
| 年末借款余额/万元 | 5 266.68 | 4 062.73 | 2 786.54 | 1 433.78 | 0 |

(2) 固定资产原值 = 10 981 − 1 200.1 + 402.48 = 10 183.38(万元)

$$残值 = 10\,183.38 \times 5\% \approx 509.17(万元)$$

采用平均年限法，则

$$年折旧额 = (10\,183.38 - 509.17) \div 8 \approx 1\,209.28(万元)$$

$$摊销费 = 1\,200.1 \div 8 \approx 150.01(万元)$$

项目总成本费用估算见表 3-15。

**表 3-15　项目总成本费用估算表**　　单位：万元

| 序号 | 项目 | 年　份 | | | | | | | |
|---|---|---|---|---|---|---|---|---|---|
| | | 3 | 4 | 5 | 6 | 7 | 8 | 9 | 10 |
| 1 | 经营成本(不含进项税) | 2 000 | 2 000 | 2 000 | 2 000 | 2 000 | 2 000 | 2 000 | 2 000 |
| 2 | 折旧费 | 1 209.28 | 1 209.28 | 1 209.28 | 1 209.28 | 1 209.28 | 1 209.28 | 1 209.28 | 1 209.28 |
| 3 | 摊销费 | 150.01 | 150.01 | 150.01 | 150.01 | 150.01 | 150.01 | 150.01 | 150.01 |
| 4 | 利息支出 | 384.15 | 316.00 | 243.76 | 167.19 | 86.03 | 0 | 0 | 0 |
| 5 | 总成本费用(不含进项税) | 3 743.44 | 3 675.29 | 3 603.05 | 3 526.48 | 3 445.32 | 3 359.29 | 3 359.29 | 3 359.29 |

(3) 项目生产期第 3 年的利润总额 = 营业收入 − 总成本费用 − 增值税附加

增值税附加 = (5 500 × 17% − 300) × 12% = 76.2(万元)

利润总额 = 5 500 − 3 603.05 − 76.2 = 1 820.75(万元)

所得税 = 1 820.75 × 25% ≈ 455.19(万元)

净利润 = 1 820.75 − 455.19 = 1 365.56(万元)

## 3.3.4 基本的财务报表

### 1. 项目投资现金流量表的编制

项目投资现金流量表是站在项目的角度，不考虑融资，是在设定项目全部投资均为自有资金条件下的项目现金流量系统的表格式反映。表中计算期的年序为 1，2，…，$n$，建设开始年作为计算期的第 1 年，年序为 1。表格形式及计算要点见表 3-16。

**表 3-16 项目投资现金流量表**

| 序号 | 项目 | 建设期 | | 生产期 | | | | | |
|---|---|---|---|---|---|---|---|---|---|
| | | | | 达产期 | | 生产期正常年份 | | | |
| | | 1 | 2 | 3 | 4 | 5 | 6 | 7 | 8 |
| 1 | 现金流入 | 1.1 + 1.2 + 1.3 + 1.4 + 1.5 | | | | | | | |
| 1.1 | 营业收入(不含销项税额) | 销售量 × 产品单价(不含税) | | | | | | | |
| 1.2 | 销项税额 | 营业收入 × 增值税税率 | | | | | | | |
| 1.3 | 补贴收入 | 与收益相关的政府补助 | | | | | | | |
| 1.4 | 固定资产余值回收 | 略 | | | | | | | |
| 1.5 | 流动资金回收 | 项目投产期各年投入的流动资金在项目期末全额回收 | | | | | | | |
| 2 | 现金流出 | 2.1 + 2.2 + 2.3 + 2.4 + 2.5 + 2.6 | | | | | | | |
| 2.1 | 建设投资 | 建设期才有，生产期没有，不含建设期贷款利息 | | | | | | | |
| 2.2 | 流动资金投资 | 投产期各年投入的流动资金增加额，填入相应年份 | | | | | | | |
| 2.3 | 经营成本(不含进项税额) | 经营成本 = 总成本费用 − 折旧费 − 摊销费 − 利息支出<br>= 外购原材料、燃料及动力费 + 工资及福利费 + 修理费 + 其他费用 | | | | | | | |
| 2.4 | 进项税额 | 略 | | | | | | | |
| 2.5 | 增值税附加 | 当年增值税应纳税额(1.2 − 2.4) × 增值税附加税率 | | | | | | | |
| 2.6 | 维持运营投资 | 某些项目运营期需要投入的固定资产投资 | | | | | | | |
| 3 | 所得税前净现金流量 | 各对应年份 1 − 2 | | | | | | | |
| 4 | 累计所得税前净现金流量 | 各年所得税前净现金流量的累计值 | | | | | | | |
| 5 | 调整所得税 | 调整所得税 = 息税前利润 × 所得税税率<br>息税前利润 = 营业收入 + 补贴收入 − 增值税及附加 − 总成本费用 + 利息支出 = 营业收入 + 补贴收入 − 增值税及附加 − 经营成本 − 折旧费 − 摊销费 | | | | | | | |
| 6 | 所得税后净现金流量 | 各对应年份 3 − 5 | | | | | | | |
| 7 | 累计所得税后净现金流量 | 各年所得税后净现金流量的累计值 | | | | | | | |

计算指标有：项目投资财务内部收益率(%)(所得税前)；项目投资财务内部收益率(%)(所得税后)；项目投资财务净现值(所得税前)($i_c$ = %)；项目投资财务净现值(所得税后)($i_c$ = %)；项目投资回收期(年)(所得税前)；项目投资回收期(年)(所得税后)

特别提示

固定资产余值回收的计算，可能出现如下两种情况。

(1) 营运期等于固定资产使用年限，则固定资产余值 = 固定资产残值。

(2) 营运期小于固定资产使用年限，则固定资产余值 = (使用年限 − 营运期) × 年折旧费 + 残值。

### 2. 项目资本金现金流量表的编制

项目资本金现金流量表是站在项目投资主体角度考察项目的现金流入流出情况，也是融资后的现金流量分析。从项目投资主体的角度看，建设项目投资借款是现金流入，但又同时将借款用于项目投资则构成同一时点、相同数额的现金流出，两者相抵，对净现金流量的计算无影响，因此表中投资只计资本金。另外，现金流入又是由项目全部投资所获得的，故应将借款本金的偿还及利息支付计入现金流出。

现金流入各项的数据来源与项目投资现金流量表相同，主要包括营业收入、固定资产余值回收、流动资金回收三项之和。表格形式及计算要点见表 3-17。

表 3-17　项目资本金现金流量表

<table>
<tr><th rowspan="3">序号</th><th rowspan="3">项　　目</th><th colspan="2" rowspan="2">建　设　期</th><th colspan="6">生　产　期</th></tr>
<tr><th colspan="2">达产期</th><th colspan="4">生产期正常年份</th></tr>
<tr><th>1</th><th>2</th><th>3</th><th>4</th><th>5</th><th>6</th><th>7</th><th>8</th></tr>
<tr><td>1</td><td>现金流入</td><td colspan="8">1.1 + 1.2 + 1.3 + 1.4 + 1.5</td></tr>
<tr><td>1.1</td><td>营业收入(不含销项税额)</td><td colspan="8">略</td></tr>
<tr><td>1.2</td><td>销项税额</td><td colspan="8">营业收入 × 增值税税率</td></tr>
<tr><td>1.3</td><td>补贴收入</td><td colspan="8">略</td></tr>
<tr><td>1.4</td><td>流动资金回收</td><td colspan="8">略</td></tr>
<tr><td>1.5</td><td>固定资产余值回收</td><td colspan="8">略</td></tr>
<tr><td>2</td><td>现金流出</td><td colspan="8">2.1 + 2.2 + 2.3 + 2.4 + 2.5 + 2.6 + 2.7 + 2.8</td></tr>
<tr><td>2.1</td><td>项目资本金</td><td colspan="8">建设期各年固定资产投资和投产期各年流动资金投资中的自有资金</td></tr>
<tr><td>2.2</td><td>借款本金偿还</td><td colspan="8">各对应年份 2.2.1 + 2.2.2</td></tr>
<tr><td>2.2.1</td><td>长期借款本金偿还</td><td colspan="8">取自还本付息估算表(等额本金法、等额本息法)</td></tr>
<tr><td>2.2.2</td><td>流动资金借款本金偿还</td><td colspan="8">投产期发生的流动资金借款在项目期末一次性偿还的本金</td></tr>
<tr><td>2.3</td><td>借款利息支付</td><td colspan="8">各对应年份 2.3.1 + 2.3.2</td></tr>
<tr><td>2.3.1</td><td>长期借款利息支付</td><td colspan="8">取自还本付息估算表(等额本金法、等额本息法)</td></tr>
<tr><td>2.3.2</td><td>流动资金借款利息支付</td><td colspan="8">投产期发生的流动资金借款在运营期各年支付的利息</td></tr>
<tr><td>2.4</td><td>经营成本(不含进项税额)</td><td colspan="8">总成本费用 − 折旧费 − 摊销费 − 利息支出</td></tr>
</table>

续表

| 序号 | 项目 | 建设期 | | 生产期 | | | | | |
|---|---|---|---|---|---|---|---|---|---|
| | | | | 达产期 | | 生产期正常年份 | | | |
| | | 1 | 2 | 3 | 4 | 5 | 6 | 7 | 8 |
| 2.5 | 进项税额 | 略 | | | | | | | |
| 2.6 | 增值税附加 | 当年增值税应纳税额(1.2 − 2.5) × 增值税附加税率 | | | | | | | |
| 2.7 | 维持运营投资 | 某些项目运营期需投入的固定资产投资 | | | | | | | |
| 2.8 | 所得税 | 所得税=(营业收入 − 增值税及附加 − 总成本费用 − 弥补以前年度亏损) × 所得税税率<br>增值税及附加 = 当年增值税应纳税额 + 当年增值税应纳税额 × 增值税附加税率<br>当年增值税应纳税额 = 当年销项税额 − 当年进项税额 | | | | | | | |
| 3 | 净现金流量 | 各对应年份 1 − 2 | | | | | | | |
| 4 | 累计净现金流量 | 各年净现金流量的累计值 | | | | | | | |

注：计算指标为资本金财务内部收益率(%)。

### 3. 利润与利润分配表的编制

利润与利润分配表是反映项目计算期内各年的营业收入、总成本费用、利润总额、所得税及税后利润分配情况的重要财务报表。表格形式及计算要点见表 3-18。

表 3-18　利润与利润分配表

| 序号 | 项目 | 计算期 | | | | | | | | | |
|---|---|---|---|---|---|---|---|---|---|---|---|
| | | 1 | 2 | 3 | 4 | 5 | 6 | 7 | 8 | 9 | 10 |
| 1 | 营业收入 | 略 | | | | | | | | | |
| 2 | 总成本费用 | 经营成本 + 折旧费 + 摊销费 + 利息支出 | | | | | | | | | |
| 3 | 增值税 | 3.1 − 3.2 | | | | | | | | | |
| 3.1 | 销项税额 | 略 | | | | | | | | | |
| 3.2 | 进项税额 | 略 | | | | | | | | | |
| 4 | 增值税附加 | (3.1 − 3.2) × 增值税附加税率 | | | | | | | | | |
| 5 | 补贴收入 | 略 | | | | | | | | | |
| 6 | 利润总额 | 1 − 2 − 3 − 4 + 5 | | | | | | | | | |
| 7 | 弥补以前年度亏损 | 利润总额中用于弥补以前年度亏损的部分 | | | | | | | | | |
| 8 | 所得税 | 应纳税所得额(6 − 7) × 所得税税率<br>说明：上面的公式要求应纳税所得额为正数，如为负数则所得税取为 0 | | | | | | | | | |
| 9 | 净利润 | 也叫税后利润，为 6 − 8 | | | | | | | | | |
| 10 | 期初未分配利润 | 每年统计以前年度留下来的未分配利润 | | | | | | | | | |
| 11 | 可供分配的利润 | 9 + 10 − 7 | | | | | | | | | |
| 12 | 提取法定盈余公积金 | 一般是可供分配的利润(或净利润) × 10% | | | | | | | | | |

续表

| 序号 | 项　目 | 计　算　期 | | | | | | | | | |
|---|---|---|---|---|---|---|---|---|---|---|---|
| | | 1 | 2 | 3 | 4 | 5 | 6 | 7 | 8 | 9 | 10 |
| 13 | 可供投资者分配的利润 | 11－12 | | | | | | | | | |
| 14 | 应付优先股股利 | 可根据企业性质和具体情况选择填列 | | | | | | | | | |
| 15 | 提取任意盈余公积金 | 可根据企业性质和具体情况选择填列 | | | | | | | | | |
| 16 | 应付普通股股利 | 可根据企业性质和具体情况选择填列 | | | | | | | | | |
| 17 | 各投资方利润分配 | 可根据企业性质和具体情况选择填列 | | | | | | | | | |
| 18 | 未分配利润 | 13－14－15－17 | | | | | | | | | |
| 19 | 息税前利润 | 利润总额＋利息支出 | | | | | | | | | |
| 19 | 息税折旧摊销前利润 | 息税前利润＋折旧费＋摊销费 | | | | | | | | | |

注：计算指标包括总投资收益率(%)、项目资本金净利润率(%)。

4. 资产负债表的编制

资产负债表综合反映项目计算期内各年末资产、负债和所有者权益的增减变化及对应关系，用以考察项目资产、负债、所有者权益的结构是否合理，进行偿债能力分析。资产负债表的编制依据是“资产＝负债＋所有者权益”。表格形式及计算要点略。

不确定性分析

### 3.3.5 不确定性分析与风险分析

建设项目投资决策是面对未来的，项目评价所采用的数据大部分来自估算和预测，有一定程度的不确定性。为了尽量避免投资决策失误，有必要进行不确定性分析与风险分析，提出项目风险的预警、预报和相应的对策，为投资决策服务。

不确定性分析主要包括盈亏平衡分析和敏感性分析。风险分析应采用定性和定量相结合的方法，分析风险因素发生的可能性及给项目带来经济损失的程度。盈亏平衡分析只适用于财务评价，敏感性分析和风险分析可同时用于财务评价和国民经济评价。

1. 盈亏平衡分析

1) 盈亏平衡分析的基本原理

盈亏平衡分析研究建设项目投产后，以利润为零时产量的收入与费用支出的平衡为基础，在既无盈利又无亏损的情况下，测算项目的生产负荷状况，分析项目适应市场变化的能力，衡量项目抵抗风险的能力。项目利润为零时产量的收入与费用支出的平衡点，被称为盈亏平衡点(BEP)。

特别提示

盈亏平衡点应按项目正常年份的数据计算，不能按计算期内平均值；正常年份应选择还款期间第 1 个达产年和还款后的年份分别计算，以便分别给出最高和最低的盈亏平衡点区间。

在进行盈亏平衡分析时，根据生产成本及销售(营业)收入与产销量之间是否呈线性关系，盈亏平衡分析又可进一步分为线性盈亏平衡分析和非线性盈亏平衡分析，通常只要求做线性盈亏平衡分析。

分析时，需要一些假设条件，作为线性盈亏平衡分析的前提，具体条件如下。

(1) 产量变化，单位可变成本不变，总成本是产量或销售量的函数。

(2) 产量等于销售量。

(3) 可变成本随产量成正比例变化。

(4) 在所分析的产量范围内，固定成本保持不变。

(5) 产量变化，产品单价不变，销售收入是销售价格和销售量的线性函数。

(6) 只生产一种产品，或生产多种产品，但可换算为单一产品计算，即不同产品负荷率的变化是一致的。

根据成本总额对产量的依存关系，全部成本可分解成固定成本和可变成本两部分，若已知增值税的相关信息，盈亏平衡分析还需考虑增值税附加对成本的影响，在一定期间同时考虑收入和利润、成本、产量的关系后，可以统一于一个数学模型中，其表达形式为

$$利润 = 销售收入 - 总成本费用 - 增值税附加$$

根据上述基本的假定，则式中

$$销售收入 = 单位产品售价 \times 销售量$$

$$总成本费用 = 可变成本 + 固定成本 = 单位产品可变成本 \times 销售量 + 固定成本$$

$$\begin{aligned}增值税附加 &= 增值税应纳税额 \times 增值税附加税率\\ &= 单位产品增值税 \times 销售量 \times 增值税附加税率\end{aligned}$$

进而推导出

$$\begin{aligned}利润 = {}& 单位产品售价 \times 销售量 - 单位产品可变成本 \times 销售量 - 固定成本 - \\ & 单位产品增值税 \times 销售量 \times 增值税附加税率\end{aligned} \tag{3-69}$$

上式明确表达了量、本、利之间的数量关系，是基本的损益方程式，它含有相互联系的 6 个变量，给定其中 5 个，便可求出另一个变量的值。

为了便于分析，将销售收入与增值税等合并考虑，即可将产销量、成本、利润的关系直接反映在坐标系中，形成基本的量本利图，如图 3.6 所示。

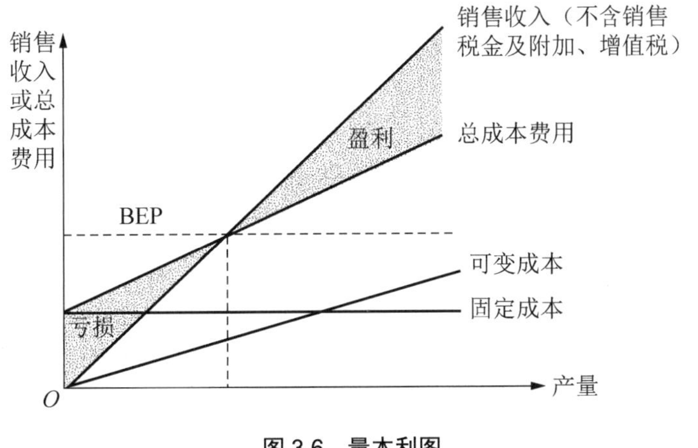


图 3.6　量本利图

2) 线性盈亏平衡分析方法

从图 3.6 可知，销售收入线与总成本费用线的交点是盈亏平衡点，表明项目在此产销量下，销售收入扣除增值税附加后与总成本相等，既没有利润，也不发生亏损。在此基础上，增加销售量，销售收入超过总成本，收入线与成本线之间的距离为利润值，形成盈利区；反之，形成亏损区。

盈亏平衡点的表达方式有很多种，可以用实物产销量、单位产品售价、单位产品可变成本及固定成本的绝对量表示，也可以用某些相对值表示，如生产能力利用率。其中，用产量和生产能力利用率表示的盈亏平衡点应用最为广泛。

(1) 用产量表示的盈亏平衡点。在盈亏平衡点处，令利润=0，此时的产量即为盈亏平衡点产量，即

$$\text{BEP(产量)} = \text{年固定成本} / (\text{单位产品售价} - \text{单位产品可变成本} - \text{单位产品增值税} \times \text{增值税附加税率}) \tag{3-70}$$

(2) 用生产能力利用率表示的盈亏平衡点。用生产能力利用率表示的盈亏平衡点是指盈亏平衡点产销量占项目正常产销量的比重。所谓正常产销量，是指达到设计生产能力的产销数量，也可以用销售金额来表示。计算公式为

$$\text{BEP(生产能力利用率)} = \text{盈亏平衡点产销量} / \text{正常产销量} \times 100\% \tag{3-71}$$

在进行项目评价时，用生产能力利用率表示的盈亏平衡点常常根据正常年份的产品产销量、可变成本、固定成本、单位产品售价和增值税附加等数据来计算，即

$$\text{BEP(生产能力利用率)} = [\text{年固定成本} / (\text{年销售收入} - \text{年可变成本} - \text{年增值税附加})] \times 100\% \tag{3-72}$$

由此可得

$$\text{BEP(产量)} = \text{BEP(生产能力利用率)} \times \text{设计生产能力} \tag{3-73}$$

(3) 用单位产品售价表示的盈亏平衡点。如果按设计生产能力进行生产或销售，盈亏平衡点还可由盈亏平衡点价格来表达，即

$$\text{BEP(单位产品售价)} = \text{年固定成本} / \text{设计生产能力} + \text{单位产品可变成本} + \text{单位产品增值税附加} \tag{3-74}$$

(4) 用年销售额表示的盈亏平衡点。生产单一产品的项目在现代经济中只占少数，大部分项目会产销多种产品。多品种项目可以用年销售额来表示盈亏平衡点，即

$$\text{BEP(年销售额)} = (\text{单位产品售价} \times \text{年固定成本}) / (\text{单位产品售价} - \text{单位产品可变成本} - \text{单位产品增值税附加}) \tag{3-75}$$

盈亏平衡点反映了项目对市场变化的适应能力和抗风险能力。从图 3.6 可以看出，盈亏平衡点越低，达到此点的盈亏平衡产量和收益或成本也就越少，项目投产后盈利的可能性越大，适应市场变化的能力越强，抗风险能力也越强。

**特别提示**

BEP(产量)越低，表明项目的抗风险能力越强，一般以生产能力利用率≤70%为判断产量抗风险能力的标准。

BEP(单位产品售价)越低，表明项目的抗风险能力越强，通常与产品的预测价格比较，

可计算出产品的最大降价空间。

线性盈亏平衡分析方法简单明了，但在应用中有一定的局限性，主要表现为：在实际的生产经营过程中，收益和支出与产品产销量之间的关系往往呈现出一种非线性的关系，而非所假设的线性关系。例如，当项目的产销量在市场中占有较大份额时，其产销量的高低可能会明显影响市场的供求关系，从而使得市场价格发生变化。再如，根据报酬递减规律，变动成本随着生产规模的扩大而可能与产量呈非线性的关系，在生产中还有一些辅助性的生产费用(通常称为半变动成本)随着产量的变化而呈曲线分布，这时就需要用到非线性盈亏平衡分析方法。

盈亏平衡分析虽然能够度量项目风险的大小，但并不能揭示产生项目风险的根源。虽然通过降低成本可以降低盈亏平衡点从而可以降低项目的风险，提高项目的安全性，但如何降低成本，应该采取哪些可行的方法或通过哪些有效的途径来达到该目的，盈亏平衡分析并没有给出答案，还需采用一些其他方法来帮助实现该目的。因此，在应用盈亏平衡分析时，应注意使用的场合及欲达到的目的，以便能够正确地运用这种不确定性分析方法。

### 应用案例 3-21

某项目建设期为 2 年，运营期为 3～10 年，第 3 年的经营成本为 1 500 万元，第 4～10 年的经营成本为 1 800 万元，项目设计生产能力为 50 万件，销售价格(不含税)为 54 元/件，增值税税率为 17%，增值税附加税率为 12%，产品固定成本占年总成本的 40%，单位产品可变成本中含可抵扣进项税 5 元。

问题：以运营期第 4 年的数据为依据，列式计算年产量盈亏平衡点，并据此进行盈亏平衡分析(第 4 年的总成本费用为 2 152.31 万元)。

**【案例解析】**

第 4 年的产量盈亏平衡点：

BEP(产量) = 年固定成本 ÷ (单位产品售价 − 单位产品可变成本 − 单位产品增值税 × 增值税附加税率)

$$= 2\,152.31 \times 40\% \div [54 - 2\,152.3 \times 60\% \div 50 - (54 \times 17\% - 5) \times 12\%] \approx 31.11(\text{万元})$$

$$31.11 \div 50 = 62.22\%$$

由于盈亏平衡点产量为设计生产能力的 62.22%(＜70%)，因此项目产出的抗风险能力较强。

#### 2. 敏感性分析

1) 敏感性分析的内容

敏感性是指影响方案的不确定性因素中一个或几个估计值发生变化时，引起方案经济效果的相应变化，以及变化的敏感程度。分析各种不确定性因素对方案经济效果影响程度的工作称为敏感性分析。敏感性分析有两种方法，即单因素敏感性分析和多因素敏感性分析。单因素敏感性分析只考虑一个因素变动，其他因素假定不变，对经济效果指标的影响；多因素敏感性分析考虑各个因素同时变动，假定各个因素发生的概率相等，对经济评价指标的影响。通常只要求进行单因素敏感性分析。敏感性分析结果用敏感性分析表和敏感性分析图表示。

2) 敏感性分析的步骤

敏感性分析一般可按下述步骤进行。

(1) 确定敏感性分析的研究对象。一般应根据具体情况，选用能综合反映项目经济效果的评价指标作为研究对象。

### 特别提示

如果主要分析方案状态和参数变化对方案投资回收快慢的影响，则可选用投资回收期作为研究对象；如果主要分析产品价格波动对方案净收益的影响，则可选用净现值作为研究对象；如果主要分析投资大小对方案资金回收能力的影响，则可选用内部收益率指标等。

(2) 选择不确定性因素并确定其可能的变化范围和幅度。应选择对项目经济效果有较强影响的主要因素来进行分析。

### 知识链接

一般投资项目，通常从以下几个方面选择项目敏感性分析中的不确定性因素。

(1) 项目投资。

(2) 项目寿命年限。

(3) 经营成本，特别是变动成本。

(4) 产品价格。

(5) 产销量。

(6) 项目建设年限、投产期限和产出水平及达产期限。

(7) 基准折现率。

(8) 项目寿命期末的资产残值。

(3) 计算不确定性因素变动对经济评价指标的影响。计算方法可采用单因素敏感性分析法，也可采用多因素敏感性分析法。

(4) 计算敏感度系数并对敏感因素进行排序。所谓敏感因素是指该不确定性因素的数值有较小的变动就能使项目经济评价指标出现较显著改变的因素。敏感度系数的计算公式为

$$敏感度系数 = 评价指标变动幅度/不确定性因素变动幅度 \tag{3-76}$$

敏感度系数越大，表明该因素的敏感性越大，抗风险能力越弱。对经济评价指标的敏感性影响大的那些因素，在实际工程中要严加控制和掌握，以免影响直接的经济效果；对于敏感性较小的影响因素，稍加控制即可。

### 应用案例 3-22

某投资方案用于不确定性分析的现金流量基本数据见表 3-19，其所采用的数据是根据未来最可能出现的情况预测估算的。由于对未来影响经济环境的某些因素把握不大，投资额、经营成本和产品价格均有可能在±20%的范围内变动。设基准折现率 $i_c = 10\%$。

表 3-19　某投资方案现金流量基本数据表　　单位：万元

| 序号 | 项　目 | 年　份 | | | |
|---|---|---|---|---|---|
| | | 0 | 1 | 2～10 | 11 |
| 1 | 投资额 | 15 000 | | | |
| 2 | 销售收入 | | | 22 000 | 22 000 |
| 3 | 经营成本 | | | 15 200 | 15 200 |
| 4 | 增值税及附加＝销售收入×10% | | | 2 200 | 2 200 |
| 5 | 期末残值 | 0 | 0 | 0 | 2 000 |
| 6 | 净现金流量 | −15 000 | 0 | 4 600 | 6 600 |

**【问题】**

分别就投资额、经营成本和产品价格等影响因素对该投资方案进行敏感性分析。

**【案例解析】**

(1) 选择净现值为敏感性分析的对象，根据净现值的计算公式，可计算出项目在初始条件下的净现值。

$$NPV=-15\,000+(22\,000-2\,200-15\,200)\times\frac{(1+10\%)^{10}-1}{10\%(1+10\%)^{10}}\times(1+10\%)^{-1}+2\,000\times(1+10\%)^{-11}$$

$$\approx 11\,396(\text{万元})>0$$

因此，方案在经济上是合理的。

(2) 对项目进行敏感性分析。取定 3 个因素：投资额、经营成本和产品价格，设投资额变动的百分比为 $x$，经营成本变动的百分比为 $y$，产品价格变动的百分比为 $z$，列出计算式如下。

$$NPV_1=-15\,000(1+x)+(22\,000-2\,200-15\,200)(P/A,10\%,10)(P/F,10\%,1)+2\,000(P/F,10\%,11)$$

$$NPV_2=-15\,000+[22\,000-2\,200-15\,200(1+y)](P/A,10\%,10)(P/F,10\%,1)+2\,000(P/F,10\%,11)$$

$$NPV_3=-15\,000+[(22\,000-2\,200)(1+z)-15\,200)](P/A,10\%,10)(P/F,10\%,1)+2\,000(P/F,10\%,11)$$

然后分别取不同的 $x$、$y$、$z$ 值，按±10%、±20%的幅度变动，分别计算相对应的净现值的变化情况。计算结果见表 3-20。

表 3-20　不确定性因素的变动对净现值的影响　　单位：万元

| 不确定性因素 | 净现值变动幅度 | | | | | | |
|---|---|---|---|---|---|---|---|
| | -20% | -10% | 0 | 10% | 20% | 平均 1% | 平均－1% |
| 投资额 | 14 394 | 12 894 | 11 396 | 9 894 | 8 394 | −150 | 150 |
| 经营成本 | 28 374 | 19 884 | 11 396 | 2 904 | −5 586 | −849 | 849 |
| 产品价格 | −10 725 | 335 | 11 396 | 22 453 | 33 513 | 1 105.95 | −1 105.95 |

从表 3-20 中的数据分析可知，3 个因素中产品价格的变动对净现值的影响最大，产品价格平均变动 1%，净现值平均变动 1 105.95 万元；其次是经营成本；投资额的变动对净现值的影响最小。即按敏感程度大小排序，依次是产品价格、经营成本、投资额，因此最敏感的因素是产品价格。

### 3. 风险分析

1) 风险因素

影响项目实现预期经济目标的风险因素来源于法律法规及政策、市场需求、资源开发与利用、技术可靠性、工程方案、融资方案、组织管理、环境与社会、外部配套条件等多个方面，而影响项目效益的风险因素可归纳为以下几个方面。

(1) 项目收益风险：产出品的数量(服务量)与预测(财务与经济)价格。

(2) 建设风险：建筑安装工程量、设备选型与数量、土地征用和拆迁安置费、人工和材料价格、机械使用费及取费标准等。

(3) 融资风险：资金来源、供应量与供应时间等。

(4) 建设工期风险：工期延长。

(5) 运营成本费用风险：投入的各种原料、材料、燃料、动力的需求量与预测价格、劳动力工资、各种管理费取费标准等。

(6) 政策风险：税率、利率、汇率及通货膨胀等。

2) 风险识别和风险估计

(1) 风险识别。风险识别应采用系统论的观点对项目进行全面考察和综合分析，找出潜在的各种风险因素，并对各种风险因素进行比较、分类，确定各因素间的相关性与独立性，判断其发生的可能性及对项目的影响程度，并按其重要性进行排队或赋予权重。敏感性分析是初步识别风险因素的重要手段。

(2) 风险估计。风险估计应采用主观概率和客观概率的统计方法，确定风险因素的概率分布，运用数理统计分析方法，计算项目评价指标相应的概率分布或累计概率、期望值、标准差。

3) 风险评价

风险评价应根据风险识别和风险估计的结果，依据项目风险判别标准，找出影响项目成败的关键风险因素。项目风险大小的评价标准应根据风险因素发生的可能性及其造成的损失来确定，一般采用评价指标的概率分布或累计概率、期望值、标准差作为判别标准，也可采用综合风险等级作为判别标准。具体操作应符合下列规定。

(1) 以评价指标作判别标准：①财务(经济)内部收益率大于或等于基准收益率的累计概率越大，风险越小；标准差越小，风险越小。②财务(经济)净现值大于或等于零的累计概率越大，风险越小；标准差越小，风险越小。

(2) 以综合风险等级作判别标准。根据风险因素发生的可能性及其造成损失的程度，建立综合风险等级的矩阵，将综合风险分为K级、M级、T级、R级、I级，见表3-21。

表 3-21　综合风险等级分类表

| 综合风险等级 | | 风险影响的程度 | | | |
| --- | --- | --- | --- | --- | --- |
| | | 严重 | 较大 | 适度 | 轻微 |
| 风险发生的可能性 | 高 | K | M | R | R |
| | 较高 | M | M | R | R |
| 风险造成损失的程度 | 适度 | T | T | R | I |
| | 低 | | T | R | I |

4) 风险应对

根据风险评价的结果，研究规避、控制与防范风险的措施，为项目全过程风险管理提供依据。决策阶段风险应对的主要措施包括：强调多方案比选；对潜在的风险因素提出必要的研究与试验课题；对投资估算与财务(经济)分析应留有充分的余地；对建设或生产运营期的潜在风险可建议采取回避、转移、分担和自担措施。

结合综合风险等级的分析结果，应提出下列应对方案。

K 级：风险很强，出现这类风险就要放弃项目。

M 级：风险强，修正拟议中的方案，通过改变设计或采取补偿措施等。

T 级：风险较强，设定某些指标的临界值，指标一旦达到临界值，就要变更设计或对负面影响采取补偿措施。

R 级：风险适度(较小)，适当采取措施后不影响项目。

I 级：风险弱，可忽略。

## 综合应用案例

(1) 某项目建设期为 3 年，生产期为 9 年，项目建设投资(含工程费用、其他费用、预备费)4 300 万元，预计形成其他资产 450 万元，其余全部形成固定资产。

(2) 建设期第 1 年投入建设资金的 50%，第 2 年投入 30%，第 3 年投入 20%，其中每年投资的 40%为自有资金、60%为银行借款，借款年利率为 7%，建设期只计息不还款。建设单位与银行约定：建设期借款从生产期开始的 6 年间，每年按照等额本金法进行偿还。

(3) 生产期第 1 年投入流动资金 270 万元，为自有资金，第 2 年投入 230 万元，为银行借款，借款年利率为 3%，流动资金在计算期末全部回收。

(4) 固定资产折旧年限为 10 年，按平均年限法计算折旧，残值率为 5%。在生产期末回收固定资产残值；其他资产在生产期内平均摊销，不计残值。

(5) 投产第 2 年，当地政府拨付 220 万元扶持企业进行技术开发，预计生产期各年的经营成本均为 2 600 万元，其中可抵扣的进项税额为 245 万元，不含税营业收入在计算期第 4 年为 3 200 万元，第 5～12 年均为 3 720 万元。假定增值税税率为 17%，增值税附加税率为 10%，所得税税率为 25%，行业平均总投资收益率为 7.8%，行业净利润率参考值为 10%。

(6) 按照董事会事先约定，生产期按照每年 15%的比例提取应付各投资方股利，亏损年份不计取。

**【问题】**

(1) 列式计算项目计算期第 4 年年初的累计借款。

(2) 编制项目借款还本付息估算表。

(3) 列式计算固定资产年折旧费、其他资产年摊销费。

(4) 编制项目总成本费用估算表、利润与利润分配表。

(5) 列式计算项目总投资收益率、资本金净利润率，并评价本项目是否可行。

(计算结果保留 2 位小数)

**【案例解析】**

问题(1)：

第 1 年应计的利息 = (0 + 4 300 × 50% × 60% ÷ 2) × 7% = 45.15(万元)

第 2 年应计的利息 = [(4 300 × 50% × 60% + 45.15) + 4 300 × 30% × 60% ÷ 2] × 7% ≈ 120.55(万元)

第 3 年应计的利息 = [(4 300 × 80% × 60% + 45.15 + 120.55) + 4 300 × 20% × 60% ÷ 2] × 7% ≈ 174.14(万元)

建设期贷款利息 = 45.15 + 120.55 + 174.14 = 339.84(万元)

第 4 年年初的累计借款 = 4 300 × 60% + 339.84 = 2 919.84(万元)

问题(2)：

计算结果见表 3-22。

表 3-22　项目借款还本付息估算表

单位：万元

| 序号 | 项目 | 年份 | | | | | | | | | | | |
|---|---|---|---|---|---|---|---|---|---|---|---|---|---|
| | | 1 | 2 | 3 | 4 | 5 | 6 | 7 | 8 | 9 | 10 | 11 | 12 |
| 1 | 借款 1 | | | | | | | | | | | | |
| 1.1 | 期初借款余额 | | 1 135.15 | 2 229.70 | 2 919.84 | 2 433.20 | 1 946.56 | 1 459.92 | 973.28 | 486.64 | | | |
| 1.2 | 当年借款 | 1 290 | 774 | 516 | | | | | | | | | |
| 1.3 | 当年应计利息 | 45.15 | 120.55 | 174.14 | 204.38 | 170.32 | 136.26 | 102.19 | 68.13 | 34.06 | | | |
| 1.4 | 当年应还本金 | | | | 486.64 | 486.64 | 486.64 | 486.64 | 486.64 | 486.64 | | | |
| 1.5 | 当年应还利息 | | | | 204.38 | 170.32 | 136.26 | 102.19 | 68.13 | 34.06 | | | |
| 1.6 | 期末借款余额 | | | 2 919.84 | 2 433.20 | 1 946.56 | 1 459.92 | 973.28 | 486.64 | 0.00 | | | |
| 2 | 借款 2(流动资金借款) | | | | | | | | | | | | |
| 2.1 | 期初借款余额 | | | | | | 230.00 | 230.00 | 230.00 | 230.00 | 230.00 | 230.00 | 230.00 |
| 2.2 | 当年借款 | | | | | 230.00 | | | | | | | |
| 2.3 | 当年应还(应计)利息 | | | | | 6.90 | 6.90 | 6.90 | 6.90 | 6.90 | 6.90 | 6.90 | 6.90 |
| 2.4 | 当年应还本金 | | | | | | | | | | | | 230.00 |
| 2.5 | 期末借款余额 | | | | | 230.00 | 230.00 | 230.00 | 230.00 | 230.00 | 230.00 | 230.00 | 0.00 |

生产期前 6 年每年按照等额本金法偿还，每年应还本金为：2 919.84 ÷ 6 = 486.64(万元)

问题(3)：

其他资产年摊销费 = 450 ÷ 9 = 50.00(万元)

固定资产年折旧费 = (4 300 + 339.84 − 450) × (1 − 5%) ÷ 10 ≈ 398.03(万元)

问题(4)：

计算结果见表 3-23 和表 3-24。

表 3-23 项目总成本费用估算表

单位：万元

| 序号 | 项目 | 年份 | | | | | | | | |
|---|---|---|---|---|---|---|---|---|---|---|
| | | 4 | 5 | 6 | 7 | 8 | 9 | 10 | 11 | 12 |
| 1 | 经营成本 | 2 600.00 | 2 600.00 | 2 600.00 | 2 600.00 | 2 600.00 | 2 600.00 | 2 600.00 | 2 600.00 | 2 600.00 |
| 2 | 折旧费 | 398.03 | 398.03 | 398.03 | 398.03 | 398.03 | 398.03 | 398.03 | 398.03 | 398.03 |
| 3 | 摊销费 | 50.00 | 50.00 | 50.00 | 50.00 | 50.00 | 50.00 | 50.00 | 50.00 | 50.00 |
| 4 | 利息支出 | 204.39 | 177.22 | 143.16 | 109.09 | 75.03 | 40.96 | 6.90 | 6.90 | 6.90 |
| 4.1 | 建设投资借款利息 | 204.39 | 170.32 | 136.26 | 102.19 | 68.13 | 34.06 | | | |
| 4.2 | 流动资金借款利息 | | 6.90 | 6.90 | 6.90 | 6.90 | 6.90 | 6.90 | 6.90 | 6.90 |
| 4.3 | 临时借款利息 | | | | | | | | | |
| 5 | 总成本费用 | 3 252.42 | 3 225.25 | 3 191.19 | 3 157.12 | 3 123.06 | 3 088.99 | 3 054.93 | 3 054.93 | 3 054.93 |

表 3-24 利润与利润分配表

单位：万元

| 序号 | 项　目 | 年份 | | | | | | | | |
|---|---|---|---|---|---|---|---|---|---|---|
| | | 4 | 5 | 6 | 7 | 8 | 9 | 10 | 11 | 12 |
| 1 | 营业收入 | 3 744.00 | 4 352.40 | 4 352.40 | 4 352.40 | 4 352.40 | 4 352.40 | 4 352.40 | 4 352.40 | 4 352.40 |
| 2 | 增值税及附加 | 328.90 | 426.14 | 426.14 | 426.14 | 426.14 | 426.14 | 426.14 | 426.14 | 426.14 |
| 2.1 | 增值税 | 299.00 | 387.40 | 387.40 | 387.40 | 387.40 | 387.40 | 387.40 | 387.40 | 387.40 |
| 2.1.1 | 进项税额 | 245.00 | 245.00 | 245.00 | 245.00 | 245.00 | 245.00 | 245.00 | 245.00 | 245.00 |
| 2.1.2 | 销项税额 | 544.00 | 632.40 | 632.40 | 632.40 | 632.40 | 632.40 | 632.40 | 632.40 | 632.40 |
| 2.2 | 增值税附加 | 29.90 | 38.74 | 38.74 | 38.74 | 38.74 | 38.74 | 38.74 | 38.74 | 38.74 |
| 3 | 总成本费用 | 3 252.42 | 3 225.25 | 3 191.19 | 3 157.12 | 3 123.06 | 3 088.99 | 3 054.93 | 3 054.93 | 3 054.93 |
| 4 | 补贴收入 | | 220.00 | | | | | | | |
| 5 | 利润总额(1－2－3＋4) | 162.68 | 921.01 | 735.07 | 769.14 | 803.20 | 837.27 | 871.33 | 871.33 | 871.33 |
| 6 | 弥补以前年度亏损 | | | | | | | | | |
| 7 | 应纳税所得额(5－6) | 162.68 | 921.01 | 735.07 | 769.14 | 803.20 | 837.27 | 871.33 | 871.33 | 871.33 |
| 8 | 所得税(7×25%) | 40.67 | 230.25 | 183.77 | 192.29 | 200.80 | 209.32 | 217.83 | 217.83 | 217.83 |
| 9 | 净利润(5－8) | 122.01 | 690.76 | 551.30 | 576.86 | 602.40 | 627.95 | 653.50 | 653.50 | 653.50 |
| 10 | 期初未分配利润(13－14－15.1) | 0.00 | 54.73 | 536.34 | 839.02 | 1 115.85 | 1 370.70 | 1 606.87 | 1 865.77 | 2 085.83 |
| 11 | 可供分配利润(9＋10－6) | 122.01 | 745.49 | 1 087.64 | 1 415.88 | 1 718.25 | 1 998.65 | 2 260.37 | 2 519.26 | 2 739.32 |
| 12 | 提取法定盈余公积金(9×10%) | 12.00 | 69.08 | 55.13 | 57.69 | 60.24 | 62.80 | 65.35 | 65.35 | 65.35 |

续表

| 序号 | 项　目 | 年份 | | | | | | | | |
|---|---|---|---|---|---|---|---|---|---|---|
| | | 4 | 5 | 6 | 7 | 8 | 9 | 10 | 11 | 12 |
| 13 | 可供投资者分配利润(11 − 12) | 109.81 | 676.41 | 1 032.51 | 1 358.19 | 1 658.01 | 1 935.86 | 2 195.02 | 2 453.91 | 2 673.97 |
| 14 | 应付各投资方股利(13 × 15%) | 16.47 | 101.46 | 154.88 | 203.73 | 248.70 | 290.38 | 329.25 | 368.09 | 401.10 |
| 15 | 未分配利润(13 − 14) | 93.34 | 574.95 | 877.63 | 1 154.46 | 1 409.31 | 1 645.48 | 1 865.77 | 2 085.83 | 2 272.88 |
| 15.1 | 用于还款未分配利润 | 38.61 | 38.61 | 38.61 | 38.61 | 38.61 | 38.61 | | | |
| 15.2 | 剩余利润(转下年度期初未分配利润) | 54.73 | 536.34 | 839.02 | 1 115.85 | 1 370.70 | 1 606.87 | 1 865.77 | 2 085.83 | 2 272.88 |
| 16 | 息税前利润 | 367.07 | 1 098.23 | 878.23 | 878.23 | 878.23 | 878.23 | 878.23 | 878.23 | 878.23 |

问题(5)：

总投资收益率(ROI) = EBIT/TI × 100% = 878.23/(4 300 + 339.84 + 500) × 100% ≈ 17.09%

资本金净利润率(ROE) = NP/EC × 100% = [(122.01 + 690.76 + 551.30 + 576.86 + 602.40 + 627.95 + 653.5 × 3) ÷ 9]/(4 300 × 40% + 270) × 100% ≈ 28.65%

该项目总投资收益率 ROI = 17.09%，高于行业总平均投资收益率 7.8%，项目资本金净利润率 ROE = 28.65%，高于行业净利润率 10%，表明项目盈利能力均大于行业平均水平，因此，该项目是可行的。

## 项目小结

建设项目决策阶段是对工程造价影响程度最高的阶段，这一阶段造价控制与管理的主要工作就是编制可行性研究报告，并对项目编制投资估算及进行财务评价，以对不同的建设方案进行比选，为决策者提供决策依据。

本项目的完成包含了 3 个具体的任务：一是可行性研究报告的编制，在了解可行性研究报告概念及作用的基础上，要熟悉可行性研究报告的内容，并了解可行性研究报告的审批规定；二是建设项目投资估算的编制，在熟悉投资估算依据及步骤的基础上，掌握生产能力指数法、系数估算法、比例系数法、指标估算法等静态投资估算的方法，以及流动资金估算的两种方法；三是建设项目财务评价，在了解基本的财务评价指标分类的基础上，掌握具体的各类指标的计算方法，并学会进行生产成本费用、营业收入、增值税及附加、利润等财务数据的测算，进而能够进行财务报表的编制，了解如何对项目进行不确定性分析和风险分析。

## 思考与练习

### 一、单选题

1. 某项借款，年名义利率为10%，按季复利计息，则季有效利率为(　　)。

A. 2.41%　　B. 2.50%　　C. 2.52%　　D. 3.23%

2. 已知某项目建设期末贷款本息和累计1 200万元，按照贷款协议，采用等额还本、利息照付方式分4年还清，年利率为6%，则第2年还本付息总额为(　　)万元。

A. 348.09　　B. 354.00　　C. 372.00　　D. 900.00

3. 按照生产能力指数法($n = 0.6$, $f = 1$)，若将设计中的化工生产系统的生产能力提高3倍，则投资额大约增加(　　)。

A. 200%　　B. 300%　　C. 230%　　D. 130%

4. 下列经营成本计算正确的是(　　)。

A. 经营成本＝总成本费用－折旧费－利息支出

B. 经营成本＝总成本费用－摊销－利息支出

C. 经营成本＝总成本费用－折旧费－摊销费－利润支出

D. 经营成本＝总成本费用－折旧费－摊销费－利息支出

5. 在项目投资现金流量表中，用所得税前净现金流量计算所得税后净现金流量，扣除项为(　　)。

A. 所得税　　B. 利润总额×所得税税率

C. 息税前利润×所得税税率　　D. 应纳税所得额×所得税税率

6. 下列各项中，可以反映企业财务盈利能力的指标是(　　)。

A. 财务净现值　　B. 流动比率　　C. 盈亏平衡产量　　D. 资产负债率

7. 已知某项目当基准收益率为15%时，NPV＝165万元；当基准收益率为17%时，NPV＝－21万元，则其内部收益率所在区间是(　　)。

A. ＜15%　　B. 15%～16%　　C. 16%～17%　　D. ＞17%

8. 下列各种投资估算方法中，精确度最高的是(　　)。

A. 生产能力指数法　　B. 单位生产能力指数法

C. 比例系数法　　D. 指标估算法

9. 某项目建设期为1年，建设投资为800万元，第2年年末净现金流量为220万元，第3年为242万元，第4年为266万元，第5年为293万元，该项目静态投资回收期为(　　)年。

A. 4　　B. 4.25　　C. 4.67　　D. 5

10. 以生产要素估算法估算总成本费用时，利息支出属于(　　)。

A. 产品生产成本　B. 经营成本　　C. 可变成本　　D. 固定成本

### 二、多选题

1. 以下关于财务评价指标的阐述，正确的是(　　)。

A. 总投资收益率指项目有收益年份的息税前利润与项目总投资的比率

B. 利息备付率从付息资金来源的充裕性角度反映项目偿付债务利息的保障程度

C. 偿债备付率表示可用于还本付息的资金偿还借款本息的保障程度

D. 项目资本金净利润率属于动态评价指标

E. 项目投资回收期是进行偿债能力分析的指标

2. 下列项目中，包含在项目资本金现金流量表中而不包含在项目投资现金流量表中的有(　　)。

A. 增值税及附加　　B. 建设投资　　C. 借款本金偿还

D. 借款利息支付　　E. 所得税

3. 流动资产估算一般采用分项详细估算法，其正确的计算式为：流动资金 = (　　)。

A. 流动资产 + 流动负债

B. 流动资产 − 流动负债

C. 应收账款 + 存货 − 现金

D. 应付账款 + 预收账款 + 存货 + 现金 − 应收账款 − 预付账款

E. 应收账款 + 预付账款 + 存货 + 现金 − 应付账款 − 预收账款

4. 线性盈亏平衡分析的前提条件包括(　　)。

A. 生产量等于销售量　　B. 销售价格改变　　C. 单位可变成本不变

D. 项目可行　　E. 销售量不变

5. 下列评价指标中，属于投资方案经济效果静态评价指标的有(　　)。

A. 内部收益率　　B. 利息备付率　　C. 投资收益率

D. 资产负债率　　E. 净现值率

## 三、简答题

1. 编制可行性研究报告的作用是什么?

2. 静态投资估算的方法有哪些?

3. 经济评价指标是如何分类的? 简要阐述每种指标在项目评价中是如何应用的。

4. 什么叫盈亏平衡分析? 盈亏平衡点的确定有哪几种方式?

## 四、案例题

某公司拟建一年生产能力为 40 万吨的生产性项目以生产 A 产品，与其同类型的某已建项目年生产能力为 20 万吨，设备投资额为 400 万元，经测算设备投资的综合调价系数为 1.2，该已建项目中建筑工程、安装工程及其他费用占设备投资的百分比分别为 60%、30%、6%，相应的综合调价系数为 1.2、1.1、1.05，生产能力指数为 0.5。

拟建项目计划建设期 2 年，运营期 10 年，已知运营期正常年份年营业收入为 800 万元，总成本费用为 410 万元，产品增值税及附加在投产第 1 年为 38.4 万元，在随后的正常年份每年为 48 万元，投产第 1 年仅达到设计生产能力的 80%，预计这一年的营业收入、总成本费用均按正常年份的 80%计算。此后各年均达到设计生产能力，所得税税率为 33%。

项目 3
在线答题

【问题】

(1) 估算拟建项目的设备投资额。

(2) 估算固定资产投资中的静态投资。

(3) 计算运营期各年的所得税。

# 项目4 建设项目设计阶段造价控制与管理

## 能力目标

通过本项目的学习，要求学生在了解设计阶段控制工程造价的重要意义的基础上，掌握设计方案优选的方法，了解限额设计与标准设计的基本理论，熟悉设计概算的内容及编制方法，掌握施工图预算的内容及编制方法，并了解设计概算及施工图预算审查的内容。本项目中的案例分析，能够帮助学生了解相关理论知识的实践运用，从而培养学生解决工程实际问题的能力。

## 能力要求

| 能力目标 | 知识要点 | 权重 |
| --- | --- | --- |
| 了解设计方案优选方法及限额设计的基本理论和实施要点 | 综合评价法、价值工程法、限额设计 | 35% |
| 掌握单位工程概算、单项工程综合概算和施工图预算的内容及编制方法 | 设计概算、施工图预算的内容及编制方法 | 35% |
| 了解设计概算和施工图预算的审查内容 | 设计概算、施工图预算的审查内容 | 30% |

## 引例

深圳某展览馆工程项目，建筑面积约 4.2 万平方米，在项目决策阶段投资估算 5.9 亿元。在设计阶段，实行设计招标制度，进行设计招标的专业工程有主体设计、智能化系统设计、幕墙工程设计、室内装饰设计、建筑泛光设计、景观设计；对幕墙工程设计、室内装饰设计和景观设计实施了限额设计；对智能化系统设计和建筑泛光设计成果的评价，聘请了设计顾问公司实施设计监理工作，对设计的成果进行按质计费。由于采取了一系列的设计管理措施，对项目造价进行了有效控制，项目造价最终控制到 4.9 亿元。

根据上述资料思考：如何通过优选设计方案来达到有效控制工程造价的目标？

## 项目导入

基于对大型工程项目和造价控制的分析与研究，发现项目设计阶段的方案选择对其工程整个投资的影响最大，可以高达 80%以上。规划设计水平的优劣，对工程实物的投资、工程进度和建筑质量有着非常大的影响。有研究资料表明：在初步设计阶段，影响工程造价的可能性为 75%～95%；在技术设计阶段，影响工程造价的可能性为 35%～75%；在施工图设计阶段，影响工程造价的可能性为 25%～35%；而到了工程实施阶段，由于“按图施工”，影响工程投资的可能性已经只有 5%～25%。由此可见，只有在设计工作没有完成，设计图纸未交付使用之前把好工程造价管理的第一关，才能为总体工程造价控制打好基础。在设计过程中，可以利用价值工程对设计方案进行经济性比较分析，对不合理的设计方案提出意见，从而达到控制造价、节约投资的目的。

在设计阶段控制好工程造价，需要预算人员和设计人员密切配合。建设项目设计阶段的造价控制与管理是整个建设项目工程造价管理的重点，经济合理的设计对控制工程造价具有十分重要的意义。本章首先介绍设计方案的优选与限额设计，接着重点阐述设计概算的编制与审查，最后介绍施工图预算的编制与审查。

# 任务 4.1　设计方案的优选与限额设计

### 知识目标

(1) 了解设计阶段与工程造价控制的直接关系及限额设计的基本理论。

(2) 熟悉设计方案优选的原则。

(3) 掌握运用综合评价法和价值工程法优选设计方案。

## 工作任务

熟悉设计方案优选的基础知识，能运用综合评价法和价值工程法优化设计方案。

设计是工程建设的前提，当一份施工图付诸施工时，就决定了工程本质和工程造价的基础。一个工程在造价上是否合理，是浪费还是节约，在设计阶段已基本定型。由设计不当造成的浪费，其影响之大是人们难以预料的。目前设计部门普遍存在“重设计、轻经济”的现象，设计人员在设计时只负技术责任，不负经济责任；概预算人员机械地按照设计图纸编制概预算，使得用经济来影响设计、优化设计、衡量和评价设计方案的优劣程度及投资的使用效果只能停留在口头。在方案设计上，很多单位都能做到提出两个以上方案进行比较，但在经济上是否合理却考虑很少，出现了“多用钢筋，少动脑筋”的现象。特别在竞争激烈的情况下，设计人员为了满足业主的要求和赶进度，施工图设计深度往往不够，甚至有些项目(如装修部分)出现做法与选型交代不清的情况，使设计预算与实际造价出现严重偏差，预算文件不完整。设计阶段作为控制建设项目投资的重要阶段，虽然费用一般只占建设成本的 2%～4%，但对工程造价的影响可达 75%，是项目成本控制的关键与重点。而且设计质量直接影响建设工期，直接决定施工成本的投入。因此，设计是否合理对减少不必要的投资和控制工程造价具有重要意义。

在建设项目的设计阶段，控制造价的关键是设计方案的选择与优化，其主要方法是综合评价法和价值工程法。将这两种方法结合起来运用可以更好地处理技术与经济的对立统一关系，增强造价控制的主动性。在选择与优化设计方案时，不仅要考虑建设成本，还要考虑运营成本，使建设项目能以最低的寿命周期成本可靠地实现使用者所需的功能，即项目全寿命周期内价值最大。设计阶段造价控制的主要内容是：占地面积，功能分区，运输方式，技术水平，建筑物的平面形状、层高、层数和柱网布置等，这些也是对造价影响较大的因素。

## 4.1.1 设计阶段的特点

设计阶段的特点主要表现在以下几个方面。

(1) 设计工作表现为创造性的脑力劳动。设计劳动投入量与设计产品的质量之间并没有必然的联系。

(2) 设计阶段是决定建设项目价值和使用价值的主要阶段。在设计阶段可以基本确定整个建设项目的价值，其精度取决于设计所达到的深度和设计文件的完善程度。

(3) 设计阶段是影响建设项目投资程度的关键阶段。这里所说的“影响投资的程度”不能仅从投资的绝对数额上理解，不能由此得出投资额越少，设计效果越好的结论。所谓节约投资，是相对于建设项目通过设计所实现的具体功能和使用价值而言的，应从价值工程和寿命周期成本的角度来理解。

(4) 设计工作需要反复协调。首先，建设项目的设计涉及许多不同的专业领域，需要在各专业设计之间进行反复协调；其次，在设计过程中，还要在不同设计阶段之间进行反复协调，既可能是同一专业之间的协调，也可能是不同专业之间的协调；最后，还需要与外部环境因素进行反复协调，主要涉及与业主需求和政府有关部门审批工作的协调。

(5) 设计质量对建设项目总体质量有决定性影响。在设计阶段，通过设计工作，工程实体的质量要求、功能和使用价值质量要求等都已确定下来，工程内容和建设方案也都十分明确。

鸟巢设计方案

## 4.1.2 设计方案的评价

优化设计一般是在设计阶段进行的，包括初步设计阶段、技术设计阶段、施工图设计阶段。优化的内容有整个项目设计方案的优化、项目局部设计方案的优化、项目局部结构设计优化等。

### 1. 设计方案优选的原则

(1) 设计方案必须处理好经济合理性与技术先进性之间的关系。

(2) 设计方案必须兼顾建设与使用，考虑项目寿命周期成本。

(3) 设计方案必须兼顾近期与远期的要求。

### 2. 工业建筑设计评价

1) 工业建筑设计评价的内容及其要求

(1) 总平面设计评价。其要求如下。

① 节约用地，不占或少占农田。

② 满足生产工艺过程的要求。

③ 合理组织场内外运输。

④ 适应建设地点的自然条件。

⑤ 符合城市规划的要求。

(2) 工艺设计评价。其要求如下。

① 以市场研究为基础。

② 选择先进适用的技术方案。

③ 注意设备选用的标准化、通用化和系列化。

④ 选用设备符合技术先进、稳妥可靠、经济合理的原则。

⑤ 立足国内，不重复引进设备。

⑥ 考虑建设地点的实际情况和动力、运输、资源等具体条件。

(3) 建筑设计评价。其要求如下。

① 在建筑平面布置和立面形式的选择上，应该满足生产工艺的要求。

② 根据设备种类、规格、数量、质量和振动情况，以及设备的外形及基础尺寸，决定建筑物的大小。

③ 根据生产组织管理、生产工艺技术、生产状况提出劳动卫生和建筑结构的要求。

2) 工业建筑设计评价指标

(1) 对于总平面设计，其技术经济指标有建筑系数、土地利用系数、工程量指标、运营费用指标等。

(2) 对于工艺设计，其技术经济指标有技术的先进程度与可靠程度、工艺流程的合理性、技术获得的难易程度、对环境的影响程度等。

(3) 对于建筑设计，其技术经济指标有单位面积造价、建筑物周长与建筑面积比、厂房有效面积与建筑面积比、工程全寿命成本等。

(4) 在建筑设计阶段影响工程造价的因素主要有平面形状、流通空间、层高、层数、柱网布置、建筑物体积和面积、建筑结构形式等。

3. 民用建筑设计评价

民用建筑一般包括公共建筑和住宅建筑两大类。住宅建筑是民用建筑中量最大、最主要的建筑形式。民用建筑设计要坚持适用、经济、美观的原则。

1) 住宅建筑设计的基本原则

(1) 平面布置合理，长和宽比例适当。

(2) 合理确定户型和住户面积。

(3) 合理确定层数与层高。

(4) 合理选择结构方案。

2) 住宅建筑设计的评价指标

(1) 有效面积 = 使用面积 + 辅助面积($m^2$)。

(2) 平面系数 $K$ = 居住面积/建筑面积。

(3) 平面系数 $K_1$ = 居住面积/有效面积。

(4) 平面系数 $K_2$ = 辅助面积/有效面积。

(5) 平面系数 $K_3$ = 结构面积/建筑面积。

(6) 单元周长指标 = 单元周长/单元建筑面积($m/m^2$)。

(7) 建筑周长指标 = 建筑周长/建筑占地面积($m/m^2$)。

(8) 建筑体积指标 = 建筑体积/建筑面积($m^3/m^2$)。

(9) 平均每户建筑面积 = 建筑总面积/总户数。

(10) 户型比，指不同居室数的户数占总户数的比例，是评价户型结构是否合理的指标。

## 4.1.3 运用综合评价法优选设计方案

综合评价法(comprehensive evaluation method)是指运用多个指标对多个参评单位进行评价的方法，也称为多变量综合评价方法。其基本思想是将多个指标转化为一个能够反映综合情况的指标来进行评价，通过对反映建筑产品功能和成本特点的技术经济指标的计算、分析、比较，来评价设计方案的经济效果。综合评价法可分为多指标对比法和多指标综合评分法。

1. 多指标对比法

多指标对比法是指使用一组适用的指标体系，将对比方案的指标值列出，然后一一进行对比分析，根据指标值的高低分析方案的优劣，是目前采用比较多的一种方法。这种方法首先将指标体系中的各个指标按其在评价中的重要性分为主要指标和辅助指标。主要指标是指能够比较充分地反映工程的技术经济特点的指标，它是确定工程项目经济效果的主要依据。辅助指标在技术经济分析中处于次要地位，是主要指标的补充指标，当主要指标不足以说明方案经济效果的优劣时，辅助指标就成为进一步进行技术经济分析的依据。在进行多指标对比分析时，要注意参选方案在技术经济方面的可比性，即在功能、价格、时间、风险等方面的可比性。如果方案不完全符合对比条件，则要加以调整，使其满足对比条件后再进行对比，并在综合分析时予以说明。

这种方法的优点是：指标全面、分析确切，能通过各种技术经济指标定性或定量地直接反映方案技术经济性能的主要方面。其缺点是：容易出现某一方案有些指标较优，另一些指标较差的现象，而另一方案则可能有些指标较差，另一些指标较优，使分析工作复杂化；有时，也会因方案的可比性弱而产生客观标准不统一的现象。因此在使用多指标对比法时，要特别注意检查对比方案在使用功能和工程质量方面的差异，并分析这些差异对各指标的影响，避免导致错误的结论。

**2. 多指标综合评分法**

这种方法首先对需要进行分析评价的设计方案设定若干个评价指标，并按照其重要程度分配各指标的权重，确定评分标准，并就各设计方案对各指标的满足程度打分，最后计算各方案的加权得分，以加权得分高者为最优设计方案。其计算公式为

$$n \cdot S = \sum S_i \cdot W_i \tag{4-1}$$

式中：$S$——设计方案总得分；

$S_i$——某方案某评价指标得分；

$W_i$——某评价指标的权重；

$n$——评价指标数；

$i$——评价指标，$i = 1, 2, 3, \cdots, n$。

这种方法的优点在于避免了多指标对比法指标间可能发生相互矛盾的现象，其评价结果是唯一的。其缺点是在确定权重及评分过程中存在主观臆断成分，同时由于分值是相对的，因而不能直接判断各方案中各项功能的实际水平。

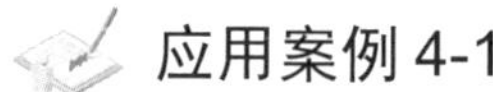

## 应用案例 4-1

某市住宅有甲、乙、丙三个设计方案，根据专家会议确定评价指标有平面布置、厨卫布置、经济性、保温隔热、建筑艺术、安全防护、设计标准化七项，各指标的权重及各方案的得分(10 分制)见表 4-1，试选择最优设计方案。

表 4-1　多指标综合评分法计算表

| 评价指标 | 权重 | 甲方案 | | 乙方案 | | 丙方案 | |
|---|---|---|---|---|---|---|---|
| | | 得分 | 加权得分 | 得分 | 加权得分 | 得分 | 加权得分 |
| 平面布置 | 0.23 | 8 | 1.84 | 9 | 2.07 | 8 | 1.84 |
| 厨卫布置 | 0.15 | 9 | 1.35 | 9 | 1.35 | 9 | 1.35 |
| 经济性 | 0.20 | 8 | 1.60 | 8 | 1.60 | 7 | 1.40 |
| 保温隔热 | 0.10 | 9 | 0.90 | 7 | 0.70 | 8 | 0.80 |
| 建筑艺术 | 0.10 | 6 | 0.60 | 7 | 0.70 | 8 | 0.80 |
| 安全防护 | 0.12 | 8 | 0.96 | 7 | 0.84 | 8 | 0.96 |
| 设计标准化 | 0.10 | 8 | 0.80 | 7 | 0.70 | 7 | 0.70 |
| 合　计 | | | 8.05 | | 7.96 | | 7.85 |

**【案例解析】**

由表 4-1 可知：甲方案的加权得分最高，所以甲方案最优。

## 4.1.4 运用价值工程法优选设计方案

价值工程在基础设计中的应用实例

价值工程(value engineering)又称价值分析，是一门技术与经济相结合的现代化管理科学；是运用集体智慧和通过有组织的活动，着重对产品进行功能分析，使之以最低的寿命周期成本可靠地实现产品的必要功能，从而提高产品价值的一种科学的技术经济分析方法。这里所谓的价值是评价某一产品、服务或工程项目的功能与实现这一功能所消耗费用之比合理程度的尺度，用数学式表达为

$$价值(V)=功能(F)/成本(C) \tag{4-2}$$

### 1. 价值工程与工程设计的关系

设计是工程建设的基础，设计方案上任何环节的不合理或缺陷所留下的隐患都会造成工程项目投资的不良经济后果。应用价值工程理论，对工程项目进行科学的分析，对设计方案进行优化选择，不仅从技术上，还要在技术与经济相结合的前提下进行充分论证，在满足工程结构及使用功能要求的基础上，依据经济指标和综合效益选择设计方案。

1) 价值工程的一般程序

(1) 对象选择，这一步应明确研究目标、限制条件及分析范围。

(2) 组成价值工程领导小组，制订工作计划。

(3) 收集相关的信息资料并贯穿于全过程。

(4) 功能分析，这是价值工程的核心。

(5) 功能评价。

(6) 方案创新及评价。

(7) 由主管部门组织审批。

(8) 方案实施与检查。

2) 价值工程的特点

(1) 以提高价值为目标。研究对象的价值着眼于寿命周期成本，寿命周期成本指产品在其寿命周期内所发生的全部费用，包括生产成本和使用费用。提高产品价值就是以最小的资源消耗获取最大的经济效果。

(2) 以功能分析为核心。功能是指研究对象能够满足某种需求的一种属性，也即产品的具体用途。功能可分为必要功能和不必要功能，其中，必要功能是指用户所要求的功能以及与实现用户所要求功能有关的功能。价值工程的功能分析一般是指必要功能分析。

(3) 以创新为支柱。价值工程强调“突破、创新、求精”，充分发挥人的主观能动作用，发挥创造精神。能否创新及创新程度是关系到价值工程成败与效益的关键。

(4) 技术分析与经济分析相结合。价值工程是一种技术经济方法，研究功能和成本的合理匹配，是技术分析与经济分析的有机结合。分析人员必须具备相应的技术和经济知识，紧密合作，做技术经济分析，努力提高产品价值。

3) 提高产品价值的途径

尽管在产品形成的各个阶段都可以应用价值工程提高产品的价值，但在不同的阶段进行价值工程活动，其经济效果的提高幅度却大不相同。应用价值工程的重点是在产品的研究设计阶段。产品价值的大小取决于功能和费用，从价值与功能、费用的关系中可以看出有 5 条基本途径可以提高产品的价值。

(1) 提高功能的同时，降低产品成本。这可使价值大幅度提高，是最理想的途径。

(2) 成本不变，提高功能。

(3) 功能不变，降低成本。

(4) 成本稍有提高，带来功能大幅度提高。

(5) 功能稍有下降，产生成本大幅度降低。

### 2. 价值工程在工程设计中的应用

价值工程作为一门应用管理技术，在设计过程中的运用实际上是以科学思想方法发现矛盾、分析矛盾和解决矛盾的过程，必须坚持系统观念[①]。具体地说，就是应用价值工程分析功能与成本的关系，以提高设计项目的价值系数，在设计中要勇于创新，探索新工艺、新技术的可能性，有效地提高设计技术的价值。通过优化设计来控制项目成本是一个综合性的问题，要正确处理技术与经济的对立统一，设计中既要反对片面强调节约，忽视技术上的合理要求，使项目达不到功能的倾向；又要反对重技术，轻经济，设计保守浪费的现象。设计人员要用价值工程的原理来进行设计方案分析，要以提高价值为目标，以功能分析为核心，以经济效益为出发点，从而真正达到优化设计的效果。

## 应用案例 4-2

试以某商场建设为对象，说明价值工程在设计中的应用。

**【案例解析】**

1．对商场进行功能定义和评价

把商场作为一个完整独立的“产品”进行功能定义和评价，考虑如下因素：平面布局，采光通风(包括保温、隔热、隔声)，牢固耐用，防火、防震和防烟设施，建筑造型，室外装修，室内装饰，环境设计，容易清洁，技术参数(包括平面系数、平均用地等指标)。这些因素基本上表达了商场功能，且在商场功能中占有不同的地位，因而须确定相对重要系数。确定相对重要系数可用多种方法，这里采用业主、客户、设计单位三家加权评分法，把业主的意见放在首位，结合客户、设计单位的意见综合评分。三者的权数分别定为 50%、35%和 15%，并求出重要系数，见表 4-2。

**表 4-2　功能重要系数的计算**

| 功能 | | 业主评分 | | 客户评分 | | 设计单位评分 | | 重要系数 $\varphi$ |
|---|---|---|---|---|---|---|---|---|
| | | 得分 $F_1$ | $F_1\times0.5$ | 得分 $F_{11}$ | $F_{11}\times0.35$ | 得分 $F_{111}$ | $F_{111}\times0.15$ | |
| 适用 | 平面布局 | 40 | 20 | 37 | 12.95 | 35 | 5.25 | 0.382 |
| | 采光通风 | 12 | 6 | 10 | 3.5 | 8 | 1.2 | 0.107 |
| 安全 | 牢固耐用 | 20 | 10 | 20 | 7 | 15 | 2.25 | 0.1925 |
| | 防火、防震和防烟设施 | 8 | 4 | 8 | 2.8 | 10 | 1.5 | 0.083 |
| 美观 | 建筑造型 | 5 | 2.5 | 6 | 2.1 | 8 | 1.2 | 0.058 |
| | 室外装修 | 3 | 1.5 | 8 | 2.8 | 7 | 1.05 | 0.0535 |
| | 室内装饰 | 3 | 1.5 | 5 | 1.75 | 4 | 0.6 | 0.0385 |

① 党的二十大报告提出，“必须坚持系统观念”。我们要善于“把握好全局和局部、当前和长远、宏观和微观、主要矛盾和次要矛盾、特殊和一般的关系，不断提高战略思维、历史思维、辩证思维、系统思维、创新思维、法治思维、底线思维能力”。

续表

| 功能 | | 业主评分 | | 客户评分 | | 设计单位评分 | | 重要系数 $\varphi$ |
|---|---|---|---|---|---|---|---|---|
| | | 得分 $F_1$ | $F_1 \times 0.5$ | 得分 $F_{11}$ | $F_{11} \times 0.35$ | 得分 $F_{111}$ | $F_{111} \times 0.15$ | |
| 其他 | 环境设计 | 4 | 2 | 3 | 1.05 | 5 | 0.75 | 0.038 |
| | 容易清洁 | 3 | 1.5 | 2 | 0.7 | 3 | 0.45 | 0.0265 |
| | 技术参数 | 2 | 1 | 1 | 0.35 | 5 | 0.75 | 0.021 |
| 合计 | | 100 | 50 | 100 | 35 | 100 | 15 | 1 |

2．方案创造

根据地质等其他条件，提供多种方案，拟选用表 4-3 所列的 5 个方案作为评价对象。

3．求成本系数 $C$

某方案成本系数 $C$ = 某方案成本(或造价)/各方案成本(或造价)之和

A 方案成本系数 = 2 100/(2 100 + 1 750 + 1 850 + 1 900 + 2 000) = 2 100/9 600 ≈ 0.218 8

以此类推，分别求出 B、C、D、E 方案的成本系数，见表 4-3。

**表 4-3　5 个方案的特征、造价和成本系数**

| 方案名称 | 主 要 特 征 | 单方造价/元 | 成本系数 |
|---|---|---|---|
| A | 4 层框架结构，底层层高 6m，上部层高 4.5m，240mm 内外砖墙，桩基础，半地下室储存间，外装修好，室内设备较好 | 2 100 | 0.218 8 |
| B | 4 层框架结构，底层层高 5m，上部层高 4m，240mm 内外砖墙，120mm 非承重内砖墙，独立基础，外装修较好 | 1 750 | 0.182 3 |
| C | 4 层框架结构，底层层高 5m，上部层高 4m，240mm 内外砖墙，沉管灌注桩基础，外装修一般，内装修和设备较好，半地下室储存间 | 1 850 | 0.192 7 |
| D | 3 层框架结构，底层层高 5m，上部层高 4m，空心砖内墙，独立基础，装修及设备一般 | 1 900 | 0.197 9 |
| E | 4 层框架结构，底层层高 6m，上部层高 4m，240mm 内外砖墙，120mm 非承重内砖墙，独立基础，外装修较好 | 2 000 | 0.208 3 |

4．求功能评价系数 $F$

按照功能重要程度，采用 10 分制加权评分法，对 5 个方案的 10 项功能的满足程度分别评定分数，见表 4-4。

**表 4-4　5 个方案功能满足程度评分**

| 评价因素 | | A | B | C | D | E |
|---|---|---|---|---|---|---|
| 功能因素 | 重要系数 $\varphi$ | | | | | |
| $F_1$ | 0.382 | 10 | 10 | 9 | 8 | 9 |
| $F_2$ | 0.107 | 9 | 7 | 8 | 8 | 9 |
| $F_3$ | 0.1925 | 10 | 9 | 8 | 9 | 10 |
| $F_4$ | 0.083 | 10 | 10 | 10 | 10 | 10 |
| $F_5$ | 0.058 | 9 | 8 | 8 | 8 | 9 |

续表

| 评 价 因 素 | | A | B | C | D | E |
|---|---|---|---|---|---|---|
| 功能因素 | 重要系数 $\varphi$ | | | | | |
| $F_6$ | 0.0535 | 9 | 8 | 8 | 8 | 9 |
| $F_7$ | 0.0385 | 9 | 9 | 8 | 8 | 9 |
| $F_8$ | 0.038 | 9 | 9 | 9 | 9 | 9 |
| $F_9$ | 0.0265 | 10 | 10 | 9 | 10 | 9 |
| $F_{10}$ | 0.021 | 6 | 8 | 9 | 6 | 6 |
| 方案总分 | | 9.621 | 9.145 | 8.634 | 8.408 | 9.213 |
| 功能评价系数 | | 0.213 7 | 0.203 1 | 0.191 8 | 0.186 8 | 0.204 6 |

5．求价值系数 $V$ 并进行方案评价

按 $V = F/C$ 分别求出各方案价值系数，见表 4-5。由表 4-5 可见，B 方案价值系数最大，故 B 方案为最优方案。

**表 4-5　方案价值系数的计算**

| 方 案 名 称 | 功能评价系数 $F$ | 成本系数 $C$ | 价值系数 $V$ | 最　　优 |
|---|---|---|---|---|
| A | 0.213 7 | 0.218 8 | 0.976 7 | |
| B | 0.203 1 | 0.182 3 | 1.114 1 | 最优方案 |
| C | 0.191 8 | 0.192 7 | 0.995 3 | |
| D | 0.186 8 | 0.197 9 | 0.943 9 | |
| E | 0.204 6 | 0.208 3 | 0.982 2 | |

## 4.1.5 限额设计

### 1．限额设计的基本理论

所谓限额设计，就是按照批准的设计任务书及投资估算控制初步设计，按照批准的初步设计总概算控制施工图设计，同时各专业在保证达到使用功能的前提下，按分配的投资限额控制设计，严格控制技术设计和施工图设计的不合理变更，保证总投资限额不被突破。

限额设计并不是一味地考虑节约投资，也绝不是简单地将投资“砍一刀”，而是包含了尊重科学、尊重实际、实事求是、精心设计和保证设计科学性的实际内容。投资分解和工程量控制是实行限额设计的有效途径和主要方法。设计单位在工程设计中推行限额设计，就是要将“画完算”变为“算着画”，时刻想着“笔下一条线，投资千千万”。凡是能进行定量分析的设计内容，均要通过计算，用数据说话，在设计时应充分考虑施工的可行性和经济性，使设计与技术水平和管理水平相适应；要特别注意选用建筑材料或设备的经济性，尽量不用那些技术未过关、质量无保证、采购困难、运费昂贵、施工复杂或依赖进口的材料和设备；要尽量做标准化和系列化的设计；各专业设计要遵循建筑模数、建筑标准、设计规范、技术规定等相关要求；要保证项目设计在达到使用功能的前提下，按分配的投资限额控制设计，严格控制技术设计和施工图设计的不合理变更，保证总投资额不被突破。

2. 限额设计的实施要点

限额设计是工程建设领域控制投资支出、有效使用建设投资的有力手段。采用限额设计，设计人员平时应多积累以往各种工程资料，对典型工程进行综合性比较，探索造价分配的合理方式，找出修改设计方案的可行途径，在设计中反复修改设计方案。这也促使设计人员为赢得市场而开动脑筋、深入研究、集思广益，不断开拓创新。造价、设计人员应不断提高自身综合专业素质，在设计过程中紧密配合，发挥各自优势，有效地确定设计限额(造价、三材消耗指标)，并建立奖惩考核激励机制，这样才会使设计阶段的造价控制做得更好。在具体实施过程中应注意的要点如下。

1) 提高投资控制的主动性

建立健全设计经济责任制，建立设计部门内各专业投资分配考核制度，在设计部门内引入竞争机制，增强设计人员的节约观念和责任感，充分调动设计人员的积极性和创造性，鼓励设计人员自觉按照限额设计的有关规定搞好工程设计，让技术先进、造价经济合理的设计方案脱颖而出。

2) 满足限额设计还需兼顾功能提高

限额设计并不是一味以控制投资为目的，而是在设计过程中贯彻造价不变、功能提高的设计思想，一定要实事求是，在节约投资的同时设计出功能最佳的工程。

3) 限额设计贯穿于设计阶段的全过程

限额设计是控制工程造价的重要手段，它抓住了在设计中以控制工程量为控制工程造价的重点核心，克服了“三超”；有利于处理好技术与经济的对立统一关系，提高设计质量；有利于强化设计人员工程造价意识，扭转设计概预算本身的失控现象，使设计与概预算形成有机的整体，克服相互脱节现象。

4) 推广标准设计，降低工程造价

推广标准设计即采用国家、省、市级各专业部属的标准通用设计，既可以缩短设计周期，还由于采用标准构件，可以在预制厂采用定型工艺，组织成批均衡生产，既能提高劳动生产率，又有利于降低生产成本，并可加快施工速度，缩短整个建设周期。因此，采用标准设计也是降低造价的一个方法。

总之，设计阶段是项目即将实施而未实施的阶段，而设计的每一笔和每一线都需要投资来实现，为了避免施工阶段不必要的修改，避免设计洽商费用的增加，从而增加工程造价，应把设计做细、做深入。所以在没有开工之前，把好设计关尤为重要，一旦设计阶段造价失控，就必将给施工阶段的造价控制带来很大的负面影响。现在，有的业主往往为了赶工期、压低设计费，设计阶段的造价没有控制好，没有方案估算、设计概算，即使有也不符合规定、质量不高，结果到施工阶段给造价控制造成困难。据统计，设计费一般只占到建设工程寿命周期成本的 1%以下，但正是这低于 1%的费用对工程造价的影响程度占到 75%以上。由此可见，设计质量对整个工程建设的效益是至关重要的，设计阶段的造价控制对提高设计质量、促进施工质量的提高、加快进度、高质优效地把工程建设好、降低工程成本也是大有益处的。

# 任务 4.2 设计概算的编制与审查

## 知识目标

(1) 了解设计概算的内容和作用。
(2) 熟悉设计概算的分类，以及单位工程概算、单项工程综合概算的编制过程。
(3) 掌握设计概算的编制方法和审查内容。

## 工作任务

能运用概算定额法、概算指标法、类似工程预算法编制设计概算。

## 4.2.1 设计概算的内容和作用

设计概算是以初步设计文件为依据，按照规定的程序、方法和依据，对建设项目总投资及其构成进行的概略计算。具体来说，设计概算是在投资估算的控制下由设计单位根据初步设计或扩大初步设计的图纸及说明，利用国家或地区颁发的概算指标、概算定额、综合指标预算定额、各项费用定额或取费标准，以及建设地区自然、技术经济条件和设备、材料预算价格等资料，按照设计要求，对建设项目从筹建至竣工交付使用所需全部费用进行的预先估计。设计概算的成果文件称作设计概算书，也简称设计概算。设计概算是初步设计文件的重要组成部分，其特点是编制工作相对简略，无须达到施工图预算的准确程度。采用两阶段设计的建设项目，初步设计阶段必须编制设计概算；采用三阶段设计的，扩大初步设计阶段必须编制修正概算。

设计概算的编制内容包括静态投资和动态投资两个层次。静态投资是考核工程设计和施工图预算的依据；动态投资是项目资金筹措、供应、控制及使用的限额依据。

政府投资项目的设计概算经批准后，一般不得调整。如果由于特殊原因需要调整概算，应由建设单位调查分析变更原因，报主管部门审批同意后，由原设计单位核实编制调整概算，并按有关审批程序报批。当影响概算的主要因素查明且工程量完成了一定量后，方可对其进行调整。一个工程只允许调整一次概算。允许调整概算的原因包括以下三点：①超出原设计范围的重大变更；②超出基本预备费规定范围不可抗拒的重大自然灾害引起的工程变动和费用增加；③超出价差预备费的国家重大政策性调整。

**1. 设计概算的内容**

设计概算分为三级概算，包括单位工程概算、单项工程综合概算和建设项目总概算。

设计概算是由单个到综合，由局部到总体，逐级编制，层层汇总而成的。当建设项目为一个单项工程时，可采用单位工程概算、总概算两级概算编制形式。三级设计概算之间的相互关系和费用构成，如图 4.1 所示。

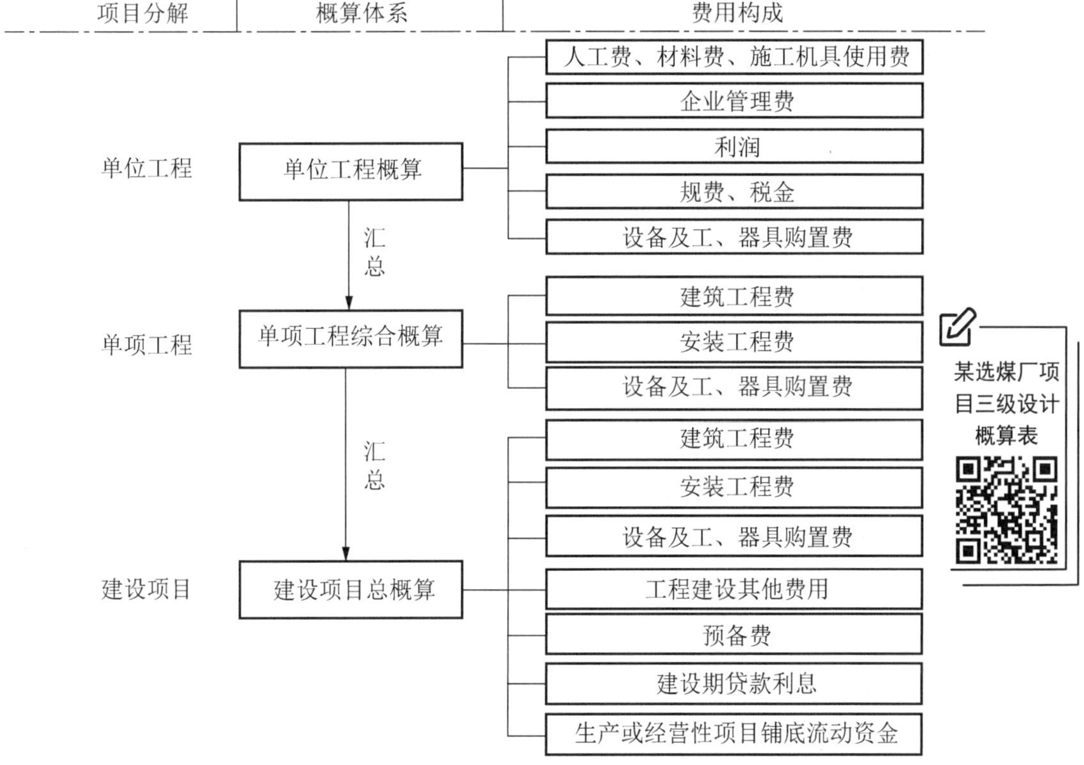


图 4.1 三级设计概算之间的相互关系和费用构成

1) 单位工程概算

单位工程概算是以初步设计文件为依据，按照规定的程序、方法和依据，计算单位工程费用的成果文件，是编制单项工程综合概算(或建设项目总概算)的依据，是单项工程综合概算的组成部分。单位工程概算按其工程性质可分为建筑工程概算和设备及安装工程概算两大类。建筑工程概算包括一般土建工程概算，给排水、采暖工程概算，通风、空调工程概算，电气照明工程概算，弱电工程概算，特殊构筑物工程概算等；设备及安装工程概算包括机械设备及安装工程概算，电气设备及安装工程概算，热力设备及安装工程概算，工、器具及生产家具购置费概算等。

2) 单项工程综合概算

单项工程综合概算是以初步设计文件为依据，将组成单项工程的各个单位工程概算汇总得到单项工程费用的成果文件，是建设项目总概算的组成部分。单项工程综合概算的组成内容如图 4.2 所示。

3) 建设项目总概算

建设项目总概算是以初步设计文件为依据，在单项工程综合概算的基础上计算建设项目概算总投资的成果文件，它是由各单项工程综合概算、工程建设其他费用概算、预备费概算、建设期贷款利息概算和铺底流动资金概算汇总编制而成的，如图 4.3 所示。

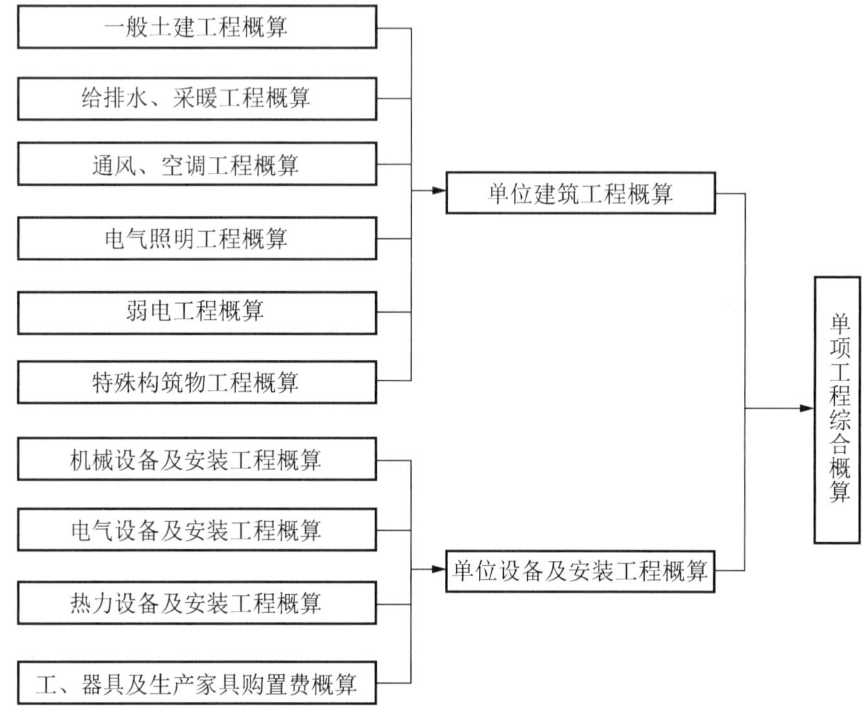


图 4.2　单项工程综合概算的组成内容

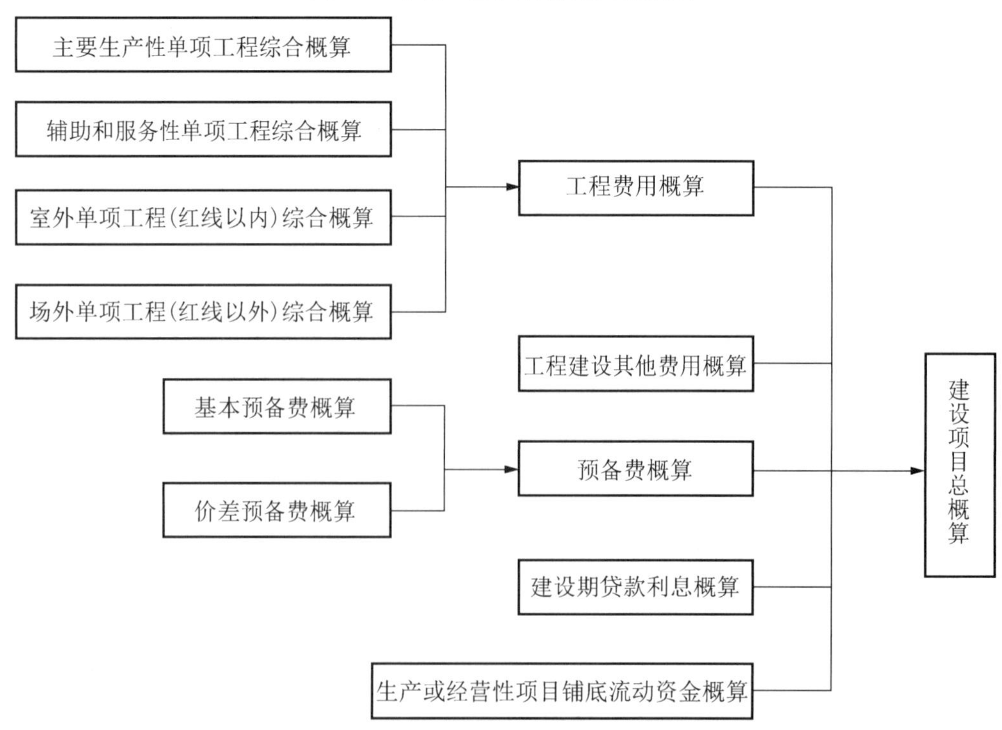


图 4.3　建设项目总概算的组成内容

在三级设计概算中，单项工程综合概算和建设项目总概算仅是一种归纳、汇总性文件，因此，最基本的计算文件是单位工程概算。若建设项目为一个独立单项工程，则单项工程综合概算与建设项目总概算可合并编制，并以总概算表的形式出具。

**2. 设计概算的作用**

(1) 设计概算是国家制定和控制建设投资的依据。

(2) 设计概算是编制建设计划的依据。

(3) 设计概算是银行拨款和贷款的依据。

(4) 设计概算是签订总承包合同的依据。

(5) 设计概算是考核设计方案的经济合理性、控制施工图预算和施工图设计的依据。

(6) 设计概算是考核和评价工程建设项目成本和投资效果的依据。

## 4.2.2 单位工程概算的编制

单位工程概算是计算一个独立建筑物或构筑物(即单项工程)中每个专业工程所需的工程费用，分为建筑工程概算和设备及安装工程概算两类。

**1. 单位建筑工程概算的编制方法**

1) 概算定额法

当初步设计或扩大初步设计具有相当深度，建筑结构比较明确，图纸的内容比较齐全、完善，能够根据图纸进行工程量计算时，可以采用概算定额编制概算，这种方法叫作概算定额法，又叫扩大单价法或扩大结构定额法。利用概算定额法编制设计概算的具体步骤如下。

(1) 按照概算定额分部分项顺序，列出各分项工程的名称，并计算各分项工程量。

(2) 确定各分部分项工程项目的概算定额单价(基价)。概算定额单价的计算公式为

$$\begin{aligned}\text{概算定额单价} &= \text{概算定额人工费} + \text{概算定额材料费} + \text{概算定额机械台班使用费}\\ &= \sum(\text{概算定额中人工工日消耗量} \times \text{人工单价}) + \sum(\text{概算定额中材料消耗量} \times \\ &\quad \text{材料预算单价}) + \sum(\text{概算定额中机械台班消耗量} \times \text{机械台班单价}) \qquad (4\text{-}3)\end{aligned}$$

(3) 计算单位工程直接工程费和直接费。将已算出的各分部分项工程项目的工程量分别乘以概算定额单价和单位人工、材料消耗量指标，即可得出各分项工程的直接工程费和人工、材料消耗量；再汇总各分项工程的直接工程费及人工、材料消耗量，即可得到该单位工程的直接工程费和工料总消耗量；最后汇总措施费，即可得到该单位工程的直接费。

(4) 根据直接费，结合其他各项取费标准，分别计算间接费、利润和税金。

(5) 计算单位建筑工程概算造价。计算公式为

$$\text{单位建筑工程概算造价} = \text{直接费} + \text{间接费} + \text{利润} + \text{税金} \qquad (4\text{-}4)$$

### 应用案例 4-3

某市拟建一座 7 000m$^2$ 的教学楼，按有关规定标准计算得到措施费为 400 000 元，各项费率分别为：间接费费率为 5%，利润率为 7%，增值税税率为 9%(以直接费为计算基础)。按表 4-6 给出的土建工程量和扩大单价表编制出该教学楼土建工程设计概算造价和平方米造价，见表 4-7。

表 4-6　某教学楼土建工程量和扩大单价表

| 分部工程名称 | 单位 | 工程量 | 扩大单价/元 |
|---|---|---|---|
| 基础工程 | $10m^3$ | 160 | 2 500 |
| 混凝土及钢筋混凝土 | $10m^3$ | 150 | 6 800 |
| 砌筑工程 | $10m^3$ | 280 | 3 300 |
| 地面工程 | $100m^2$ | 40 | 1 100 |
| 楼面工程 | $100m^2$ | 90 | 1 800 |
| 卷材屋面 | $100m^2$ | 40 | 4 500 |
| 门窗工程 | $100m^2$ | 35 | 5 600 |
| 抹灰工程 | $100m^2$ | 180 | 600 |

表 4-7　某教学楼概算造价表

| 序号 | 分部工程或费用名称 | 单位 | 工程量 | 单价/元 | 合价/元 |
|---|---|---|---|---|---|
| 1 | 基础工程 | $10m^3$ | 160 | 2 500 | 400 000 |
| 2 | 混凝土及钢筋混凝土 | $10m^3$ | 150 | 6 800 | 1 020 000 |
| 3 | 砌筑工程 | $10m^3$ | 280 | 3 300 | 924 000 |
| 4 | 地面工程 | $100m^2$ | 40 | 1 100 | 44 000 |
| 5 | 楼面工程 | $100m^2$ | 90 | 1 800 | 162 000 |
| 6 | 卷材屋面 | $100m^2$ | 40 | 4 500 | 180 000 |
| 7 | 门窗工程 | $100m^2$ | 35 | 5 600 | 196 000 |
| 8 | 抹灰工程 | $100m^2$ | 180 | 600 | 108 000 |
| A | 直接工程费小计 | 以上 8 项之和 | | | 3 034 000 |
| B | 措施费 | | | | 400 000 |
| C | 直接费小计 | A + B | | | 3 434 000 |
| D | 间接费 | C × 5% | | | 171 700 |
| E | 利润 | (C + D) × 7% | | | 252 399 |
| F | 税金 | (C + D + E) × 9% | | | 347 229 |
| G | 概算造价 | C + D + E + F | | | 4 205 328 |
| H | 平方米造价 | G / 7 000 | | | 600.76 |

2) 概算指标法

当初步设计深度不够，不能准确地计算工程量，但是工程采用的技术比较成熟，并且有概算指标可以利用时，可采用概算指标来编制概算，这种方法叫作概算指标法。

概算指标是一种以整个建筑物或构筑物为依据编制的定额，以 $m^3$、$m^2$ 或座为计量单位，规定人工、材料和机械台班的消耗量标准和造价指标。

(1) 概算指标法的编制步骤。

① 收集编制概算的基础资料，并根据设计图纸计算建筑面积或构筑物的“座”数。

② 根据拟建工程项目的性质、规模、结构内容和层数等基本条件，选用相应的概算指标。

③ 计算直接工程费。计算公式为

$$\text{直接工程费} = \text{每 } 100\text{m}^2 \text{ 造价指标} \times \text{建筑面积}/100\text{m}^2 \tag{4-5}$$

另一种方法是以概算指标中规定的每 $100\text{m}^2$ 建筑面积(或 1 000$\text{m}^3$)所耗人工工日数、主要材料数量为依据，首先计算拟建工程人工、主要材料消耗量，再计算直接工程费，并取费。计算公式为

$$100\text{m}^2 \text{ 建筑面积的人工费} = \text{指标规定的工日数} \times \text{本地区人工单价} \tag{4-6}$$

$$100\text{m}^2 \text{ 建筑面积的主要材料费} = \sum(\text{指标规定的主要材料数量} \times \text{地区材料预算单价}) \tag{4-7}$$

$$100\text{m}^2 \text{ 建筑面积的其他材料费} = \text{主要材料费} \times \text{其他材料费占主要材料费的百分比} \tag{4-8}$$

$$100\text{m}^2 \text{ 建筑面积的机械使用费} = (\text{人工费} + \text{主要材料费} + \text{其他材料费}) \times \text{机械使用费所占百分比} \tag{4-9}$$

$$\text{每平方米建筑面积的直接工程费} = (\text{人工费} + \text{主要材料费} + \text{其他材料费} + \text{机械使用费})/100\text{m}^2 \tag{4-10}$$

根据直接工程费，结合其他各项取费方法，分别计算措施费、间接费、利润和税金，得到每平方米建筑面积的概算单价，再乘以拟建单位工程的建筑面积，即可得到单位工程概算造价。

④ 调整直接工程费，调整费率按直接工程费的百分比计取。计算公式为

$$\text{调整后直接工程费} = \text{直接工程费} \times \text{调整费率} \tag{4-11}$$

⑤ 计算间接费、利润、税金等。

(2) 拟建工程结构特征与概算指标有局部差异时的调整。

当采用概算指标编制概算时，如果初步设计的工程内容与概算指标规定的内容有局部差异，就必须对原概算指标进行调整，然后才能使用。调整的方法一般是从原指标的单位造价中减去应换出的原指标，加入应换进的新指标，就成为调整后的单位造价指标。计算公式为

$$\text{单位面积造价调整指标} = \text{原概算指标单价} - \text{换出结构构件单价} + \text{换入结构构件单价} \tag{4-12}$$

$$\text{换出(入)结构构件单价} = \text{换出(入)结构构件工程量} \times \text{相应概算定额地区单价} \tag{4-13}$$

$$\text{概算直接费} = \text{单位面积造价调整指标} \times \text{建筑面积} \tag{4-14}$$

## 应用案例 4-4

某新建单身宿舍，其建筑面积为 3 500$\text{m}^2$，按概算指标和地区材料预算价格等算出单位造价：一般土建工程 640.00 元/$\text{m}^2$，采暖工程 32.00 元/$\text{m}^2$，给排水工程 36.00 元/$\text{m}^2$，照明工程 30.00 元/$\text{m}^2$。

但新建单身宿舍设计资料与概算指标相比较，其结构构件有部分变更，设计资料表明外墙为一砖半外墙，而概算指标中外墙为一砖外墙。

根据当地土建工程预算定额，外墙带形毛石基础的预算单价为 147.87 元/m³，一砖外墙的预算单价为 177.10 元/m³，一砖半外墙的预算单价为 178.08 元/m³。

概算指标中每 100m² 建筑面积中含外墙带形毛石基础为 18m³，一砖外墙为 46.5m³。新建工程设计资料表明，每 100m² 建筑面积中含外墙带形毛石基础为 19.6m³，一砖半外墙为 61.2m³。

请计算调整后的概算单价和新建宿舍的概算造价。

【案例解析】

(1) 首先对土建工程中结构构件的变更和单价进行调整，过程见表 4-8。

表 4-8　结构构件变更和单价调整表

| 序号 | 结构名称 | 单位 | 数　量<br>(每 100m² 含量) | 单价/元 | 合价/元 |
|---|---|---|---|---|---|
| 土建工程单位面积造价换出部分： | | | | | |
| 1 | 外墙带形毛石基础 | m³ | 18 | 147.87 | 2 661.66 |
| 2 | 一砖外墙 | m³ | 46.5 | 177.10 | 8 235.15 |
| 合　计 | | 元 | | | 10 896.81 |
| 土建工程单位面积造价换入部分： | | | | | |
| 1 | 外墙带形毛石基础 | m³ | 19.6 | 147.87 | 2 898.25 |
| 2 | 一砖半外墙 | m³ | 61.2 | 178.08 | 10 898.50 |
| 合　计 | | 元 | | | 13 796.75 |
| 结构变化调整指标 | | 640.00 − 10 896.81/100 + 13 796.75/100 ≈ 669.00(元/m²) | | | |

(2) 修正后的土建工程单位工程造价为 669.00 元/m²。

由于其余工程每平方米造价不变(采暖工程 32.00 元/m²、给排水工程 36.00 元/m²、照明工程 30.00 元/m²)。因此，经过调整后的概算单价为

$669.00 + 32.00 + 36.00 + 30.00 = 767(元/m^2)$

(3) 新建宿舍楼概算造价为

$767 \times 3\,500 = 2\,684\,500(元)$

3) 类似工程预算法

类似工程预算法是利用技术条件与设计对象相类似的已完工程或在建工程的工程造价资料来编制拟建工程设计概算的方法。

类似工程预算法在拟建工程初步设计与已完工程或在建工程的设计相类似，而又没有可用的概算指标时采用，但必须对建筑结构差异和价差进行调整。建筑结构差异的调整方法与概算指标法的调整方法相同。类似工程造价价差调整的两种常用方法如下。

(1) 类似工程造价资料有具体的人工、材料、机械台班的用量时，可按类似工程预算造价资料中的主要材料用量、工日数量、机械台班用量乘以拟建工程所在地的主要材料预算价格、人工单价、机械台班单价，计算出直接工程费，再乘以当地的综合费率，即可得出所需的造价指标。

(2) 类似工程造价资料只有人工、材料、机械台班费用和措施费、间接费时，可按下列公式调整。

$$D = A \cdot K \tag{4-15}$$

$$K = a\%K_1 + b\%K_2 + c\%K_3 + d\%K_4 + e\%K_5 \tag{4-16}$$

式中：$D$——拟建工程每平方米概算造价；

$A$——类似工程每平方米预算造价；

$K$——综合调整系数；

$a\%$，$b\%$，$c\%$，$d\%$，$e\%$——类似工程预算的人工费、材料费、机械台班费、措施费、间接费占预算造价的比重，如 $a\%$ = 类似工程人工费(或工资标准)/类似工程预算造价 × 100%，$b\%$、$c\%$、$d\%$、$e\%$类似；

$K_1$，$K_2$，$K_3$，$K_4$，$K_5$——拟建工程地区与类似工程预算造价在人工费、材料费、机械台班费、措施费和间接费之间的差异系数，如 $K_1$ = 拟建工程概算的人工费(或地区工资标准)/类似工程预算人工费(或地区工资标准)，$K_2$、$K_3$、$K_4$、$K_5$类似。

## 应用案例 4-5

某市 2017 年拟建住宅楼，建筑面积 7 100m$^2$，编制土建工程概算时采用 2013 年建成的 6 500m$^2$ 某类似住宅工程预算造价资料(表 4-9)。由于拟建住宅楼与已建成的类似住宅在结构上做了调整，拟建住宅楼每平方米建筑面积比类似住宅工程增加直接工程费 35 元。拟建住宅楼所在地区的利润率为 7%，增值税税率为 9%。

表 4-9 某类似住宅工程预算造价资料

| 序号 | 名称 | 单位 | 数量 | 2013 年单价/元 | 2017 年第一季度单价/元 |
|---|---|---|---|---|---|
| 1 | 人工 | 工日 | 37 908 | 57 | 77 |
| 2 | 钢筋 | t | 245 | 3 100 | 3 200 |
| 3 | 型钢 | t | 147 | 3 600 | 3 800 |
| 4 | 木材 | m$^3$ | 220 | 580 | 630 |
| 5 | 水泥 | t | 1 221 | 400 | 390 |
| 6 | 砂子 | m$^3$ | 2 863 | 35 | 32 |
| 7 | 石子 | m$^3$ | 2 778 | 60 | 65 |
| 8 | 红砖 | 千块 | 950 | 180 | 200 |
| 9 | 木门窗 | m$^2$ | 1 171 | 120 | 150 |
| 10 | 其他材料 | 万元 | 18 | | 调增系数 10% |
| 11 | 机械台班费 | 万元 | 28 | | 调增系数 7% |
| 12 | 措施费费率 | | | 15% | 17% |
| 13 | 间接费费率 | | | 16% | 17% |

【问题】

(1) 计算类似住宅工程成本造价和每平方米成本造价。

(2) 用类似工程预算法编制拟建住宅楼的概算造价和每平方米造价。

【案例解析】

(1) 求类似住宅工程成本造价和每平方米成本造价。

类似住宅工程人工费 = 37 908 × 57 = 2 160 756(元)

类似住宅工程材料费 = 245 × 3 100 + 147 × 3 600 + 220 × 580 + 1 221 × 400 + 2 863 × 35 + 2 778 × 60 + 950 × 180 + 1 171 × 120 + 180 000 = 2 663 105(元)

类似住宅工程机械台班费 = 280 000(元)

类似住宅工程直接工程费 = 人工费 + 材料费 + 机械台班费= 2 160 756 + 2 663 105 + 280 000 = 5 103 861(元)

措施费 = 5 103 861 × 15% ≈ 765 579(元)

直接费 = 5 103 861 + 765 579 = 5 869 440(元)

间接费 = 5 869 440 × 16% ≈ 939 110(元)

所以，类似住宅工程成本造价 = 直接费 + 间接费 = 5 869 440 + 939 110 = 6 808 550(元)

类似住宅工程每平方米成本造价 = 6 808 550/6 500 ≈ 1 047.47(元/m$^2$)

(2) 求拟建住宅楼的概算造价和每平方米造价。

① 求类似住宅工程各费用占其造价的百分比。

人工费占造价百分比 = 2 160 756/6 808 550 × 100% ≈ 31.74%

材料费占造价百分比 = 2 663 105/6 808 550 × 100% ≈ 39.11%

机械台班费占造价百分比 = 280 000/6 808 550 × 100% ≈ 4.11%

措施费占造价百分比 = 765 579/6 808 550 × 100% ≈ 11.24%

间接费占造价百分比 = 939 110/6 808 550 × 100% ≈ 13.80%

② 求拟建住宅楼与类似住宅工程在各项费用上的差异系数。

人工费差异系数($K_1$) = 77/57 ≈ 1.35

材料费差异系数($K_2$) = (245 × 3 200 + 147 × 3 800 + 220 × 630 + 1 221 × 390 + 2 863 × 32 + 2 778 × 65 + 950 × 200 + 1 171 × 150 + 180 000 × 1.1)/2 663 105 = 2 793 226/2 663 105 ≈ 1.049

机械台班费差异系数($K_3$) = 1.07

措施费差异系数($K_4$) = 17%/15% ≈ 1.13

间接费差异系数($K_5$) = 17%/16% ≈ 1.06

③ 求综合调整系数($K$)。

$K$ = 31.74% × 1.35 + 39.11% × 1.049 + 4.11% × 1.07 + 11.24% × 1.13 + 13.80% × 1.06 ≈ 1.156

④ 求拟建住宅楼每平方米造价。

[1 047.47 × 1.156 + 35 × (1 + 17%) × (1 + 17%)] × (1 + 7%) × (1 + 9%) ≈ 1 468.13(元/m$^2$)

⑤ 拟建住宅楼概算造价 = 1 468.13 × 7 100 ≈ 1 042.37(万元)

### 2. 单位设备及安装工程概算的编制方法

1) 设备购置费概算

设备购置费是根据初步设计的设备清单计算出设备原价，并汇总求出设备总原价，然后按有关规定的设备运杂费率乘以设备总原价，两项相加求得的。

有关设备原价、运杂费和设备购置费的概算可参见项目 1 中相关设备内容的计算。

2) 安装工程费概算

安装工程费概算的编制方法如下。

(1) 预算单价法。当初步设计深度较深，有详细的设备清单时，可直接按安装工程预算定额单价编制安装工程费概算，概算程序基本同于安装工程施工图预算。即根据计算的设备安装工程量，乘以安装工程预算综合单价，经汇总求得。用此法编制概算时，计算比较具体，精确性较高。

(2) 扩大单价法。当初步设计深度不够，设备清单不完备，只有主体设备或仅有成套设备的数量时，可采用主体设备、成套设备或工艺线的综合扩大安装单价来编制概算。

(3) 设备价值百分比法(又叫安装设备百分比法)。当初步设计深度不够，只有设备出厂价而无详细规格、质量时，安装工程费可按占设备原价的百分比计算。其百分比值(即安装工程费率)由主管部门制定或由设计单位根据已完类似工程确定。该法常用于价格波动不大的定型产品和通用设备产品。其计算公式为

$$安装工程费 = 设备原价 \times 安装工程费率(\%) \tag{4-17}$$

(4) 综合吨位指标法。当初步设计提供的设备清单有规格和设备质量时，可采用综合吨位指标法编制概算，其综合吨位指标由主管部门或由设计院根据已完类似工程资料确定。该法常用于设备价格波动较大的非标准设备和引进设备。其计算公式为

$$安装工程费 = 设备吨重 \times 每吨设备安装工程费指标(元/t) \tag{4-18}$$

## 4.2.3 单项工程综合概算的编制

单项工程综合概算是确定一个单项工程所需建设费用的文件，是由单项工程中的各单位工程概算汇总编制而成的，是建设项目总概算的组成部分。

单项工程综合概算是以其所包含的单位建筑工程概算和单位设备及安装工程概算为基础汇总而成的。

单项工程综合概算文件包括编制说明(不编制总概算表时列入)和综合概算表两部分。编制说明主要包括编制依据、编制方法、主要设备和材料的数量及其他有关问题。综合概算表是根据单项工程所辖范围内的各单位工程概算等基础资料，按照国家规定的统一表格编制的，见表 4-10。

**表 4-10　单项工程综合概算表**

<table>
<tr><th rowspan="2">序号</th><th rowspan="2">概算编号</th><th rowspan="2">工程项目或费用名称</th><th rowspan="2">设计规模或主要工程量</th><th rowspan="2">建筑工程费</th><th rowspan="2">设备购置费</th><th rowspan="2">安装工程费</th><th rowspan="2">合计</th><th colspan="2">其中：引进部分</th><th colspan="3">主要技术经济指标</th></tr>
<tr><th>美元</th><th>折合人民币</th><th>单位</th><th>数量</th><th>单位价值</th></tr>
<tr><td>一</td><td></td><td>主要工程</td><td></td><td></td><td></td><td></td><td></td><td></td><td></td><td></td><td></td><td></td></tr>
<tr><td>1</td><td>×</td><td>××××</td><td></td><td></td><td></td><td></td><td></td><td></td><td></td><td></td><td></td><td></td></tr>
<tr><td>2</td><td>×</td><td>××××</td><td></td><td></td><td></td><td></td><td></td><td></td><td></td><td></td><td></td><td></td></tr>
<tr><td></td><td></td><td>……</td><td></td><td></td><td></td><td></td><td></td><td></td><td></td><td></td><td></td><td></td></tr>
<tr><td>二</td><td></td><td>辅助工程</td><td></td><td></td><td></td><td></td><td></td><td></td><td></td><td></td><td></td><td></td></tr>
<tr><td>1</td><td>×</td><td>××××</td><td></td><td></td><td></td><td></td><td></td><td></td><td></td><td></td><td></td><td></td></tr>
<tr><td>2</td><td>×</td><td>××××</td><td></td><td></td><td></td><td></td><td></td><td></td><td></td><td></td><td></td><td></td></tr>
<tr><td></td><td></td><td>……</td><td></td><td></td><td></td><td></td><td></td><td></td><td></td><td></td><td></td><td></td></tr>
</table>

续表

| 序号 | 概算编号 | 工程项目或费用名称 | 设计规模或主要工程量 | 建筑工程费 | 设备购置费 | 安装工程费 | 合计 | 其中：引进部分 | | 主要技术经济指标 | | |
|---|---|---|---|---|---|---|---|---|---|---|---|---|
| | | | | | | | | 美元 | 折合人民币 | 单位 | 数量 | 单位价值 |
| 三 | | 配套工程 | | | | | | | | | | |
| 1 | × | ×××× | | | | | | | | | | |
| 2 | × | ×××× | | | | | | | | | | |
| | | …… | | | | | | | | | | |
| | | …… | | | | | | | | | | |
| | | 单项工程概算费用合计 | | | | | | | | | | |

编制人：　　　　　　　　　　　　审核人：　　　　　　　　　　　　审定人：

### 4.2.4 建设项目总概算的编制

建设项目总概算是设计文件的重要组成部分，是预计整个建设项目从筹建到竣工交付使用所花费的全部费用的文件。它是由各单项工程综合概算与工程建设其他费用、建设期贷款利息、预备费和生产或经营性项目铺底流动资金概算所组成的，按照主管部门规定的统一表格进行编制。

建设项目总概算文件一般包括以下部分。

(1) 封面、签署页及目录。

(2) 编制说明，包括以下内容。

① 工程概况：简述建设项目的建设地点、设计规模、建设性质(新建、扩建或改建)、工程类别、建设期(年限)、主要工程内容、主要工程量、主要工艺设备及数量等。

② 主要技术经济指标：项目概算总投资(有引进的给出所需外汇额度)及主要分项投资、主要技术经济指标等。

③ 资金来源和投资方式。

④ 编制依据。

⑤ 其他需要说明的问题。

(3) 总概算表，格式见表 4-11(适用于采用三级编制形式的总概算)。

(4) 各单项工程综合概算。

(5) 工程建设其他费用概算。

(6) 主要建筑安装材料汇总表。

表4-11 总概算表

| 序号 | 概算编号 | 工程项目或费用名称 | 建筑工程费 | 设备购置费 | 安装工程费 | 其他费用 | 合计 | 其中：引进部分 | | 占总投资比例/% |
|---|---|---|---|---|---|---|---|---|---|---|
| | | | | | | | | 美元 | 折合人民币 | |
| 一 | | 工程费用 | | | | | | | | |
| 1 | | 主要工程 | | | | | | | | |
| | | …… | | | | | | | | |
| 2 | | 辅助工程 | | | | | | | | |
| | | …… | | | | | | | | |
| 3 | | 配套工程 | | | | | | | | |
| | | …… | | | | | | | | |
| | | | | | | | | | | |
| 二 | | 工程建设其他费用 | | | | | | | | |
| 1 | | | | | | | | | | |
| 2 | | | | | | | | | | |
| | | | | | | | | | | |
| 三 | | 预备费 | | | | | | | | |
| | | | | | | | | | | |
| 四 | | 建设期贷款利息 | | | | | | | | |
| | | | | | | | | | | |
| 五 | | 流动资金 | | | | | | | | |
| | | | | | | | | | | |
| | | 建设项目概算总投资 | | | | | | | | |

编制人：　　　　审核人：　　　　审定人：

## 4.2.5 设计概算的审查

### 1. 设计概算审查的意义

(1) 有利于合理分配投资资金，加强投资计划管理。设计概算编制得偏高或偏低都会影响投资计划的真实性，影响投资资金的合理分配。进行设计概算审查是遵循客观经济规律的需要，通过审查可以提高投资的准确性和合理性。

(2) 有助于促进概算编制人员严格执行国家有关概算的编制规定和费用标准，提高概算的编制质量。

(3) 有助于促进设计的技术先进性和经济合理性的统一。设计概算中的技术经济指标是概算水平的综合反映，合理、准确的设计概算是技术经济协调统一的具体体现。

(4) 可提高项目投资的经济效益。合理、准确的设计概算可使下阶段的投资控制目标更加科学合理，堵塞投资缺口或突破投资的漏洞，缩小概算与预算之间的差距。

特别提示

设计概算投资一般应控制在立项批准的投资控制额以内。如果设计概算值超过控制额，必须修改设计或重新立项审批。设计概算批准后不得任意修改和调整，如需修改或调整，须经原批准部门重新审批。设计概算文件需经编制单位自审，建设单位复审，工程造价主管部门审批。

**2. 设计概算审查的步骤**

设计概算审查是一项复杂而细致的技术经济工作，审查人员既应懂得有关专业技术知识，又应具有熟练编制概算的能力，一般情况下可按如下步骤进行。

(1) 设计概算审查的准备。准备工作包括：了解设计概算的内容组成、编制依据和方法；了解建设规模、设计能力和工艺流程；熟悉设计图纸和说明书；掌握设计概算费用的构成和有关技术经济指标；明确设计概算各种表格的内涵；收集概算定额、概算指标、取费标准等有关规定的文件资料；等等。

(2) 进行设计概算审查。根据审查的主要内容，分别对设计概算的编制依据、单位工程概算、单项工程综合概算、建设项目总概算进行逐级审查。

(3) 进行技术经济对比分析。利用规定的概算定额或概算指标及有关的技术经济指标与设计概算进行分析对比，将设计概算列明的工程性质、结构类型、建设条件、费用构成、投资比例、占地面积、生产规模、建筑面积、设备数量、造价指标、劳动定员等与国内外同类型工程进行对比分析，找出与同类型工程的主要差距。

(4) 调查研究。对设计概算审查中出现的问题，要在对比分析、找出差距的基础上深入现场进行实际调查研究。具体需要了解设计是否经济合理；设计概算编制依据是否符合现行规定和施工现场实际；有无扩大规模、多估投资或预留缺口等情况，并及时核实概算投资。在当地没有同类型的项目而不能进行对比分析时，可对国内同类型企业进行调查，收集资料，作为审查的参考。经过会审决定的问题应及时调整设计概算，并经原批准单位下发文件。

(5) 积累资料。对审查过程中发现的问题要逐一厘清，对建成项目的实际成本和有关数据资料等进行收集并整理成册，为今后审查同类工程概算和国家修订概算定额提供依据。

**3. 设计概算的审查方法**

1) 对比分析法

对比分析法主要是进行建设规模、标准与立项批文对比；工程数量与设计图纸对比；综合范围、内容与编制方法、规定对比；各项取费与规定标准对比；人工、材料单价与统计信息对比；引进设备、技术投资与报价要求对比；技术经济指标与同类工程对比；等等。

2) 查询核实法

查询核实法是对一些关键设备和设施、重要装置、引进工程图纸不全、难以核算的较大投资进行多方查询核对，逐项落实的方法。

3) 联合会审法

联合会审法是组成由建设单位、审批单位、专家等参加的联合审查组，组织召开联合审查会。

会前，可先采取多种形式分头审查，包括建设单位预审、工程造价主管部门评审、邀请同行专家预审等；在审查会上，各有关单位、专家汇报初审、预审意见，然后进行认真分析、讨论，结合对各专业技术方案的审查意见所产生的投资增减，逐一核实原设计概算投资增减额；对审查中发现的问题和偏差，按照单位工程概算、综合概算、总概算的顺序，按设备购置费、安装工程费、建筑工程费和工程建设其他费用分类整理，汇总核增或核减的项目及其投资额。

最后，将具体审核数据按照“原编概算”“审核结果”“增减投资”“增减幅度”“调整原因”五栏列表，并按照原总概算表汇总顺序，将增减项目逐一列出，相应调整所属项目投资合计，依次汇总审核后的总投资及增减投资额。对于差错较多、问题较大或不能满足要求的设计概算，责成编制单位按审查意见修改后，重新报批。

**4. 设计概算的审查内容**

(1) 审查设计概算的编制依据。

① 审查编制依据的合法性。采用的各种编制依据必须经过国家和授权机关的批准，不能强调情况特殊，擅自提高概算定额、概算指标或取费标准。

② 审查编制依据的时效性。各种依据，如定额、指标、价格、取费标准等，都应根据国家有关部门的现行规定确定。

③ 审查编制依据的适用范围。各种编制依据都有规定的适用范围，如各主管部门规定的各种专业定额及其取费标准，只适用于该部门的专业工程；各地区规定的各种定额及其取费标准，只适用于该地区范围内工程。

(2) 审查设计概算编制深度。一般大中型项目的设计概算，应有完整的编制说明和三级设计概算相关材料(即总概算表、单项工程综合概算表、单位工程概算表)，并按有关规定的深度进行编制。审查各级概算的编制、核对、审核是否按规定编制并进行了相关的签署。

(3) 审查设计概算的编制范围。审查设计概算编制范围及具体工程内容是否与主管部门批准的工程建设项目范围及具体工程内容一致；审查分期工程建设项目的建筑范围及具体工程内容有无重复交叉，是否重复计算或漏算；审查其他费用应列的项目是否符合规定，静态投资、动态投资和生产或经营性项目铺底流动资金是否分别列出等。

(4) 审查建设规模(投资规模、生产能力等)、建设标准(用地指标、建筑标准等)、配套工程、设计定员等是否符合原批准的可行性研究报告或立项批文的标准。对总概算投资超过批准投资估算 10%的，应查明原因，重新上报审批。

(5) 审查设备规格、数量和配置是否符合设计要求，是否与设备清单相一致；设备材质、自动化程度有无提高标准；引进设备是否配套、合理，备用设备台数是否恰当；消防、环保设备是否经过计算；等等。还要重点审查设备价格是否合理、是否合乎有关规定。

(6) 审查工程量是否正确。审查工程量的计算是否是根据初步设计图纸、概算定额、工程量计算规则和施工组织设计的要求进行的，有无多算、重算或漏算，尤其对工程量大、造价高的项目要重点审查。

(7) 审查计价指标。审查建筑与安装工程采用的计价定额、价格指数和有关人工、材料、机械台班单价是否符合工程所在地(或专业部门)定额要求和实际价格水平，费用取值是否合理，并审查概算指标调整系数，主材价格、人工、机械台班和辅材调整系数是否正确与合理。

(8) 审查其他费用。对工程建设其他费用要按国家和地区规定逐项审查，不属于总概算范围的费用项目不能列入概算，具体费率或计取标准是否按国家、行业有关部门规定计算，有无随意列项、多列、交叉计列或漏项等。

# 任务 4.3　施工图预算的编制与审查

## 知识目标

(1) 了解施工图预算的概念和作用。
(2) 熟悉施工图预算的内容和编制依据。
(3) 掌握施工图预算的编制和审查。

## 工作任务

能用工料单价法和综合单价法编制施工图预算。

## 4.3.1 施工图预算的概念和作用

### 1. 施工图预算的概念

施工图预算即单位工程预算书，是在施工图设计完成后、工程开工前，根据已批准的施工图纸，在施工方案或施工组织设计已确定的前提下，按照国家或省市颁发的现行预算定额、单位估价表及各项费用的取费标准、建筑材料的预算价格等有关规定，逐项计算工程量、套用相应定额、进行工料分析、计算直接费，并计取间接费、计划利润、税金等费用，确定单位工程造价的技术经济文件。

特别提示

这里要注意的是，根据同一套图纸，各单位或施工企业进行施工图预算的结果不可能完全一样。因为，尽管施工图纸一样，按工程量计算规则计算的工程量一样，采用的定额一样，按照建设行政主管部门规定的费用计算程序和其他费用规定也相同，但是，编制人员所采用的施工方案不可能完全相同，材料预算价格也因工程所处的时间、地点或材料来源不同等有所差异。所以，认为用同一套施工图纸做出的施工图预算应一样的观点，不能完全反映客观现实的情况。

编制施工图预算是一项政策性和技术性很强的工作。建设工程产品的生产周期长，人工、材料、机械等市场价格存在变化，施工图预算编制人员的政策、业务水平不同，从而使施工图预算的准确度相差甚大。这就要求施工图预算编制人员不但要具备一定的专业技术知识和编制施工图预算的业务能力，熟悉施工过程，而且要具有全面掌握国家和地区工程定额及有关工程造价计费规定的政策水平。

**2. 施工图预算的作用**

1) 施工图预算对建设单位的作用

(1) 施工图预算是施工图设计阶段确定建设项目造价的依据，是设计文件的组成部分。

(2) 施工图预算是建设单位在施工期间安排建设资金计划和使用建设资金的依据。建设单位按照施工组织设计、施工工期、工程施工顺序、各个部分预算造价安排建设资金计划，确保资金正确有效使用，保证项目建设顺利进行。

(3) 施工图预算是招投标的重要基础，既是工程量清单的编制依据，也是最高投标限价的编制依据。

(4) 施工图预算是拨付进度款及办理结算的依据。

2) 施工图预算对施工企业的作用

(1) 根据施工图预算确定投标报价。在竞争激烈的建筑市场，积极参与投标的施工企业根据施工图预算确定投标报价，制定出投标策略，从某种意义上关系到企业的生存与发展。

(2) 根据施工图预算进行施工准备。施工企业通过投标竞争，中标和签订工程承包合同后，劳动力的调配、安排，材料的采购、储存，机械台班的安排使用，内部分包合同的签订等，均是以施工图预算为依据安排的。

(3) 根据施工图预算拟定降低成本措施。在招标承包制中，根据施工图预算确定的中标价格是施工企业收取工程价款的依据，企业必须依据工程实际，合理利用时间、空间，拟定降低人工、材料、机械台班、管理费等成本的技术、组织和安全技术措施，确保工程快、好、省地完成，以获得经济效益。

(4) 根据施工图预算编制施工预算。在拟定降低工程计划成本措施的基础上，施工企业在施工前应编制施工预算。施工预算仍然是以施工图预算的工程量为依据的，并采用施工定额来编制。

## 4.3.2 施工图预算的内容和编制依据

**1. 施工图预算的内容**

施工图预算有单位工程预算、单项工程预算和建设项目总预算。单位工程预算是根据施工图设计文件、现行预算定额、费用标准，以及人工、材料、设备、机械台班等预算价格资料，以一定方法编制的单位工程施工图预算。汇总所有各单位工程预算，即成为单项工程预算；再汇总所有各单项工程预算，便是一个建设项目建筑安装工程的总预算。

单位工程预算包括建筑工程预算和设备及安装工程预算。建筑工程预算按其工程性质分为一般土建工程预算、卫生工程(包括室内外给排水工程、采暖通风工程、煤气工程等)预算、电气照明工程预算、特殊构筑物(如炉窑、烟囱、水塔等)工程预算和工业管道工程预算等。设备及安装工程预算可分为机械设备及安装工程预算、电气设备及安装工程预算和化工设备、热力设备及安装工程预算等。

**2. 施工图预算的编制依据**

1) 施工图纸、说明书和标准图集

经审定的施工图纸、说明书和标准图集完整地反映了工程的具体内容、各部分的具体做法、结构尺寸、技术特征及施工方法，是编制施工图预算的重要依据。

2) 现行预算定额及单位估价表

国家和地区都颁发有现行建筑安装工程预算定额及单位估价表，并有相应的工程量计算规则，这是编制施工图预算中确定分项工程子目、计算工程量、计算直接工程费的主要依据。

3) 施工组织设计或施工方案

施工组织设计或施工方案中包括了与编制施工图预算有关的必不可少的资料，如建设地点的土质、地质情况，土石方开挖的施工方法及余土外运方式与运距，施工机械使用情况，结构件预制加工方法及运距，重要的梁、板、柱的施工方案，重要或特殊机械设备的安装方案，等等。

4) 人工、材料、机械台班预算价格及其调价规定

人工、材料、机械台班预算价格是预算定额的三要素，是构成直接工程费的主要因素，尤其是材料费在工程成本中占的比重大。而且在市场经济条件下，人工、材料、机械台班的价格是随市场而变化的。为使预算造价尽可能接近实际，各地区主管部门对此都有明确的调价规定。因此，合理确定人工、材料、机械台班预算价格及其调价规定是编制施工图预算的重要依据。

5) 建筑安装工程费用定额

建筑安装工程费用定额是指各省、自治区、直辖市和各专业部门规定的费用定额及计算程序。

6) 预算员工作手册及有关工具书

预算员工作手册和工具书包括了计算各种结构件面积和体积的公式，钢材、木材等各种材料规格、型号及用量数据，各种单位换算比例，特殊断面、结构件的工程量的速算方法，金属材料质量表等。显然，以上这些公式、资料、数据是施工图预算中常常要用到的，是编制施工图预算必不可少的依据。

### 4.3.3 施工图预算的编制方法

**1. 工料单价法**

工料单价法是指以分部分项工程单价为直接工程费单价，以分部分项工程量乘以对应的分部分项工程单价后的合计为单位直接工程费，直接工程费汇总后另加措施费、间接费、

利润、税金生成施工图预算造价。按照分部分项工程单价产生的方法不同，工料单价法又可以分为预算单价法和实物法。

1) 预算单价法

预算单价法就是采用地区统一单位估价表中的各分项工程工料预算单价(基价)乘以相应的各分项工程的工程量，求和后得到包括人工费、材料费和施工机具使用费在内的单位工程直接工程费，措施费、间接费、利润和税金可根据统一规定的费率乘以相应的取费基数得到，将上述费用汇总后得到该单位工程的施工图预算造价。

用预算单价法编制施工图预算的基本步骤如下。

(1) 编制前的准备工作。

(2) 熟悉图纸和预算定额，以及单位估价表。

(3) 了解施工组织设计和施工现场情况。

(4) 划分工程项目并计算工程量。

(5) 套用预算定额单价(计算定额基价)。

(6) 工料分析。

(7) 计算主材费(未计价材料费)。

(8) 按费用定额取费。

(9) 计算其他费用，汇总工程造价。

用预算单价法编制施工图预算的程序如图 4.4 所示。

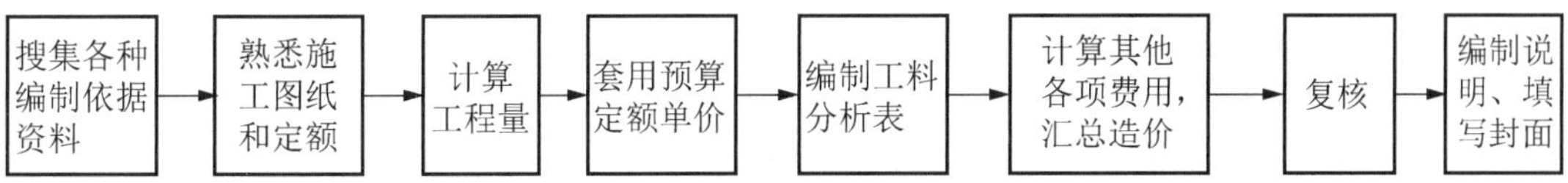


图 4.4 用预算单价法编制施工图预算的程序

2) 实物法

用实物法编制单位工程的施工图预算，就是将根据施工图纸计算得到的各分项工程的工程量分别乘以地区定额中人工、材料、机械台班的定额消耗量，分类汇总得出该单位工程所需的全部人工、材料、机械台班消耗量，然后乘以当时当地的人工单价、各种材料单价、机械台班单价，求出相应的人工费、材料费、施工机具使用费，再加上措施费，就可以求出该工程的直接费。间接费、利润及税金等费用的计取方法与预算单价法相同。

用实物法编制施工图预算的基本步骤如下。

(1) 编制前的准备工作。

(2) 熟悉图纸和预算定额。

(3) 了解施工组织设计和施工现场情况。

(4) 划分工程项目并计算工程量。

(5) 套用定额消耗量，计算人工、材料、机械台班消耗量。

(6) 计算并汇总单位工程的人工费、材料费和施工机具使用费。

(7) 计算其他费用，汇总工程造价。

用实物法编制施工图预算的程序如图 4.5 所示。

在市场经济条件下，人工、材料和机械台班单价是随市场供求情况而变化的，而它们

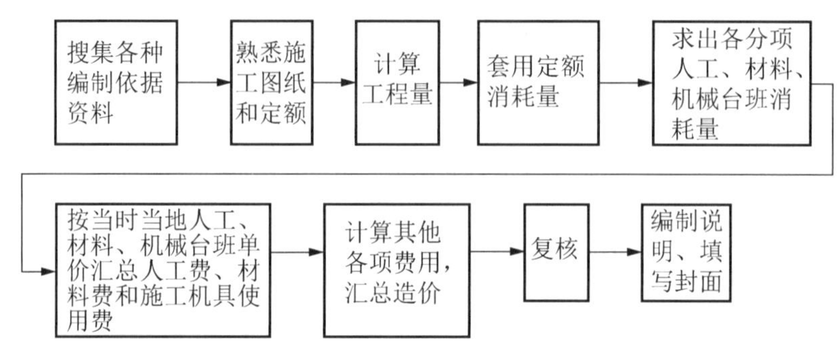


图 4.5　用实物法编制施工图预算的程序

是影响工程造价最活跃、最主要的因素。采用实物法编制施工图预算，由于所用的人工、材料和机械台班的单价都是当时的实际价格，所以编制出的预算能比较准确地反映实际水平，误差较小，适合于市场经济条件下价格波动较大的情况。但是，采用实物法编制施工图预算需要统计人工、材料、机械台班消耗量，还需要搜集相应的实际价格，因而工作量较大，计算过程烦琐。随着建筑市场的开放和价格信息系统的建立，以及竞争机制作用的发挥和计算机的普及，实物法将是一种与统一“量”、指导“价”、竞争“费”的工程造价管理机制相适应的行之有效的预算编制方法，是与市场经济体制相适应的预算编制方法。

**2. 综合单价法**

综合单价法是指分项工程单价综合了直接工程费及多项费用，在此基础上计算施工图预算造价。按照单价综合的内容不同，综合单价法可分为全费用综合单价和清单综合单价。

1) 全费用综合单价

全费用综合单价即单价中综合了分项工程人工费、材料费、施工机具使用费、企业管理费、利润、规费，有关文件规定的调价、税金及一定范围的风险等全部费用。以各分项工程量乘以全费用单价的合价汇总后，再加上措施项目的完全价格，就生成了单位工程施工图预算造价。计算公式为

$$\text{施工图预算造价}=\sum \text{分项工程量}\times\text{分项工程全费用单价}+\text{措施项目完全价格} \qquad (4\text{-}19)$$

2) 清单综合单价

分项工程清单综合单价中综合了人工费、材料费、施工机具使用费、企业管理费、利润，并考虑了一定范围的风险费用，但并未包括措施费、规费和税金，因此它是一种不完全单价。以各分项工程量乘以该综合单价的合价汇总后，再加上措施项目不完全价格、规费和税金后，即是单位工程施工图预算造价。计算公式为

$$\begin{aligned}\text{施工图预算造价}=&\sum \text{分项工程量}\times\text{分项工程不完全单价}+\\&\text{措施项目不完全价格}+\text{规费}+\text{税金}\end{aligned} \qquad (4\text{-}20)$$

## 4.3.4 施工图预算的审查

**1. 施工图预算审查的意义**

加强施工图预算的审查具有以下四个方面的重大意义。

(1) 可以合理确定建筑工程造价，为建设单位进行投资分析、施工企业进行成本分析、

银行拨付工程款和办理工程价款结算提供可靠的依据。

(2) 可以制止各种采用不正当手段套取建设资金的行为，使建设资金支出、使用合理，维护国家和建设单位的经济利益。

(3) 在施工任务少、施工企业之间竞争激烈、建筑市场为买方市场的情况下，通过审查施工图预算，可以制止建设单位不合理的压价现象，维护施工企业的合法经济利益。

(4) 可以促进施工企业施工图预算编制水平的提高，使施工企业端正经营思想，从而达到预算管理的目的。

**2. 施工图预算的审查内容**

施工图预算的审查重点应该放在编制依据是否合理，工程量计算是否准确，预算单价套用是否正确，设备、材料预算价格取定是否正确，各项费用标准是否符合现行规定等方面。

1) 审查编制依据

(1) 审查编制依据是否合法。采用的各种编制依据应经国家有关部门批准发布，符合国家编制规定。

(2) 审查编制依据的时效性。各种计价依据如定额、价格、取费标准等，应根据国家有关部门的现行规定进行，注意有无调整和新的规定。

(3) 审查编制依据的适用范围。各种编制依据都有规定的适用范围，既要符合一定时间某种专业和某个地区的规定，又要符合施工图预算的计价要求。

2) 审查工程量计算

审查工程量计算主要依据工程量计算规则进行审查。

(1) 土方工程。其包括以下内容。

① 平整场地、挖地槽、挖地坑、挖土方工程量的计算是否符合现行定额计算规定和施工图纸标注尺寸，土壤类别是否与勘察资料一致，地槽与地坑放坡、挡土板是否符合设计要求，有无重算或漏算。

② 回填工程量应注意地槽、地坑回填土的体积是否扣除了基础所占体积，地面和室内填土的厚度是否符合设计要求。运土方的审查除了注意运土距离外，还要注意运土数量是否扣除了就地回填的土方。

(2) 打桩工程。其包括以下内容。

① 注意审查各种不同的桩料，必须分别计算，施工方法必须符合设计要求。

② 桩料长度必须符合设计要求，如果桩料长度超过一般桩料长度需要接桩，则注意审核接头数是否正确。

(3) 砖石工程。其包括以下内容。

① 墙基和墙身的划分是否符合规定。

② 按规定不同厚度的内、外墙是否分别计算，应扣除的门窗洞口及埋入墙体的各种钢筋混凝土梁、柱等是否已扣除。

③ 不同砂浆标号的墙和定额规定按立方米或按平方米计算的墙，有无混淆、错算或漏算。

(4) 混凝土及钢筋混凝土工程。其包括以下内容。

① 现浇与预制构件是否分别计算，有无混淆。

② 现浇柱与梁、主梁与次梁及各种构件计算是否符合规定，有无重算或漏算。

③ 有筋与无筋构件是否按设计规定分别计算，有无混淆。

④ 钢筋混凝土的含钢量与预算定额的含钢量发生差异时，是否按规定予以增减调整。

(5) 木结构工程。其包括以下内容。

① 门窗是否区分不同种类，按门窗洞口面积计算。

② 木装修的工程量是否按规定分别以延长米或平方米计算。

(6) 楼地面工程。其包括以下内容。

① 楼梯抹面是否按踏步和休息平台部分的水平投影面积计算。

② 细石混凝土地面找平层的设计厚度与定额厚度不同时，是否按其厚度进行换算。

(7) 屋面工程。其包括以下内容。

① 卷材屋面工程是否与屋面找平层工程量相等。

② 屋面保温层的工程量是否按屋面层的建筑面积乘以保温层平均厚度计算，不做保温层的挑檐部分是否按规定不做计算。

(8) 构筑物工程。当烟囱和水塔定额是以座编制时，地下部分已包括在定额内，按规定不能再另行计算。审查是否符合要求，有无重算。

(9) 装饰工程。内墙抹灰的工程量是否按墙面的净高和净宽计算，有无重算或漏算。

(10) 金属构件制作工程。金属构件制作工程量多数以吨为单位，在计算时，型钢按图示尺寸求出长度，再乘以每米的质量；钢板要求算出面积，再乘以每平方米的质量。审查是否符合规定。

(11) 水暖工程。室内外给排水管道、暖气管道的划分是否符合规定；各种管道的长度、口径是否按设计规定和定额计算；室内给水管道不应扣除阀门、接头零件所占的长度，但应扣除卫生设备(浴盆、卫生盆、冲洗水箱、淋浴器等)本身所附带的管道长度，审查是否符合要求，有无重算；室内排水管道若采用承插铸铁管，不应扣除异形管及检查口所占长度；室外排水管道是否已扣除了检查井与连接井所占的长度；暖气片的数量是否与设计一致。

(12) 电气照明工程。灯具的种类、型号、数量是否与设计图一致；线路的敷设方法、线材品种等，是否达到设计标准，工程量计算是否正确。

(13) 设备及安装工程。设备的种类、规格、数量是否与设计相符，工程量计算是否正确，有无把不需安装的设备作为安装的设备计算安装工程费。

3) 审查预算单价的套用

(1) 预算中所列各分项工程预算单价是否与现行预算定额的预算单价相符，其名称、规格、计量单位和所包括的工程内容是否与单位估价表一致。

(2) 审查换算的单价是否是定额允许换算的，换算是否正确。

(3) 审查补充定额和单位估价表的编制是否符合编制原则，单位估价表计算是否正确。

4) 审查设备、材料的预算价格

设备、材料的预算价格是施工图预算造价所占比例大、变化大的内容，要重点审查。

(1) 审查设备、材料的预算价格是否符合工程所在地的真实价格及价格水平。若是采用市场价格，要核实其真实性、可靠性；若是采用有关部门公布的信息价，要注意信息价的时间、地点是否符合要求，是否要按规定调整。

(2) 设备、材料的原价确定方法是否正确；非标准设备的原价的计价依据、方法是否正确、合理。

(3) 设备的运杂费率及其运杂费的计算是否正确，材料预算价格的各项费用的计算是否符合规定，是否正确。

5) 审查其他有关费用

其他直接费包括的内容各地不一，具体计算时，应按当时的现行规定执行。审查时要注意是否符合规定和定额要求，同时还要注意以下几个方面。

(1) 间接费的计取基础是否符合现行规定，有无不能作为计费基础的费用被列入计费的基础。

(2) 预算外调增的材料差价是否计取了间接费；直接费或人工费增减后，有关费用是否相应做了调整。

(3) 有无巧立名目、乱计费、乱摊费用现象。

## 综合应用案例 1

试对某传达室的钢筋混凝土分部工程用工料单价法编制施工图预算。

建筑工程预算书封面、编制说明、建筑工程费用总值表、建筑工程预算表、组织措施费计算表、技术措施费计算表分别见表 4-12～表 4-17。

表 4-12 建筑工程预算书封面

| 建筑工程预算书 | |
|---|---|
| 单位工程名称：某传达室工程土建 | 分部工程名称：钢筋混凝土工程 |
| 工程类别： | 结构类型： |
| 项目编号： | 预(结)算造价：19 868.74 元 |
| 建设单位：××学校 | 施工单位：××建筑工程有限公司 |
| 审核主管：××× | 编制主管：××× |
| 审核人：××× | 编制人：××× |
| 审核人证号： | 编制人证号： |
| 审核日期： | 编制日期： |

表 4-13 编制说明

| 编制说明 |
|---|
| 一、工程概况<br>本工程建筑面积 55.75m$^2$，单层砖混结构，灰土垫层砖基础，砖墙身，构造柱、圈梁采用 C20 混凝土。<br>二、编制依据<br>(1) 定额采用《××省建设工程费用定额》及《××省建筑工程消耗量定额》价目汇总表。本施工企业核准规费费率为 9.48%，取费基数为直接费，企业管理费费率取 6.39%，利润率为 5.5%，增值税税率为 9%。<br>(2) 本预算具体内容包括传达室工程的混凝土、钢筋混凝土、模板及支架等分项工程。<br>(3) 动态调整按 2022 年第 6 期《××市工程造价信息》建设工程人工、材料指导价格进行。 |

表 4-14　建筑工程费用总值表

| 序号 | 费用名称 | 取费说明 | 费率/% | 费用金额/元 |
|---|---|---|---|---|
| 一 | 建筑工程 | 建筑工程 | | 18 544.07 |
| 1 | 直接工程费 | 人工、材料、机具费 | | 7 331.64 |
| 2 | 技术措施费 | 技术措施项目合计 | | 5 940.06 |
| 3 | 组织措施费 | 组织措施项目合计 | | 302.07 |
| 4 | 直接费小计 | 直接工程费 + 技术措施费 + 组织措施费 | | 13 573.77 |
| 5 | 企业管理费 | 直接费小计 | 6.39 | 867.36 |
| 6 | 规费 | 直接费小计 | 9.48 | 1 286.79 |
| 7 | 间接费小计 | 企业管理费 + 规费 | | 2 154.15 |
| 8 | 利润 | 直接费小计 + 间接费小计 | 5.5 | 865.04 |
| 9 | 动态调整 | 人工、材料、机具费价差 | | 1 306.81 |
| 10 | 税金 | 直接费小计 + 间接费小计 + 利润 + 动态调整 | 9 | 1 610.98 |
| 11 | 工程造价 | 直接费小计 + 间接费小计 + 利润 + 动态调整 + 税金 | | 16 592.96 |

注：表中“机具费”指施工机具使用费，余同。

表 4-15　建筑工程预算表

工程名称：钢筋混凝土工程

| 序号 | 编号 | 子目名称 | 工程量 | | 价值/元 | | 其中/元 | | |
|---|---|---|---|---|---|---|---|---|---|
| | | | 单位 | 数量 | 单价 | 合价 | 人工费 | 材料费 | 机具费 |
| 1 | | 混凝土及钢筋混凝土工程 | | | | 7 331.64 | 1 192.76 | 6 063.40 | 75.47 |
| 1.1 | A4-195 | 泵送预拌混凝土构造柱 | 10m$^3$ | 0.09 | 2 640.47 | 227.08 | 29.22 | 196.59 | 1.27 |
| 1.2 | A4-200 | 泵送预拌混凝土圈梁 | 10m$^3$ | 0.27 | 2 364.49 | 638.41 | 69.56 | 564.86 | 3.99 |
| 1.3 | A4-201 | 泵送预拌混凝土过梁 | 10m$^3$ | 0.05 | 2 511.02 | 120.53 | 18.00 | 101.82 | 0.71 |
| 1.4 | A4-210 | 泵送预拌混凝土平板 | 10m$^3$ | 0.56 | 2 242.18 | 1 244.41 | 68.33 | 1 167.88 | 8.20 |
| 1.5 | A4-220 | 泵送预拌混凝土挑檐天沟 | 10m$^3$ | 0.25 | 2 657.49 | 669.69 | 118.50 | 545.23 | 5.96 |
| 1.6 | A4-222 | 泵送预拌混凝土台阶(10m$^2$)投影面积 | 10m$^2$ | 0.25 | 407.29 | 102.64 | 13.36 | 89.28 | |
| 1.7 | A4-259 | 泵送预拌混凝土散水厚 50mm 面层一次抹光 | 100m$^2$ | 0.25 | 1 564.52 | 397.39 | 64.72 | 330.42 | 2.25 |

续表

| 序号 | 编号 | 子目名称 | 工程量 | | 价值/元 | | 其中/元 | | |
|---|---|---|---|---|---|---|---|---|---|
| | | | 单位 | 数量 | 单价 | 合价 | 人工费 | 材料费 | 机具费 |
| 1.8 | A4-415 | 现浇构件光圆钢筋$\phi$10 以内 | t | 0.64 | 4 821.56 | 3 085.80 | 700.42 | 2 345.80 | 39.58 |
| 1.9 | A4-416 | 现浇构件光圆钢筋$\phi$20 以内 | t | 0.12 | 4 423.98 | 530.88 | 66.96 | 455.69 | 8.22 |
| 1.10 | A4-419 | 现浇构件螺纹钢筋$\phi$20 以内 | t | 0.07 | 4 497.24 | 314.81 | 43.69 | 265.83 | 5.29 |
| | | 合　计 | | | | 7 331.64 | 1 192.76 | 6 063.40 | 75.47 |

表 4-16　组织措施费计算表

工程名称：钢筋混凝土工程

| 序号 | 项目名称 | 基 数 | 费率/% | 费用金额/元 |
|---|---|---|---|---|
| 1 | 建筑工程 | | | |
| 1.1 | 安全施工费 | 人工、材料、机具费 | 0.67 | 49.12 |
| 1.2 | 文明施工费 | 人工、材料、机具费 | 0.53 | 38.86 |
| 1.3 | 生活性临时设施费 | 人工、材料、机具费 | 0.64 | 46.92 |
| 1.4 | 生产性临时设施费 | 人工、材料、机具费 | 0.41 | 30.06 |
| 1.5 | 夜间施工增加费 | 人工、材料、机具费 | 0.15 | 11.00 |
| 1.6 | 冬雨季施工增加费 | 人工、材料、机具费 | 0.55 | 40.32 |
| 1.7 | 材料二次搬运费 | 人工、材料、机具费 | 0.15 | 11.00 |
| 1.8 | 停水停电增加费 | 人工、材料、机具费 | 0.02 | 1.47 |
| 1.9 | 工程定位复测、工程点交、场地清理费 | 人工、材料、机具费 | 0.10 | 7.33 |
| 1.10 | 室内环境污染物检测费 | 人工、材料、机具费 | 0.47 | 34.46 |
| 1.11 | 检测试验费 | 人工、材料、机具费 | 0.22 | 16.13 |
| 1.12 | 生产工具用具使用费 | 人工、材料、机具费 | 0.21 | 15.40 |
| | 合　计 | | | 302.07 |

表 4-17　技术措施费计算表

工程名称：钢筋混凝土工程

| 序号 | 编号 | 子目名称 | 工程量 | | 价值/元 | | 其中/元 | | |
|---|---|---|---|---|---|---|---|---|---|
| | | | 单位 | 数量 | 单价 | 合价 | 人工费 | 材料费 | 机具费 |
| 2 | | 混凝土、钢筋混凝土模板及支架 | 项 | 1 | 5 940.06 | 5 940.06 | 2 460.11 | 3 217.88 | 262.08 |
| 2.1 | A12-38 | 现浇混凝土模板构造柱木胶合模板 | 100m$^2$ | 0.079 5 | 6 922.18 | 550.31 | 192.82 | 329.08 | 28.41 |

续表

| 序号 | 编号 | 子目名称 | 工程量 | | 价值/元 | | 其中/元 | | |
|---|---|---|---|---|---|---|---|---|---|
| | | | 单位 | 数量 | 单价 | 合价 | 人工费 | 材料费 | 机具费 |
| 2.2 | A12-53 | 现浇混凝土模板圈梁木胶合模板 | $100m^2$ | 0.239 3 | 4 559.24 | 1 091.03 | 442.76 | 622.60 | 25.67 |
| 2.3 | A12-48 | 现浇混凝土模板过梁木胶合模板 | $100m^2$ | 0.048 0 | 5 234.03 | 251.23 | 107.74 | 137.32 | 6.17 |
| 2.4 | A12-70 | 现浇混凝土模板平板木胶合模板 | $100m^2$ | 0.460 7 | 3 835.56 | 1 767.04 | 636.54 | 971.80 | 158.71 |
| 2.5 | A12-98 | 现浇混凝土模板挑檐天沟木模板 | $100m^2$ | 0.414 8 | 5 337.19 | 2 213.87 | 1 048.36 | 1 123.46 | 42.05 |
| 2.6 | A12-91 | 现浇混凝土模板台阶木模板 | $10m^2$ | 0.252 0 | 264.20 | 66.58 | 31.89 | 33.62 | 1.07 |
| | | 合　计 | | | 5 940.06 | 5 940.06 | 2 460.11 | 3 217.88 | 262.08 |

## 综合应用案例 2

试确定某工程中挖基础土方清单项目的综合单价及合价，项目特征见表 4-18。

**表 4-18　挖基础土方清单项目表**

| 序号 | 项目编码 | 项目名称 | 项目特征 | 单位 | 工程量 |
|---|---|---|---|---|---|
| 1 | 010101003001 | 挖基础土方 | Ⅱ类土，大面积土方开挖，3：7 灰土填料底面积为 $600.85m^2$，挖土深度 2.3m，弃土运距 3km | $m^3$ | 1 452.92 |

**【案例解析】**

由表 4-18“项目特征”一栏内对项目个体特征的描述及结合工程量计算规范中相应项目所完成的工作内容可知，挖基础土方清单项目综合的工作内容有：基底钎探、挖土方、土方运输。

1．综合项目的工程量计算

1) 基底钎探

基底钎探工程量计算规则为按开挖基坑的底面积计算。本工程为大开挖，基坑底面积为 $600.85m^2$，则基底钎探工程量为 $600.85m^2$。

2) 挖土方

因原项目提供的资料中说明本工程基础垫层下有 3：7 换土垫层，且 3：7 换土垫层每边宽出基础 1 000mm，即施工方案工程量同挖基础土方清单工程量，为 $1\,452.92m^3$。

根据施工组织设计，挖土采用机械挖土，而根据某省消耗量定额规定，机械挖土工程量按机械挖土方 90%、人工挖土方 10%计算，且人工挖土部分按相应定额项目人工乘以系数 1.5。本项目中挖土包括机械挖土和人工挖土两部分，工程量分别为

机械挖土：$1\,452.92 \times 90\% \approx 1\,307.63(m^3)$

人工挖土：$1\,452.92 \times 10\% \approx 145.29(m^3)$

3) 土方运输

在项目特征描述中说明现场无堆土地点，全部运出，即土方运输工程量同挖土方量，则土方运输工程

量为 1 452.92m$^3$，运距为 3km。

2．挖基础土方清单项目综合单价计算

以基底钎探为例，其方案工程量为 600.85m$^2$。查得某省消耗量定额 A1-2 基底钎探每 100m$^2$ 人工工日消耗为 5.09 工日，并知某省综合人工定额单价为 57 元/工日，所以人工费为 57 × 5.09 = 290.13(元)，无材料费及机具费，故直接工程费定额基价为 290.13 元。

故本项目中基底钎探人工费为：290.13 × 600.85/100 ≈ 1 743.25(元)

人工费综合单价为：1 743.25 ÷ 1 452.92 ≈ 1.20(元/m$^3$)

又知根据某省清单计价费用定额，企业管理费计费基数为定额人工、材料、机具费合计，费率为 6.39%，利润计费基数为定额人工、材料、机具费合计，费率为 6.2%。

故本子目的企业管理费为：1 743.25 × 6.39% ≈ 111.39(元)

企业管理费的综合单价为：111.39 ÷ 1 452.92 ≈ 0.077(元/m$^3$)

本子目的利润为：1 743.25 × 6.2% ≈ 108.08(元)

利润的综合单价为：108.08 ÷ 1 452.92 ≈ 0.074(元/m$^3$)

企业管理费和利润合计为：0.077 + 0.074 ≈ 0.15(元/m$^3$)

故基底钎探的综合单价为：1.20 + 0.15 = 1.35(元/m$^3$)

此清单子目合价为：1.351 × 1 452.92 ≈ 1 962.89(元)

其他子目计算过程略，挖基础土方清单项目综合单价计算结果见表 4-19 和表 4-20。

**表 4-19　挖基础土方清单项目综合单价分析表**

| 项目编码 | | 010101003001 | | 项目名称 | | 挖基础土方 | | 计量单位 | m$^3$ | 工程量 | 1 452.92 |
|---|---|---|---|---|---|---|---|---|---|---|---|
| 清单综合单价组成明细 | | | | | | | | | | | |
| 定额编号 | 定额项目名称 | 定额单位 | 数量 | 单价/元 | | | | 合价/元 | | | |
| | | | | 人工费 | 材料费 | 机具费 | 企业管理费和利润 | 人工费 | 材料费 | 机具费 | 企业管理费和利润 |
| A1-2 | 基底钎探 | 100m$^2$ | 0.004 1 | 290.13 | 0 | 0 | 36.53 | 1.20 | 0 | 0 | 0.15 |
| A1-41 换 | 反、拉铲挖掘机自卸汽车运土运距 1 000m 以内 实际运距(m)3 000m | 1 000m$^3$ | 0.000 9 | 342.00 | 67.20 | 13 819.07 | 1 593.04 | 0.31 | 0.06 | 12.44 | 1.43 |
| A1-4 | 人工挖土方 普硬土深度 (2m 以内) | 100m$^3$ | 0.001 | 1 574.91 | 0 | 0 | 198.28 | 1.57 | 0 | 0 | 0.20 |
| A1-89 | 人工装自卸汽车运输运距 1 000m 以内土方实际运距 (m)3 000m | 100m$^3$ | 0.001 | 1 040.82 | 0 | 2 383.48 | 396.87 | 1.04 | 0 | 2.38 | 0.40 |

续表

| 项目编码 | | 010101003001 | | 项目名称 | | 挖基础土方 | | 计量单位 | $m^3$ | 工程量 | 1 452.92 |
|---|---|---|---|---|---|---|---|---|---|---|---|
| 清单综合单价组成明细 | | | | | | | | | | | |
| 定额编号 | 定额项目名称 | 定额单位 | 数量 | 单价/元 | | | | 合价/元 | | | |
| | | | | 人工费 | 材料费 | 机具费 | 企业管理费和利润 | 人工费 | 材料费 | 机具费 | 企业管理费和利润 |
| 人工单价 | | 小计 | | | | | | 4.12 | 0.06 | 14.82 | 2.18 |
| 综合工日 57 元/工日 | | 未计价材料费 | | | | | | 0 | | | |
| 清单项目综合单价 | | | | | | | | 21.18 | | | |

表 4-20　分部分项工程清单与计价表

| 序号 | 项目编码 | 项目名称 | 项目特征描述 | 计量单位 | 工程量 | 金额/元 | | |
|---|---|---|---|---|---|---|---|---|
| | | | | | | 综合单价 | 合价 | 暂估价 |
| 1 | 010101003001 | 挖基础土方 | Ⅱ类土，大面积土方开挖，3∶7 灰土填料底面积为 600.85$m^2$，挖土深度 2.3m，弃土运距 3km | $m^3$ | 1 452.92 | 21.18 | 30 772.85 | |

## 项 目 小 结

本项目阐述了运用综合评价法和价值工程法优选设计方案的过程，列出了单位工程和单项工程设计概算的组成及计算过程，举例说明了用工料单价法和综合单价法编制施工图预算的区别及计算过程。本章的教学目标是使学生熟悉设计阶段所涉及的相关知识点，通过案例来了解实践中进行造价控制的一些基本要求。

## 思考与练习

### 一、单选题

1. 限额设计的有效途径和主要方法是(　　)。

A. 纵向控制　　B. 横向控制

C. 投资分解　　D. 减少设计变更

2. 设计概算是编制和确定建设项目(　　)。

A. 从筹建到竣工所需建筑安装工程全部费用的文件

B. 从筹建到竣工交付使用所需全部费用的文件

C. 从开工到竣工所需建筑安装工程全部费用的文件

D. 从开工到竣工交付使用所需全部费用的文件

3. 当建设项目为一个单项工程时，其设计概算应采用的编制形式是(　　)。

A. 单位工程概算、单项工程综合概算和建设项目总概算三级

B. 单位工程概算和单项工程综合概算二级

C. 单位工程概算和建设项目总概算二级

D. 单项工程综合概算和建设项目总概算二级

4. 在住宅小区规划设计中节约用地的主要措施有(　　)。

A. 增加建筑的间距　　B. 提高住宅层数或高低层搭配

C. 缩短房屋长度　　D. 压缩公共建筑的层数

5. 某新建住宅土建单位工程概算的直接工程费为 800 万元，措施费按直接工程费的 8%计算，间接费费率为 15%，利润率为 7%，增值税税率为 9%，则该住宅的土建单位工程概算造价为(　　)万元。

A. 1 067.2　　B. 1 075.4

C. 1 089.9　　D. 1 158.8

6. 拟建某教学楼，与概算指标略有不同。概算指标中工程外墙面贴瓷砖，而拟建教学楼外墙面干挂花岗石。该地区外墙面贴瓷砖的预算单价为 80 元/$m^2$，干挂花岗石的预算造价为 280 元/$m^2$。教学楼工程及概算指标拟定每 100$m^2$ 建筑面积中外墙面工程量均为 80$m^2$。概算指标土建工程直接工程费单价为 2 000 元/$m^2$，措施费为 170 元/$m^2$，则拟建教学楼土建工程直接工程费单价为(　　)元/$m^2$。

A. 1 760　　B. 2 160

C. 2 200　　D. 2 330

7. 设计概算审查的常用方法中不包括(　　)。

A. 联合会审法　　B. 概算指标法

C. 查询核实法　　D. 对比分析法

8. 实物法和预算单价法相比，工作内容的不同主要体现在(　　)阶段。

A. 熟悉图纸和预算定额

B. 划分工程项目并计算工程量

C. 了解施工组织设计和施工现场情况

D. 套用定额消耗量，计算人工、材料、机械台班

9. 工业项目设计的组成部分是(　　)。

A. 选址设计、总平面设计、工艺设计 B. 空间设计、总平面设计、工艺设计

C. 总平面设计、工艺设计、建筑设计 D. 三维设计、总平面设计、厂房设计

10. 居住小区的居住建筑净密度可表示为(　　)。

A. $\frac{\text{居住和公共建筑基底面积}}{\text{居住小区总占地面积}}\times 100\%$　　B. $\frac{\text{居住建筑基底面积}}{\text{居住建筑占地面积}}\times 100\%$

C. $\frac{\text{居住建筑面积}}{\text{居住建筑占地面积}}\times 100\%$　　D. $\frac{\text{居住建筑面积}}{\text{居住小区总占地面积}}\times 100\%$

## 二、多选题

1. 设计概算编制方法中，单位设备及安装工程概算的编制方法包括(　　)。

A. 概算定额法　　B. 设备价值百分比法

C. 预算单价法　　D. 概算指标法

E. 扩大单价法

2. 审查设计概算的内容主要包括(　　)。

A. 审查概算的编制依据　　B. 审查项目的“三废”处理

C. 审查概算的编制深度　　D. 审查工程量是否正确

E. 审查计价指标

3. 采用重点抽查法审查施工图预算，审查的重点是(　　)。

A. 编制依据

B. 工程量大或造价高、结构复杂的工程预算

C. 补充单位估计表

D. 各项费用的计取

E. “三材”用量

4. 在工业项目建筑设计阶段，影响工程造价的主要因素是(　　)。

A. 建筑结构　　B. 层数、层高　　C. 总平面布置

D. 工艺设计　　E. 流通空间

5. 采用概算定额法编制设计概算的主要工作有：①列出分部分项工程项目名称并计算工程量；②搜集基础资料；③编写概算编制说明；④计算措施费；⑤确定各分部分项工程费；⑥汇总单位工程概算造价。下列工作排序，错误的是(　　)。

A. ②③①⑤④⑥　B. ②①⑤④⑥③　C. ③②①④⑤⑥

D. ②①③⑤④⑥　E. ③②①⑤④⑥

## 三、简答题

1. 什么是价值工程？其数学表达式中各指标的含义是什么？提高价值指数的途径有哪些？

2. 什么是限额设计？实施限额设计的要点有哪些？

3. 单位工程概算分为哪两大类？单位工程概算的编制方法有哪些？单位设备及安装工程概算的编制方法有哪些？

4. 简述单项工程综合概算的组成。

5. 设计概算审查的内容是什么？

6. 简述工料单价法编制施工图预算的步骤。

7. 施工图预算审查的主要内容是什么？

## 四、案例题

某高校拟新建图书馆工程，建筑面积为 4 500m$^2$，现已知其他地区高校图书馆工程施工图预算的有关数据如下。

(1) 类似工程的建筑面积为 3 800m$^2$，预算成本为 5 016 000 元。

(2) 类似工程各种费用占预算成本的权重是：人工费 12%、材料费 45%、施工机具使用费 10%、措施费 14%、间接费和利润 12%、税金 7%。

(3) 拟建工程地区与类似工程地区造价之间的差异系数为 1.05、1.06、0.97、1.0、0.96、0.92。

**【问题】**

试采用类似工程预算编制拟建图书馆工程概算。

# 项目5

# 建设项目招投标阶段造价控制与管理

## 能力目标

通过本项目的学习，要求学生了解招投标的方式；熟悉项目施工招标的程序和最高投标限价的编制；掌握投标报价的编制和投标报价的策略；熟悉项目施工开标、评标、中标，掌握经评审的最低投标价法和综合评标法两种评标方法；熟悉施工合同的主要类型及施工合同类型选择应考虑的因素。

## 能力要求

| 能力目标 | 知识要点 | 权重 |
|---|---|---|
| 熟悉施工招标与编制最高投标限价 | 建设项目招标的方式；施工招标的程序；最高投标限价的作用及编制 | 30% |
| 掌握施工投标与编制投标报价 | 施工投标的程序，投标报价的编制及策略 | 30% |
| 熟悉项目的开标、评标与中标 | 开标；经评审的最低投标价法和综合评标法；中标 | 20% |
| 熟悉施工合同类型的选择 | 总价合同、单价合同和成本加酬金合同；施工合同类型选择应考虑的因素 | 20% |

## 引例

鲁布革水电站位于云南曲靖的罗平县和贵州兴义交界的黄泥河下游，整个工程由首部枢纽拦河大坝、引水系统和厂房枢纽三部分组成。1981 年 6 月经国家批准，鲁布革水电站被列为重点建设工程，总投资 8.9 亿美元，总工期 53 个月，要求 1990 年全部建成。1982 年 7 月国家决定将鲁布革水电站的引水工程作为水利电力部第一个对外开放、利用世界银行贷款的工程。

引水工程的施工，按世界银行规定，实行国际公开(竞争性)招标。1982 年 7 月开始，刊登招标公告，编制招标文件，编制标底。引水工程原设计概算 1.8 亿元，为评标做的标底为 14 958 万元。

后经过投标准备，1983 年 11 月 8 日，开标大会在北京正式举行，按国际惯例公开当众开标。开标时对各投标人的投标文件进行开封和宣读，共 8 家公司投标，其中联邦德国霍克蒂夫公司未按照招标文件要求投送投标文件，而成为废标。从投标报价(根据当日的官方汇率，将外币换算成人民币)可以看出，最高价法国 SBTP 公司(1.79 亿元)，与最低价日本大成公司(8 463 万元)相比，报价竟相差一倍之多，可见竞争之激烈。

1983 年 11 月—1984 年 6 月，组织评标、定标。按照国际惯例，只有报价最低的前 3 家能进入最终评标阶段，因此确定日本大成公司、日本前田公司和英波吉洛公司 3 家为评标对象。评标工作由原鲁布革工程管理局、原昆明水电勘测设计院、原水利水电建设总公司及澳大利亚咨询组等中外专家组成的评标小组负责，按照规定的评标办法进行，并互相监督、严格保密，禁止评标人同外界接触。在评标过程中，评标小组还分别与 3 家公司进行了澄清会谈。

经各方专家多次评议讨论，最后取标价最低的日本大成公司中标，合同价 8 463 万元，合同工期 1 597 天(53.2 个月)。4 月 17 日，我国有关部门正式将定标结果通知世界银行。世界银行于 6 月 9 日回复无异议。引水工程于 1984 年 6 月 15 日发出中标通知书，7 月 14 日签订合同。

从这个例子可以看出，建设项目实行招投标是我国建筑市场趋向法治化、规范化、完善化的重要举措。在公正、公平、公开、诚实信用的原则下，科学合理和规范的监管制度与运作程序，保证了招投标交易的合法性。从业主角度来看，通过招标，可以引入市场竞争机制，降低建设项目的投资支出，这将直接增加建设项目的利润，提高效益；从施工企业角度来看，通过竞标，可以自觉完善和提高工程建设水平，力争用最优的技术、最佳的质量、最低的报价、最短的工期完成工程建设任务。

## 项目导入

施工招标前，为了有效地控制工程造价，招标人要编制最高投标限价，并做好招标前的一系列准备工作，鼓励施工企业投标竞争；施工企业为了中标，要掌握一定的报价策略，并结合自己的企业特点和优势来投标报价；招标人通过开标，并采用一定的评标方法，从中选出技术能力强、管理水平高、信誉可靠且报价合理的施工企业作为中标人，并通过签订施工合同的形式来约束双方在施工过程中的行为。

# 任务 5.1　施工招标与编制最高投标限价

## 知识目标

(1) 了解建设项目招标的方式。
(2) 熟悉建设项目施工招标的程序。
(3) 熟悉最高投标限价的编制。

## 工作任务

掌握最高投标限价的编制方法，能编制最高投标限价。

《中华人民共和国招标投标法》

### 5.1.1 建设项目招标的方式

建设项目招标，在国际上通行的方式为公开招标、邀请招标和议标，但《中华人民共和国招标投标法》(以下简称《招标投标法》)未将议标作为法定的招标方式，即法律所规定的强制招标项目不允许采用议标方式。

特别提示

**建设项目招投标的范围**

《招标投标法》指出，凡在中华人民共和国境内进行下列工程建设项目的，包括项目的勘察、设计、施工、监理以及与工程建设有关的重要设备、材料等的采购，必须进行招标。

(1) 大型基础设施、公用事业等关系社会公共利益、公众安全的项目。
(2) 全部或者部分使用国有资金投资或者国家融资的项目。
(3) 使用国际组织或者外国政府贷款、援助资金的项目。
(4) 法律或者国务院对必须进行招标的其他项目的范围有规定的，依照其规定。

#### 1. 公开招标

公开招标是指招标人以招标公告的方式(通过报刊、网络信息或者其他媒介等方式发布招标广告)，邀请不特定的法人或者其他组织投标。有意向的承包商均可参加资格审查，合格的承包商可购买招标文件，参加投标。公开招标也称为无限竞争性招标。

公开招标方式主要用于政府投资项目或投资额度大、工艺或结构复杂的较大型工程建设项目。

公开招标的特点一般表现为以下几个方面。

(1) 公开招标是最具竞争性的招标方式。其参与竞争的投标人数量最多，只要符合相应资格条件便不受投标限制，只要承包商愿意便可参加投标，因而竞争程度最为激烈。公开招标可以最大限度地为一切有实力的承包商提供一个平等竞争的机会，招标人也有最大容量的选择范围，可在为数众多的投标人之间择优选择一个报价合理、工期较短、信誉良好的承包商。

(2) 公开招标是程序最完整、最规范、最典型的招标方式。它形式严密，步骤完整，运作环节环环入扣。

(3) 公开招标是适用范围最为广阔、最有发展前景的招标方式。在国际上，谈到招标，通常都是指公开招标。在某种程度上，公开招标已成为招标的代名词。

(4) 公开招标也是所需费用最高、花费时间最长的招标方式。由于投标申请人较多，一般要设置资格预审程序，组织工作复杂，需投入较多的人力、物力，招标过程所需时间较长。

### 2. 邀请招标

邀请招标是指招标人以投标邀请书的方式邀请具有资格的特定法人或者其他组织投标。邀请招标也称为有限竞争性招标。

招标人向预先选择的若干家具备承担招标项目能力、资信良好的特定法人或其他组织发出投标邀请书，一般要求被邀请的对象的数目不低于 3 家。被邀单位一般都是资信良好的单位，通常可以保证工程质量。投标邀请书包括的内容与公开招标中的招标公告相同。

邀请招标的特点一般表现为以下几个方面。

(1) 不需要发布招标公告和设置资格预审程序，目标集中，招标的组织工作较容易，工作量比较小。由于对投标人以往的业绩和履约能力比较了解，减小了合同履行过程中承包方违约的风险。

(2) 由于投标人较少，竞争性较差，招标人对投标人的选择余地较少，如果招标人在选择邀请单位前所掌握的信息资料不足，很可能失去某些在技术或报价上有竞争实力的潜在投标人，因此投标竞争的激烈程度相对较差。

鉴于此，国际上和我国都对邀请招标的适用范围和条件做了规定。

### 3. 邀请招标和公开招标的主要区别

(1) 邀请招标的程序比公开招标简化，如无招标公告及投标人资格预审的环节。

(2) 邀请招标在竞争程度上不如公开招标强。邀请招标的投标人是经过选择限定的，被邀请单位数目以 5～7 家为宜，不能少于 3 家。由于参加人数相对较少，易于控制，因此其竞争范围没有公开招标大，竞争程度也明显不如公开招标强。

(3) 邀请招标在时间和费用上都比公开招标低。

(4) 邀请招标相比公开招标限制了竞争范围，由于经验和信息资料的局限性，会把许多可能的竞争者排除在外，不能充分体现自由竞争、机会均等的原则。

知识链接

有下列情形之一，经批准可以进行邀请招标。

(1) 项目技术复杂，有特殊要求，或受自然地域环境限制，只有少量几家潜在投标人可供选择的。

(2) 采用公开招标方式的费用占项目合同金额的比例过大的。

应用案例 5-1

根据国家需要，须在某地区建设一个有特殊要求的工厂。由于该项目技术复杂，且涉及国家机密，决定在以前合作过的施工单位内选择 3 家施工单位投标。你认为该招标人的做法是否符合《招标投标法》的规定？为什么？

【案例解析】

上述招标人的做法符合《招标投标法》的规定。本工程涉及国家机密，不宜公开进行，可以采用邀请招标的方式选择施工单位。

### 5.1.2 施工招标的程序

建设项目施工招标程序主要是指在招标工作中，从时间和空间上应遵循的先后顺序。从招标人的角度看，建设项目施工招标主要经历以下程序。

**1. 编制招标文件**

建设项目招标文件是建设单位阐述自己招标条件和具体要求的意思表示，是建设单位确定、修改和解释有关招标事项的书面表达形式的统称。建设单位也可以根据具体情况，委托具有相应资质的咨询、监理单位代理招标。从合同的订立过程来分析，招标文件属于一种要约邀请，其目的在于引起投标人的注意，希望投标人能按照招标人的要求向招标人发出要约。

招标文件的编制必须做到系统、完整、准确、明晰，即提出要求的目标明确，使投标人一目了然。招标文件一般包括以下内容。

(1) 工程综合说明书，包括项目名称、地址、工程内容、承包方式、建设工期、工程质量检验标准、施工条件等。

(2) 施工图纸和必要的技术资料。

(3) 工程款的支付方式。

(4) 实物工程量清单。

(5) 材料供应方式及主要材料、设备的订货情况。

(6) 投标的起止日期和开标时间、地点。

(7) 对工程的特殊要求及对投标人的相应要求。

(8) 合同主要条款。

(9) 其他规定和要求。

招标文件范本

招标文件一经发出，招标人不得擅自改变，否则，应赔偿由此给投标人造成的损失。

**2. 公布招标消息**

采取公开招标的，可以在广播、电视、报纸和专门刊物上登广告和通知。采取邀请招标的，要向有能力的施工企业发出投标邀请书。

**3. 对施工企业资格进行审查**

资格审查分资格预审和资格后审。资格预审是在投标前对申请人的资格进行审查，审查通过才能获取招标文件。资格后审是开标后、评标前对投标人资格进行审查，审查通过才能进行投标文件的评审。

审查施工企业的资格素质，主要看其是否符合招标项目的条件。参加投标的企业应按招标公告或通知规定的时间报送申请书，并附企业状况表或说明，其内容应包括企业名称、地址、负责人姓名、开户银行及账号、企业所有制性质和隶属关系、营业执照和资质等级证书(复印件)、企业简历等。施工企业应按有关规定填写表格。

资格预审是合同双方的初次互相选择。招标人为全面了解投标人的资信、企业各方面的情况及工程经验，会发布统一内容和格式的资格预审文件。为了保证公开、公平竞争，招标人在资格预审中不得以不合理条件限制或者排斥潜在投标人，不得对潜在投标人实行歧视待遇。

资格预审的办法如下。

(1) 合格制。凡符合初步审查标准和详细审查标准的申请人均通过资格预审。

(2) 有限数量制。审查委员会依据规定的审查标准和程序，对通过初步审查和详细审查的资格预审申请文件进行量化打分，按得分由高到低的顺序确定通过资格预审的申请人。通过资格预审的申请人不得超过资格预审办法前附表规定的数量。

**4. 发放招标文件和有关资料，收取投标保证金**

招标人应按规定的时间和地点将招标文件、图纸和有关技术资料发放给通过资格审查的投标人，并收取一定数量的保证金。招标文件开始发出之日至投标人提交投标文件截止之日不得少于 20 日。投标人收到招标文件、图纸和有关资料后，应认真核对，核对无误后，应以书面形式予以确认。

**5. 组织投标人现场踏勘并答疑**

现场踏勘的目的在于使投标人了解工程场地和周围环境情况，以获取投标人认为有必要的信息。投标预备会也称答疑会、标前会议，是指招标人为澄清或解答在招标文件或现场踏勘中的问题，以便投标人更好地编制投标文件而组织召开的会议。

**6. 接收投标文件**

投标人根据招标文件的要求，编制投标文件，并进行密封和标记，在投标截止时间前按规定的地点递交至招标人。

**7. 开标、评标、定标、签订合同**

从开标日到签订合同这一期间称为决标成交阶段，是对各投标文件进行评审比较，最终确定中标人的过程。

## 应用案例 5-2

某建筑工程的招标文件中注明，施工中回填土可在距离施工现场 2km 处的一个天然土场中免费取用。由于承包商没有仔细了解天然土场的具体情况，在工程施工中准备使用该土时，工程师认为该土级别不符合工程施工要求而不允许在施工中使用，于是承包商只得自己另行购买符合要求的土。承包商以招标文件中注明现场有土而投标报价中没有考虑为理由，要求业主补偿现在必须购买土的差价，工程师则不同意承包商的补偿要求。思考工程师不同意承包商的补偿要求是否合法?

**【案例解析】**

合法。因为按照招标程序，投标人的投标报价被认为是在现场踏勘后，投标人在充分了解现场情况的基础上编制的。中标后，投标人就不得以现场考察不仔细、情况了解不全面为由，而提出要调整报价或给予补偿的要求。投标人要对自己了解的情况和报价负责，招标人对投标人在考察现场后得出的各种数据、结论和解释不承担任何责任。

## 5.1.3 最高投标限价的编制

### 1. 最高投标限价的概念、基本要求和作用

1) 最高投标限价的概念

最高投标限价是指招标人根据国家或省级、行业建设行政主管部门颁发的有关计价依据和办法，以及拟定的招标文件和招标工程量清单，结合工程具体情况编制的招标项目的最高造价。

## 特别提示

国有资金投资的工程在进行工程量清单招标时，由于招标方式的改变，标底必须保密这一法律规定已不能起到有效遏制哄抬标价的作用，因此，当招标人不设标底时，为有利于客观、合理地评审投标报价和避免哄抬标价，造成国有资产流失，招标人必须编制最高投标限价。

2) 确定最高投标限价的基本要求

(1) 国有资金投资的建设项目招标，招标人必须编制最高投标限价。最高投标限价超过批准的概算时，招标人应将其报原概算部门审核。投标人的投标报价高于最高投标限价的应予废标。

(2) 最高投标限价应由具有编制能力的招标人，或受其委托具有相应资质的工程造价咨询企业编制和复核。

(3) 最高投标限价应在招标时公布，不应上调或下浮，招标人应将最高投标限价及有关资料报送工程所在地工程造价管理机构备查。

(4) 投标人经复核认为招标人公布的最高投标限价未按照《建设工程工程量清单计价规范》的规定编制的，应在最高投标限价公布后 5 天内向招投标监督机构或(和)工程造价管理机构投诉。

3) 最高投标限价的作用

在不同的计价方式下，最高投标限价具有不同的作用。

(1) 工料单价法方式下编制最高投标限价的作用。在工料单价法方式下编制的最高投标限价起着定量判断投标报价的作用。例如，招标文件规定，以最接近最高投标限价的报价分值为最高；又如，以最接近最高投标限价 90%的报价的分值为最高等。

(2) 综合单价法方式下编制最高投标限价的作用。在综合单价法方式下编制的最高投标限价是判断投标报价合理低价的重要依据。由于该最高投标限价是招标人掌握的判断合理低价的标准，所以招标人首先是对接近最高投标限价的投标报价感兴趣，然后才对投标报价进行综合分析，择优选择合理低价、信誉好、质量有保障、工期合理、经营管理水平高的投标人为中标人。

可以看出，工程量清单计价的最高投标限价，不是判断合理低价的绝对标准，如果投标人的报价低于最高投标限价且能提供有说服力的资料，评标专家也可以将其认定为合理低价。

**2. 最高投标限价的编制原则、依据和内容**

1) 最高投标限价的编制原则

最高投标限价是招标人控制投资、确定招标项目工程造价的重要手段，其计算要力求科学合理、准确。最高投标限价由招标人或委托有相应资质的招标代理机构、工程造价咨询企业、监理单位等中介组织进行编制。编制人员应严格按照国家政策、规定，科学、公正地编制最高投标限价。

在最高投标限价的编制过程中，应遵循以下原则。

(1) 根据国家统一工程项目划分、计量单位、工程量计算规则以及设计图纸、招标文件，并参照国家、行业、地方批准发布的定额和国家、行业、地方规定的技术标准规范以及要素市场价格确定工程量和编制最高投标限价。

(2) 最高投标限价作为工程的最高造价，应力求与市场的实际变化相吻合，要有利于竞争和保证工程质量。

(3) 最高投标限价应由人工费、材料费、施工机具使用费、企业管理费、利润、规费和税金组成，一般应控制在批准的建设项目投资估算或总概算(修正概算)价格以内。

(4) 最高投标限价应考虑人工、材料、设备、施工机具使用费等价格变化因素，还应包括不可预见费等。采用固定价格的还应考虑工程的风险等。

(5) 一个工程只能编制一个最高投标限价。

2) 最高投标限价的编制依据

最高投标限价的编制主要依据以下基本资料和文件。

(1) 国家的有关法律、法规以及国务院和省、自治区、直辖市人民政府建设行政主管部门制定的有关工程造价的文件、规定。

(2) 招标文件中确定的计价依据和计价办法，招标文件的商务条款，包括合同条件中规定应由工程承包方履行的义务而可能发生的费用，以及招标文件的澄清、答疑等补充文件和资料。在计算最高投标限价时，计算口径和取费内容必须与招标文件中有关要求一致。

(3) 工程设计文件、图纸、技术说明及招标时的设计交底，按设计图纸确定的或招标人提供的工程量清单等相关基础资料。

(4) 国家、行业、地方的工程建设标准，包括建设项目施工必须执行的建设技术标准、规范和规程。

(5) 采用的施工组织设计、施工方案、施工技术措施等。

(6) 工程施工现场地质、水文勘探资料，现场环境和条件及反映相应情况的有关资料。

(7) 招标时的人工、材料、设备及施工机械台班等要素的市场价格信息，以及国家或地方有关政策性调价文件的规定。

3) 最高投标限价的编制内容

(1) 最高投标限价的综合编制说明。

(2) 最高投标限价的价格审定书、计算书、带有价格的工程量清单、现场因素、各种施工措施费的测算细目及采用固定价格工程的风险系数测算明细表。

(3) 主要人工、材料及施工机具使用量表。

(4) 最高投标限价附件。如各项交底纪要，各种材料及设备的价格来源，现场地质及水文条件等。

(5) 最高投标限价价格编制的有关表格。

### 应用案例 5-3

某工程设计概算为 6 000 万元，并且招标人不具备编制最高投标限价的能力，于是就委托了一个具有乙级工程造价咨询企业资质的咨询企业编制最高投标限价，同时该工程投标人也委托该咨询企业编制投标报价。思考这种做法是否合法？

**【案例解析】**

最高投标限价应由具有编制能力的招标人，或受其委托具有相应资质的工程造价咨询企业编制。根据《工程造价咨询企业管理办法》的规定，工程造价咨询企业应在其资质等级许可的范围内接受招标人的委托，编制最高投标限价。即取得甲级工程造价咨询企业资质的可承担各类建设项目的最高投标限价的编制，取得乙级工程造价咨询企业资质的可承担 2 亿元以下的最高投标限价的编制，因此本工程可以委托乙级工程造价咨询企业编制最高投标限价，但是工程造价咨询企业不得同时接受招标人和投标人对同一工程的最高投标限价和投标报价的编制。

## 任务 5.2　施工投标与编制投标报价

### 知识目标

(1) 熟悉建设项目施工投标的程序。

(2) 了解投标报价的编制原则和依据。

(3) 掌握投标报价的编制内容。

(4) 掌握投标报价的策略。

**工作任务**

掌握投标报价的编制方法，能够应用报价策略编制投标报价。

## 5.2.1 施工投标的资格和程序

**1. 施工投标的概念**

建设项目施工投标是指施工企业依据有关规定和招标人拟定的招标文件参与竞争，并按照招标文件的要求，根据本企业的实际水平、能力及各种环境条件等，对拟投标项目所需的成本、利润、相应的风险费用等进行计算后提出报价并争取中标，意图与建设项目法人单位达成协议的经济法律活动。

《招标投标法》第二十五条规定："投标人是响应招标、参加投标竞争的法人或者其他组织。"所谓响应招标主要是指投标人对招标文件中提出的实质性要求和条件做出响应。

**2. 投标人的资格及相应要求**

《招标投标法》第二十六条规定："投标人应当具备承担招标项目的能力；国家有关规定对投标人资格条件或者招标文件对投标人资格条件有规定的，投标人应当具备规定的资格条件。"具体地说，对投标人的要求如下。

(1) 投标人应当具备承担招标项目的能力。就建筑企业来说，这种能力主要体现在对有关不同的资质等级的认定上。如根据《建筑业企业资质管理规定》，房屋建筑工程施工总承包资质等级分为特级、一级、二级、三级。

(2) 投标人应当按照招标文件的要求编制投标文件，投标文件应当对招标文件提出的要求和条件做出实质性响应。

(3) 投标人应当在招标文件所要求提交投标文件的截止时间前，将投标文件送达投标地点。招标人收到投标文件后，应当签收保存，不得开启。招标人对在招标文件要求提交投标文件的截止时间后收到的投标文件，应当原样退还，不得开启。

(4) 投标人在招标文件要求提交投标文件的截止时间前，可以补充、修改或者撤回已提交的投标文件，并书面通知招标人。补充、修改的内容为投标文件的组成部分。

(5) 投标人根据招标文件载明的项目实际情况，拟在中标后将中标项目的部分非主体、非关键性工作交由他人完成的，应当在投标文件中载明。

(6) 两个以上法人或者其他组织可以组成一个联合体，以一个投标人的身份共同投标。

(7) 投标人不得相互串通投标报价，不得排挤其他投标人的公平竞争，损害招标人或者其他人的合法权益。

(8) 投标人不得以低于成本价报价竞标，也不得以他人名义投标或者以其他方式弄虚作假，骗取中标。

**3. 施工投标的程序**

建设项目施工投标程序主要是指投标工作在时间和空间上应遵循的先后顺序，从投标人的角度看，建设项目施工投标主要经历以下程序。

(1) 报名参加投标。投标人根据招标公告或投标邀请书，跟踪招标信息，向招标人提出申请，并提交有关资料。投标人应向招标人提供如下资料：企业经营执照和资质证书；企业简历；自有资金情况；全员职工人数，包括技术人员、技术工人数量、平均技术等级；企业自有主要施工机械设备一览表；近 3 年承建的主要工程及质量情况；现有主要施工任务，包括在建或尚未开工工程一览表。

(2) 接受招标人的资格审查(如果是资格预审)。资格预审是在投标之前，由招标人对各投标人财务状况、技术能力、社会信誉等方面进行的一次全面审查，只有技术力量和财力雄厚、社会信誉高的企业才能顺利通过资格预审。

(3) 购买招标文件，交押金领取相关的技术资料。对通过资格预审的投标人，可以领到或购买招标人发送的招标文件。

(4) 研究招标文件。招标文件是投标和报价的主要依据。投标人领取了招标文件后，应充分了解招标文件的内容，对不明白之处做好记录，以便在答疑会上要求澄清。

(5) 调查投标环境，参加现场踏勘(如果招标人组织)，并对有关疑问提出询问。投标环境是指中标后工程施工的自然、经济和社会环境。调查投标环境时，要着重了解施工现场的地理位置，现场地质条件，交通情况，现场临时供电、供水、通信设施情况，当地劳动力资源和材料资源、地方材料价格等，以便正确地确定投标策略。

(6) 确定投标策略。确定投标策略的目的在于探索如何达到中标的最大可能性，并用最小的代价获得最大的经济效益。

(7) 编制施工计划，制定施工方案。编制投标文件的核心工作是计算标价，而标价计算又与施工计划和施工方案密切相关。所以，在编制标价前必须核定工程量和制定施工方案。

(8) 编制投标文件。投标文件一定要对招标文件的要求和条件进行实质性响应。投标文件的主要内容包括：对投标文件的综合说明；按照工程量清单计算的标价及钢材、水泥、木材等主要材料用量，投标人可以依据统一的工程量计算规则自主报价；施工方案和选用的主要施工机械；保证工程质量、进度、施工安全的主要技术组织措施；计划开工、竣工日期，工程总进度；对招标文件中合同主要条件的确认。

(9) 报送标函与参加开标。标函在投标人法人代表盖章并密封后，在规定的期限内报送招标人，并在规定的时间、地点参加开标。

如果投标中标，接到中标通知后，中标人在规定的时间内积极和招标人洽谈有关合同条款，合同条款达成协议后，即签订合同，中标人持合同向建设部门办理报建手续，领取施工许可证。未中标单位，则应积极总结经验。

## 知识链接

《中华人民共和国招标投标法实施条例》第五十一条明确规定，有下列情形之一的，评标委员会应当否决其投标(也是应当按废标处理的条件)。

(1) 投标文件未经投标单位盖章和单位负责人签字。

(2) 投标联合体没有提交共同投标协议。

(3) 投标人不符合国家或者招标文件规定的资格条件。

(4) 同一投标人提交两个以上不同的投标文件或者投标报价，但招标文件要求提交备选投标的除外。

(5) 投标报价低于成本或者高于招标文件设定的最高投标限价。

(6) 投标文件没有对招标文件的实质性要求和条件做出响应。

(7) 投标人有串通投标、弄虚作假、行贿等违法行为。

## 应用案例 5-4

某省国际经济技术合作公司参加一个国际项目的投标。该公司投标人员按招标文件要求完成了投标文件，由于该公司董事长(法定代表人)出国考察，不能在投标截止日期前回国，该公司总经理签署了所有文件。在该投标人提供的营业执照复印件(经公证)中，明确显示该公司的法定代表人是该公司董事长。思考该标书是否有效？

**【案例解析】**

该投标文件未能通过审查，原因就是无单位盖章并无法定代表人或法定代表人授权的代理人签字或盖章的投标文件，应当按废标处理。

## 5.2.2 投标报价的编制

### 1. 投标报价的编制原则和依据

1) 投标报价应遵循的原则

(1) 遵守有关规范、标准和工程设计文件的要求。

(2) 遵守国家或省级、行业建设行政主管部门及其工程造价管理机构制定的有关工程造价政策的要求。

(3) 遵守招标文件中的有关投标报价的要求。

(4) 遵守投标报价可由投标人自主确定，但不得低于成本的要求。

(5) 遵守投标报价应由投标人或受其委托具有相应资质的工程造价咨询企业编制的要求。

2) 投标报价的编制依据

(1) 《建设工程工程量清单计价规范》和各专业工程工程量计算规范。

(2) 国家或省级、行业建设行政主管部门颁发的计价办法。

(3) 企业定额，国家或省级、行业建设行政主管部门颁发的计价定额。

(4) 招标文件、工程量清单及其补充通知、答疑纪要。

(5) 工程设计文件及相关资料。

(6) 施工现场情况、工程特点及拟定的投标施工组织设计或施工方案。

(7) 与建设项目相关的标准、规范等技术资料。

(8) 市场价格信息或工程造价管理机构发布的工程造价信息。

(9) 其他的相关资料，如企业自身的技术力量、管理水平等。

### 2. 投标报价的费用组成

根据住房城乡建设部、财政部颁发文件《建筑安装工程费用项目组成》的规定，建筑安装工程费的构成按照以下两种方式划分。

1) 按照费用构成要素划分

建筑安装工程费按照费用构成要素划分时，由人工费、材料费、施工机具使用费、企业管理费、利润、规费和税金组成。

2) 按照工程造价形成顺序划分

为指导工程造价专业人员计算建筑安装工程造价，将建筑安装工程费按工程造价形成顺序划分为分部分项工程费、措施项目费、其他项目费、规费和税金。

**3. 投标报价的编制方法**

现阶段，我国规定的编制投标报价的方法主要有两种：一种是工料单价法，另一种是综合单价法。

虽然工程造价计价的方法有多种，但其计价的基本过程和原理都是相同的。从建设项目的组成与分解来说，工程造价计价的顺序是：分部分项工程造价→单位工程造价→单项工程造价→建设项目总造价。

工程计价的原理就在于项目的分解和组合，影响工程造价的因素主要有两个，即实物工程数量和单位价格，可以用下列计算式基本表达。

$$建筑安装工程造价=\sum[单位工程基本构造要素工程量(分项工程)\times 单位价格] \quad (5\text{-}1)$$

(1) 工程量。这里的工程量是指根据工程量计算规则、以适当计量单位进行计算的分项工程的实物量。工程量是计价的基础，不同的计价方式有不同的计算规则规定。目前，工程量计算规则包括两大类：①各类工程建设定额规定的计算规则；②国家标准《建设工程工程量清单计价规范》和各专业工程工程量计算规范中规定的计算规则。

**特别提示**

按工料单价法计算工程量时，分项工程是按计价定额划分的分项工程项目；按综合单价法计算工程量时，分项工程是按工程量计算规范规定的清单项目。

(2) 单位价格。单位价格是指与分项工程相对应的单价。工料单价法采用的是定额单价，即包括人工费、材料费、施工机具使用费在内的工料单价；综合单价法采用的是除包括人工费、材料费、施工机具使用费外，还包括企业管理费、利润和风险内容在内的综合单价。

**特别提示**

我国自 2003 年实行工程量清单计价以来，为了更好地实现计价定额与清单的对接，各省现行计价定额大多采用综合单价形式。同时，投标人在自主决定投标报价时，还应考虑招标文件中要求投标人承担的风险内容及其范围(幅度)，以及相应的风险费用。在施工过程中，当出现的风险内容及其范围(幅度)在招标文件规定的范围内时，综合单价不得变更，工程价款不做调整。

用综合单价法编制投标报价的步骤如下。

(1) 根据企业定额或参照预算定额及市场材料价格确定各分部分项工程量清单的综合单价，该单价包括完成清单所列分部分项工程的成本、利润和一定的风险费用。

(2) 以给定的各分部分项工程的工程量及综合单价确定工程费用。

(3) 结合投标人自身的情况及工程的规模、质量、工期要求等确定工程有关的费用。

**4. 投标报价的编制内容**

工程量清单计价投标报价的编制内容主要如下。

(1) 分部分项工程费。采用的工程量应是分部分项工程量清单中提供的工程量，综合单价的组成内容包括完成一个规定计量单位的分部分项工程量清单项目所需的人工费、材料费、施工机具使用费、企业管理费与利润，以及招标文件确定范围内的风险费用；招标人提供了有暂估单价的材料，应按暂估单价计入综合单价。

### 特别提示

分部分项工程费报价的最重要依据之一是该项目的特征描述。投标人应依据招标文件中分部分项工程量清单项目的特征描述确定清单项目的综合单价，当出现招标文件中分部分项工程量清单项目的特征描述与设计图纸不符时，应以工程量清单项目的特征描述为准；当施工中施工图纸或设计变更与工程量清单项目的特征描述不一致时，发承包双方应按实际施工的项目特征，依据合同约定重新确定综合单价。

在投标报价中，没有填写单价和合价的项目将不予支付款项。因此投标人应仔细填写每一单项的单价和合价，做到报价时不漏项、不重项。这就要求工程造价人员责任心要强，严格遵守职业道德，本着实事求是的原则来认真计算，做到正确报价。

(2) 措施项目费。措施项目费的内容：依据招标文件中措施项目清单所列内容。措施项目费的计价方式：凡可精确计量的措施清单项目宜采用综合单价方式计价，其余的措施清单项目采用以“项”为计量单位的方式计价。

(3) 其他项目费。暂列金额应根据工程特点，按有关计价规定估算；暂估价中的材料单价应根据工程造价信息或参考市场价格估算；暂估价中专业工程金额应分不同专业，按有关计价规定估算；计日工应根据工程特点和有关计价依据计算；总承包服务费应根据招标人列出的内容和要求估算。

(4) 规费。规费必须按国家或省级、行业建设行政主管部门的有关规定计算。

(5) 税金。税金必须按国家或省级、行业建设行政主管部门的有关规定计算。

**5. 影响投标报价的因素**

1) 对招标文件的研究程度

研究招标文件是为了正确理解招标文件和招标人的意图，使投标文件对招标文件的要求进行实质性响应。如对装饰工程的特殊要求、质量不易控制的方面等要认真细致地分析研究，以便较好地满足招标人的要求，正确报价。同时保证投标报价的有效性，力求中标。

2) 对工程现场情况的调查程度

投标人在报价前必须全方位地对工程现场情况进行调查，以便了解工地及其周围的政治、经济、地质、气候、法律等方面的情况，这些内容在招标文件中是不可能全部包括的，而它们对报价的结果都有着至关重要的影响。

3) 对竞争对手情况的了解程度

了解竞争对手的信誉、经营能力、技术水平、设备能力及经常采用的报价策略等，对这些内容了解的详细程度，会对报价的结果有直接的影响。

4) 主观因素

投标报价除考虑招标人的要求、招标文件的有关规定、工程现场情况及竞争对手情况等因素外，还要考虑主观因素的影响，如投标人的自身实力、工程造价人员的业务水平及综合素质、各项业务及管理水平、自己制订的工程实施计划、以往对类似工程的经验等，它们都是影响工程造价的重要因素。

### 应用案例 5-5

某装饰工程采用工程量清单计价，其中分部分项工程费为 1 567 530.7 元、措施项目费为 24 466.6 元、其他项目费为 12 038 元、规费为 79 253.2 元、税金为 57 039.8 元。如果要在总价(工程总价 1 740 328.3 元)的基础上让利给招标人 10 000 元，投标总价报价为 1 730 328.3 元。思考该报价是否有效?

**【案例解析】**

不符合《建设工程工程量清单计价规范》中的投标人投标总价的计算原则，报价无效。实行工程量清单招标，投标人的投标总价应当与组成工程量清单的分部分项工程费、措施项目费、其他项目费、规费和税金的合计金额相一致，即在进行工程量清单招标的投标报价时，不能进行投标总价优惠(或降价、让利)，投标人对招标人的任何优惠(或降价、让利)均应反映在相应清单项目的综合单价中。

## 5.2.3 投标报价的策略

投标报价的策略是指在投标报价中采用一定的方法或技巧使招标人可以接受从而中标，并在中标后能获得更多利润的对策和方法。

但是，作为投标人来讲，并不是每标必投，因为投标人要想在投标中获胜，既要中标得到承包工程，又要从承包工程中盈利，这就需要研究投标决策这一问题。所谓投标决策包括三方面的内容：①针对招标项目是投标，或是不投标；②倘若去投标，是投什么性质的标；③投标中如何采用以长制短、以优胜劣的策略和技巧。投标决策的正确与否，关系到能否中标和中标后的效益，关系到施工企业的发展前景和职工的经济利益。因此，企业的决策班子必须充分认识到投标决策的重要意义，把这一工作摆到企业的重要议事日程上来。

### 特别提示

通常情况下，下列招标项目应放弃投标：①本施工企业主营和兼营能力之外的项目；②工程规模、技术要求超过本施工企业技术等级的项目；③本施工企业生产任务饱满，而招标项目的盈利水平较低或风险较大的项目；④本施工企业技术等级、信誉、施工水平明显不如竞争对手的项目。

常用的投标报价策略有以下几种。

**1. 根据招标项目的不同特点采用不同报价**

投标报价时，既要考虑自身的优势和劣势，也要分析招标项目的特点，按照招标项目的不同特点、类别、施工条件等来采用不同报价。

(1) 遇到如下情况报价可高些：施工条件差的工程；专业要求高的技术密集型工程，而本企业在这方面又有专长，声望也高；总造价低的小工程，以及自己不愿意做、又不方便不投标的工程；特殊的工程，如港口码头、地下开挖工程等；工期要求急的工程；投标对手少的工程；支付条件差的工程。

(2) 遇到如下情况报价可低些：施工条件好的工程；工作简单、工程量大而一般企业都可以做的工程；本企业目前急于打入某一市场、某一地区，或在该地区面临工程结束，机械设备等无工地转移时；本企业在附近有工程，而本项目又可以利用该工程的设备、劳务，或有条件短期内突击完成的工程；投标对手多、竞争激烈的工程；非急需工程；支付条件好的工程。

**2. 不平衡报价法**

不平衡报价法是指在保持工程总价不变的情况下，调整内部各个项目的报价，使其既不提高总价又能在结算时得到理想的经济效益。实际工作中可以从以下几方面考虑采用不平衡报价法。

(1) 单价在合理范围内可以提高的子项目有：能够早日结算的项目，如开办费、营地设施、土方工程、基础工程等；通过现场勘察或设计不合理、清单项目错误，预计今后实际工程量大于清单工程量的项目；支付条件良好的政府项目或银行项目。

(2) 单价在合理范围内可以降低的子项目有：后期的工程项目，如粉刷、外墙装饰、电气、零散清理和附属工程等；预计今后实际工程量小于清单工程量的项目。

(3) 图纸不明确或有错误，估计今后会有修改的项目，或工程内容说明不清楚的项目，价格可降低，待澄清后可再要求提高价格。

(4) 计日工资和零星施工机械台班小时单价报价时，可稍高于工程单价中的相应单价。因为这些单价不包括在投标价格中，发生时按实计算，可多得利润。

(5) 无工程量而只报单价的项目，如土木工程中挖湿土或岩石等备用单价，单价宜高些。这样不影响投标总价，而一旦项目实施就可多得利润。

(6) 对于暂定工程或暂定数额的报价，要具体分析，如果是估计今后要做的工程，价格可定得高一些，反之价格可低一些。

(7) 如招标人要求投标报价一次报定不予调整，则宜适度抬高报价，因为其中风险难以预料。

**3. 多方案报价法**

若招标人拟定的合同要求过于苛刻，为使招标人修改合同要求，可提出两个报价，并阐明：按原合同要求规定，投标报价为某一数值，倘若合同要求做某些修改，可降低报价一定百分比。以此来吸引对方。

另外一种情况是自己的技术和设备满足不了原设计的要求，但在修改设计以适应自己的施工能力的前提下仍希望中标，这时可以报一个按原设计施工的投标报价(投高标)；另报一个按修改设计施工的比原设计的标价低得多的投标报价，以诱导招标人。

4. 突然袭击法

这是一种迷惑对手的竞争手段。投标报价是一项商业秘密性的竞争工作，竞争对手之间可能会随时互相探听报价情况。在整个报价过程中，投标人先按一般态度对待招标工作，按一般情况进行报价，甚至可以表现出自己对该工程的兴趣不大，但等快到投标截止时，再突然降价，使竞争对手措手不及。

5. 低投标价夺标法

此种方法是非常情况下采取的非常手段，如企业大量窝工，为减少亏损；或为打入某一建筑市场；或为挤走竞争对手保住自己的地盘，可制定严重亏损标，力争夺标。若企业无经济实力，信誉不佳，此法也不一定奏效。

### 应用案例 5-6

有一家建筑公司，为了谋求自身的生存与发展，盲目地参加了大量的施工项目投标，但是投入大量的人力、物力却很少能中标。思考为什么该公司不能中标？

【案例解析】

企业大量投标但是却没有中标，就是没有做好投标前的决策，没有从本企业实际情况出发，掌握投标策略，投中把握性高的标。

## 任务 5.3 开标、评标与中标

#### 知识目标

(1) 熟悉建设项目评标的程序。

(2) 了解建设项目评标的方法。

(3) 掌握中标标书应满足的条件。

#### 工作任务

了解建设项目评标的方法，掌握评标的标准。

### 5.3.1 开标

我国《招标投标法》规定，开标应当在招标文件确定的提交投标文件截止时间的同一时间公开进行。开标地点应当为招标文件中投标人须知前附表中预先确定的地点。开标会议由招标人主持，邀请所有投标人的法定代表人或其委托代理人准时参加。通常不应以投标人不参加开标为由将其投标作为废标处理。开标一般有以下步骤。

(1) 宣布开标人、唱标人、记录人、监标人等有关人员，并宣布开标纪律。

(2) 招标人根据招标文件的约定在开标前依次验证投标人代表的被授权身份。

(3) 投标人代表检查确认投标文件的密封情况，也可以由招标人委托的公证机构检查确认并公证。

(4) 公布投标截止时间前递交投标文件的投标人、投标标段、递交时间，并按招标文件规定，宣布开标次序，设有标底的，公布标底。

(5) 开标人依开标次序，当众拆封投标文件，并由唱标人公布投标人名称、投标标段、投标保证金的递交情况、投标总报价等主要内容，投标人代表确认开标结果。

(6) 投标人代表、招标人代表、唱标人、监标人和记录人等有关人员在开标记录上签字确认。

投标人法定代表人或其委托代理人未参加开标会议的视为自动弃权。

## 5.3.2 评标

评标是指评标委员会根据招标文件规定的评标标准和方法，对投标人递交的投标文件进行审查、比较、分析和评判，以确定中标候选人或直接确定中标人的过程。

### 1. 评标组织的形式

评标组织由招标人代表和有关经济、技术等方面的专家组成，也就是评标委员会。评标委员会成员人数为 5 人以上的单数，其中招标人、招标代理机构以外的技术、经济等方面专家不得少于成员总数的 2/3。专家成员一般应当采取随机抽取的方式，特殊招标项目可以由招标人直接确定。与投标人有利害关系的人不得进入相关项目的评标委员会。

### 特别提示

按照《招标投标法》，招标人应当采取必要措施，保证评标在严格保密的情况下进行。所谓评标的严格保密是指评标在封闭状态下进行，评标委员会在评标过程中有关检查、评审和授标的建议等情况均不得向投标人或与该程序有关的人员透露。

### 2. 评标的程序

建设项目评标一般应遵循公平、公正、科学、择优的原则，分为初步评审、详细评审和编制评标报告三个程序。

1) 初步评审

初步评审的内容包括对投标文件的符合性评审、技术性评审和商务性评审。

(1) 投标文件的符合性评审包括技术符合性和商务符合性鉴定。

(2) 投标文件的技术性评审包括方案可行性评估和关键工序评估，劳务、材料、机械设备、质量控制措施评估，以及对施工现场周围环境的保护措施评估。

(3) 投标文件的商务性评审包括投标报价校核，审查全部报价数据计算的正确性，分析报价构成的合理性，并与标底价格进行对比分析。修正后的投标报价经投标人确认后对其起约束作用。评标委员会在对实质上响应招标文件要求的投标文件进行报价评估时，除招标文件另有约定外，应当按下列原则进行修正。

① 投标文件中用数字表示的数额与用文字表示的数额不一致时，以文字数额为准。

② 单价与工程量的乘积和总价不一致时，以单价为准；若单价有明显的小数点错位，应以总价为准，并修改单价。

③ 对不同文字文本投标文件的解释发生异议的，以中文文本为准。

按照上述规定调整后的报价经投标人确认后产生约束力。

初步评审中发现的废标和出现重大偏差的投标文件由评标委员会按规定处理。

2) 详细评审

经初步评审合格的投标文件，评标委员会应当根据招标文件确定的评标标准和方法，对其技术部分和商务部分做进一步评审、比较。

详细评审主要采用综合评标法和经评审的最低投标价法。

3) 编制评标报告

评标委员会完成评标后，应当向招标人提出书面评标报告，并抄送有关行政监督部门。评标报告应当如实记载以下内容。

(1) 基本情况和数据表。

(2) 评标委员会成员名单。

(3) 开标记录。

(4) 符合要求的投标一览表。

(5) 废标情况说明。

(6) 评标标准、评标方法或者评标因素一览表。

(7) 经评审的价格或者评分比较一览表。

(8) 经评审的投标人排序。

(9) 推荐的中标候选人名单与签订合同前要处理的事宜。

(10) 澄清、说明、补正事项纪要。

**3. 评标的方法**

建设项目评标的方法很多，我国目前常用的评标方法有经评审的最低投标价法和综合评标法等。

1) 经评审的最低投标价法

经评审的最低投标价法是指对符合招标文件规定的技术标准，满足招标文件实质性要求的投标，根据招标文件规定的量化因素及量化标准进行价格折算，按照经评审的投标价由低到高的顺序推荐中标候选人，或根据招标人授权直接确定中标人，但投标价低于其成本的除外。

这种评标方法是初步评审后，以合理低标价作为中标的主要条件。合理的低标价必须是经过详细评审，进行答辩，证明是实现低标价的措施有力可行的报价，但不保证最低的投标价中标，因为这种评标方法在比较价格时必须考虑一些修正因素，因此也有一个评标的过程。

(1) 适用情况。一般适用于具有通用技术、性能标准或者招标人对其技术、性能没有特殊要求的招标项目。

(2) 评标程序及原则如下。

① 评标委员会根据招标文件中评标方法的规定对投标人的投标文件进行初步评审。有一项不符合评审标准的，作为废标处理。

② 评标委员会应当根据招标文件中规定的评标价格调整方法，对所有投标人的投标报价及投标文件的商务部分(商务标)做必要的价格调整。但评标委员会无须对投标文件的技术部分(技术标)进行价格折算。评标委员会发现投标人的报价明显低于其他投标报价，或者在设有标底时明显低于标底，或其投标报价可能低于其成本的，应当要求投标人做出书面说明并提供相应的证明材料。投标人不能合理说明或者不能提供相应证明材料的，由评标委员会认定该投标人以低于成本报价竞标，其投标作为废标处理。

③ 根据经评审的最低投标价法完成详细评审后，评标委员会应当拟定一份“标价比较表”，连同书面评标报告提交招标人。“标价比较表”应当注明投标人的投标报价，对商务偏差的价格调整和说明，以及经评审的最低投标价。

④ 除招标文件中授权评标委员会直接确定中标人外，评标委员会按照经评审的投标价由低到高的顺序推荐中标候选人。

## 应用案例 5-7

某建设项目施工招标，该项目是职工住宅楼和普通办公大楼，标段划分为甲乙两个标段，招标文件规定：国内投标人有 7.5%的评标价优惠；同时投两个标段的投标人给予评标优惠；若甲标段中标，乙标段扣减 4%作为评标优惠价；合理工期为 24～30 个月，评标工期基准为 24 个月，每增加 1 个月评标价加 0.1 百万元。经资格预审有 A、B、C、D、E 共 5 个投标人的投标文件获得通过，其中 A、B 两投标人同时对甲乙两个标段进行投标，B、D、E 为国内投标人。投标人的投标情况见表 5-1。

表 5-1 投标人的投标情况

| 投 标 人 | 报价/百万元 | | 投标工期/月 | |
|---|---|---|---|---|
| | 甲标段 | 乙标段 | 甲标段 | 乙标段 |
| A | 10 | 10 | 24 | 24 |
| B | 9.7 | 10.3 | 26 | 28 |
| C | | 9.8 | | 24 |
| D | 9.9 | | 25 | |
| E | | 9.5 | | 30 |

【问题】

(1) 该工程应该采用什么评标方法来确定中标人，并说明理由。

(2) 确定两个标段的中标人。

【案例解析】

(1) 因为经评审的最低投标价法一般适用于施工招标，需要竞争的是投标人价格，报价是主要的评标内容，此外，该方法适用于具有通用技术、性能标准，或者招标人对其技术、性能没有特殊要求的普通招标项目，如一般住宅工程的施工项目，所以该工程采用经评审的最低投标价法来确定中标人比较合适。

(2) 评标结果见表 5-2 和表 5-3。

表 5-2　甲标段评标结果

| 投标人 | 报价/百万元 | 修正因素 | | 评标价/百万元 |
|---|---|---|---|---|
| | | 工期因素/百万元 | 本国优惠/百万元 | |
| A | 10 | | + 0.75 | 10.75 |
| B | 9.7 | +0.2 | | 9.9 |
| D | 9.9 | +0.1 | | 10 |

因此，甲标段的中标人应为投标人 B。

表 5-3　乙标段评标结果

| 投标人 | 报价/百万元 | 修正因素 | | | 评标价/百万元 |
|---|---|---|---|---|---|
| | | 工期因素/百万元 | 两个标段优惠/百万元 | 本国优惠/百万元 | |
| A | 10 | | | +0.75 | 10.75 |
| B | 10.3 | +0.4 | −0.412 | | 10.288 |
| C | 9.8 | | | +0.75 | 10.55 |
| E | 9.5 | +0.6 | | | 10.1 |

因此，乙标段的中标人应为投标人 E。

2) 综合评标法

综合评标法是指通过分析比较找出能够最大限度地满足招标文件中规定的各项综合评价标准的投标，并推荐为中标候选人的方法。

采用此法评标主要是衡量投标文件是否最大限度地满足招标文件中规定的各项评价标准。由于综合评估招标项目的每一投标需要考虑的因素很多，它们的计量单位各不相同，不能直接用简单的代数求和的方法进行综合评估比较，因此需要采用将多种影响因素统一折算为货币的方法、打分的方法或者其他方法进行。这种方法的要点如下。

(1) 评标委员会根据招标项目的特点和招标文件中规定的需要量化的因素及权重(评分标准)，将准备评审的内容进行分类，各类中再细化成小项，并确定各类及小项的评分标准。

(2) 评分标准确定后，每位评标委员会成员独立地对投标文件分别打分，各项分数统计之和即为该投标文件的得分。

(3) 综合评分，如报价以标底为标准，报价低于标底 5%范围内为满分，报价高于标底 6%以上或低于 8%以上均按 0 分计，同样报价以技术标为标准进行类似评分。

(4) 评标委员会拟订“综合评估比较表”，表中载明以下内容：投标人的投标报价、对商务偏差的调整值、对技术偏差的调整值、最终评审等，以得分最高(最常用的方法是百分法)的投标人为中标人。

可见，综合评标法是一种定量的评标方法，在评定因素较多且繁杂的情况下，可以综合地评定出各投标人的素质情况和综合能力，因此长期以来一直是建设项目领域采用的主要评标方法。它适用于大型复杂的工程施工评标。

## 应用案例 5-8

某工程采用公开招标方式，有 A、B、C、D、E、F 共 6 家承包商参加投标，经资格预审该 6 家承包商均满足业主要求。该工程采用综合评标法，对各投标文件从技术标和商务标两方面来进行评分，评标委员会由 7 名评委组成，评标的具体规定如下。

(1) 技术标：共计 40 分，其中施工方案 15 分，总工期 8 分，工程质量 6 分，项目班子 6 分，企业信誉 5 分。

技术标各项内容的得分为各评委评分去掉一个最高分和一个最低分后的算术平均数。

技术标合计得分不满 28 分者，不再评其商务标。

表 5-4 为各评委对 6 家承包商施工方案评分的汇总表。

表 5-5 为各承包商总工期、工程质量、项目班子、企业信誉得分汇总表。

**表 5-4 施工方案评分汇总表**

| 承包商 | 评委 | | | | | | |
|---|---|---|---|---|---|---|---|
| | 一 | 二 | 三 | 四 | 五 | 六 | 七 |
| A | 13.0 | 11.5 | 12.0 | 11.0 | 11.0 | 12.5 | 12.5 |
| B | 14.5 | 13.5 | 14.5 | 13.0 | 13.5 | 14.5 | 14.5 |
| C | 12.0 | 10.0 | 11.5 | 11.0 | 10.5 | 11.5 | 11.5 |
| D | 14.0 | 13.5 | 13.5 | 13.0 | 13.5 | 14.0 | 14.5 |
| E | 12.5 | 11.5 | 12.0 | 11.0 | 11.5 | 12.5 | 12.5 |
| F | 10.5 | 10.5 | 10.5 | 10.0 | 9.5 | 11.0 | 10.5 |

**表 5-5 总工期、工程质量、项目班子、企业信誉得分汇总表**

| 承包商 | 总工期 | 工程质量 | 项目班子 | 企业信誉 |
|---|---|---|---|---|
| A | 6.5 | 5.5 | 4.5 | 4.5 |
| B | 6.0 | 5.0 | 5.0 | 4.5 |
| C | 5.0 | 4.5 | 3.5 | 3.0 |
| D | 7.0 | 5.5 | 5.0 | 4.5 |
| E | 7.5 | 5.0 | 4.0 | 4.0 |
| F | 8.0 | 4.5 | 4.0 | 3.5 |

(2) 商务标：共计 60 分，以标底的 50%与承包商报价算术平均数的 50%之和为基准价，但最高(或最低)报价高于(或低于)次高(或次低)报价的 15%者，在计算承包商报价算术平均数时不予考虑，且商务标得分为 15 分。

以基准价为满分(60 分)，报价比基准价每下降 1%，扣 1 分，最多扣 10 分；报价比基准价每增加 1%，扣 2 分，扣分不保底。

标底和各承包商报价汇总表见表 5-6。

表 5-6　标底和各承包商报价汇总表　　单位：万元

| 承包商 | A | B | C | D | E | F | 标底 |
|---|---|---|---|---|---|---|---|
| 报价 | 13 656 | 11 108 | 14 303 | 13 098 | 13 241 | 14 125 | 13 790 |

【问题】

按综合得分最高者中标的原则确定中标人。

【案例解析】

(1) 计算各承包商施工方案的得分，见表 5-7。

表 5-7　施工方案得分计算表

| 承包商 | 评委 | | | | | | | 平均得分 |
|---|---|---|---|---|---|---|---|---|
| | 一 | 二 | 三 | 四 | 五 | 六 | 七 | |
| A | 13.0 | 11.5 | 12.0 | 11.0 | 11.0 | 12.5 | 12.5 | 11.9 |
| B | 14.5 | 13.5 | 14.5 | 13.0 | 13.5 | 14.5 | 14.5 | 14.1 |
| C | 12.0 | 10.0 | 11.5 | 11.0 | 10.5 | 11.5 | 11.5 | 11.2 |
| D | 14.0 | 13.5 | 13.5 | 13.0 | 13.5 | 14.0 | 14.5 | 13.7 |
| E | 12.5 | 11.5 | 12.0 | 11.0 | 11.5 | 12.5 | 12.5 | 12.0 |
| F | 10.5 | 10.5 | 10.5 | 10.0 | 9.5 | 11.0 | 10.5 | 10.5 |

(2) 计算各承包商技术标的得分，见表 5-8。

表 5-8　技术标得分计算表

| 承包商 | 施工方案 | 总工期 | 工程质量 | 项目班子 | 企业信誉 | 小计 |
|---|---|---|---|---|---|---|
| A | 11.9 | 6.5 | 5.5 | 4.5 | 4.5 | 32.9 |
| B | 14.1 | 6.0 | 5.0 | 5.0 | 4.5 | 34.6 |
| C | 11.2 | 5.0 | 4.5 | 3.5 | 3.0 | 27.2 |
| D | 13.7 | 7.0 | 5.5 | 4.5 | 4.5 | 35.7 |
| E | 12.0 | 7.5 | 5.0 | 4.0 | 4.0 | 32.5 |
| F | 10.5 | 8.0 | 4.5 | 4.0 | 3.5 | 30.5 |

由于承包商 C 技术标仅为 27.2 分，小于 28 分的最低限，按规定，不再评审商务标，实际上应作为废标处理。

(3) 计算各承包商的商务标得分，见表 5-9。

其中承包商 B，因为(13 098 − 11 108)/13 098 ≈ 15.19% > 15%，(14 125 − 13 656)/13 656 ≈ 3.43% < 15%

所以，承包商 B 的报价 11 108 万元在计算基准价时不予考虑。

则基准价 = 13 790 × 50% + (13 656 + 13 098 + 13 241 + 14 125)/4 × 50% = 13 660(万元)

表 5-9　商务标得分计算表

| 承包商 | 报价/万元 | 报价与基准价的比例 | 扣　分 | 得分 |
|---|---|---|---|---|
| A | 13 656 | (13 656/13 660) × 100% ≈ 99.97% | (100% − 99.97%) × 1 = 0.03 | 59.97 |
| B | 11 108 | | | 15.00 |
| D | 13 098 | (13 098/13 660) × 100% ≈ 95.89% | (100% − 95.89%) × 1 = 4.11 | 55.89 |
| E | 13 241 | (13 241/13 660) × 100% ≈ 96.93% | (100% − 96.93%) × 1 = 3.07 | 56.93 |
| F | 14 125 | (14 125/13 660) × 100% ≈ 103.40% | (103.40% − 100%) × 2 = 6.80 | 53.20 |

(4) 计算各承包商的综合得分，见表 5-10。

表 5-10　综合得分计算表

| 承包商 | 技术标得分 | 商务标得分 | 综合得分 |
|---|---|---|---|
| A | 32.9 | 59.97 | 92.87 |
| B | 34.6 | 15.00 | 49.60 |
| D | 35.7 | 55.89 | 91.59 |
| E | 32.5 | 56.93 | 89.43 |
| F | 30.5 | 53.20 | 83.70 |

因为承包商 A 的综合得分最高，故应选择承包商 A 为中标人。

## 5.3.3 中标

经过评标，确定中标人后，招标人应当向中标人发出中标通知书，并同时将中标结果通知所有未中标的投标人。中标通知书对招标人和中标人都有法律效力。中标通知书发出后，招标人改变中标结果的，或中标人放弃中标项目的，都应当依法承担法律责任。

招标人和中标人应当自中标通知书发出之日起 30 日内，按照招标文件和中标人的投标文件订立书面合同。招标人和中标人不得再行订立背离合同实质性内容的其他协议。招标人与中标人签订合同后 5 个工作日内，应向中标人和未中标的投标人退还投标保证金及银行同期存款利息。

招标文件要求中标人提交履约保证金的，中标人应当按照招标文件的要求提交。履约保证金不得超过中标合同价格的 10%。中标人应当按照合同约定履行义务，完成中标项目。

中标人不得向他人转让中标项目，也不得将中标项目肢解后分别向他人转让。中标人按照合同约定或者经招标人同意，可以将中标项目的部分非主体、非关键性工程分包给其他人完成。接受分包的人应当具备相应的资格条件，并不得再次分包。中标人应当就分包项目向招标人负责，接受分包的分包人就分包项目承担连带责任。

依法必须进行招标的项目，招标人应当自确定中标人之日起 15 日内，向有关行政监督部门提交招标投标情况的书面报告。

## 应用案例 5-9

某学校宿舍楼工程招标，有具备承担该项目能力的 A、B、C、D 共 4 家投标人参与投标，投标人均按规定时间提交了投标文件。评标委员会成员由招标人直接确定，共由 7 人组成，其中招标人代表 2 人、本系统技术专家 2 人、经济专家 1 人、外系统技术专家 1 人、经济专家 1 人。在评标过程中，作为评标委员会成员的招标人代表希望投标人 B 再适当考虑一下降低报价的可能性。思考在该项目的招标投标程序中，有什么不符合《招标投标法》有关规定的地方？

**【案例解析】**

评标委员会成员不应全部由招标人直接确定。按规定，评标委员会中的技术、经济专家，一般招标项目应采取从专家库中随机抽取的方式，特殊招标项目可以由招标人直接确定，本项目显然属于一般招标项目。评标过程中不应要求投标人考虑降价问题。按规定，评标委员会可以要求投标人对投标文件中含义不明确的内容做必要的澄清或者说明，但是澄清或者说明不得超出投标文件的范围或者改变投标文件的实质性内容；在确定中标人之前，招标人不得与投标人就投标价格、投标方案的实质性内容进行谈判。

# 任务 5.4　施工合同类型的选择

**知识目标**

(1) 熟悉建设项目施工合同类型。
(2) 熟悉施工合同类型选择应考虑的因素。

**工作任务**

能够根据建设项目施工合同选择时应该考虑的因素，正确选择合同类型。

## 5.4.1 施工合同的类型

建设项目的施工合同即建筑安装工程承包合同，是发包人与承包人之间为完成商定的建设项目，确定双方权利和义务的协议。在施工合同中，建设单位是发包人，施工单位是承包人。施工合同是工程建设质量控制、进度控制、投资控制的主要依据。

按照合同价款的付款方式，可将施工合同划分为总价合同、单价合同、成本加酬金合同三种。

### 1. 总价合同

总价合同是指支付给承包人的工程款项在承包合同中是一个规定的金额，即总价，它是以设计图纸和工程说明书为依据，由承包人与发包人经过协商确定的。这种合同类型能够使发包人在评标时易于确定报价最低的承包人，易于进行支付计算。总价合同又可以分为固定总价合同和可调总价合同。

1) 固定总价合同

这是工程施工经常使用的一种合同形式，总价被承包人接受以后，一笔包死，一般不得变动。这种形式适合于工期较短(一般不超过一年)，工程设计详细，图纸完整、清楚，工程任务和范围明确的项目。

2) 可调总价合同

可调总价合同又称为变动总价合同，合同价格以图纸及规定、规范为基础，按照时价进行计算，得到包括全部工程任务和内容的暂定合同价格。它是一种相对固定的价格，在合同执行过程中，由于通货膨胀等原因而使所使用的工料成本增加时，可以按照合同约定对合同总价进行相应的调整。当然，由于设计变更、工程量变化和其他工程条件变化所引起的费用变化也可以进行调整。因此，通货膨胀等不可预见因素的风险由发包人承担，对承包人而言，其风险相对较小。但对发包人而言，不利于其进行投资控制，项目投资的风险就增大了。

**2. 单价合同**

单价合同是承包人在投标时，按招标文件就分部分项工程所列出的工程量表确定各分部分项工程费用的合同类型。这类合同的适用范围比较宽，其风险可以得到合理的分摊，并且能鼓励承包人通过提高工效等手段节约成本，提高利润。这类合同能够成立的关键在于双方对单价和工程量计量方法的确认。单价合同也可以分为固定单价合同和可调单价合同。

1) 固定单价合同

这也是经常采用的合同形式，特别是在设计或其他建设条件(如地质条件)还不太落实的情况下(计算条件应明确)，而以后又需增加工程内容或工程量时，可以按单价适当追加合同内容。在每月(或每阶段)工程结算时，根据实际完成的工程量结算，在工程全部完成时以竣工图的工程量最终结算工程总价款。

2) 可调单价合同

合同单价可调，一般在工程项目招标文件中会有规定。在合同中签订的单价，根据合同约定的条款，如在项目实施过程中物价发生变化等，可做调整。有的项目在招标或签约时，因某些不确定因素而在合同中暂定某些分部分项工程的单价，在工程结算时，再根据实际情况和合同约定单价进行调整，确定实际结算单价。

**3. 成本加酬金合同**

成本加酬金合同是由发包人向承包人支付工程项目的实际成本，并按事先约定的某一种方式支付酬金的合同类型。使用这类合同，发包人承担项目实际发生的一切费用，因此也就承担了项目的全部风险。但是承包人由于无风险，其报酬也就较低了。这类合同的缺点是发包人对工程造价不易控制，承包人往往不注意降低项目的成本。

## 5.4.2 订立施工合同应遵守的原则

**1. 合法的原则**

订立施工合同必须遵守国家法律、行政法规，也要遵守国家的建设计划和强制性的管理规定。只有遵守法律法规，施工合同才受国家法律的保护，合同当事人预期的经济利益目标才有保障。

**2. 平等、自愿的原则**

合同当事人都是具有独立地位的法人，他们之间的地位平等，只有在充分协商取得一致的前提下，合同才有可能成立并生效。施工合同当事人一方不得将自己的意志强加给另一方，当事人依法享有自愿订立施工合同的权利，任何单位和个人不得非法干预。

**3. 公平、诚实信用的原则**

发包人与承包人的合同权利、义务要对等而不能有失公平。施工合同是双方合同，双方都享有合同权利，同时承担相应的义务。在订立施工合同时，要求合同当事人要诚实、实事求是地向对方介绍自己订立合同的条件、要求和履约能力，充分表达自己的真实意愿，不得有隐瞒、欺诈的成分。

诚实信用原则是民法的基本原则。诚信和契约精神是市场的不变法则，是市场经济的生命。在社会主义市场经济迅速发展的今天，企业家应弘扬诚信文化，营造诚信的商业环境，同时带动全社会道德素质和文明程度不断提升①。

**知识链接**

建设项目施工合同的文件主要包括如下内容：①合同协议书；②中标通知书；③投标书及其附件；④合同专用条款；⑤合同通用条款；⑥标准、规范及有关技术文件；⑦图纸；⑧工程量清单；⑨工程报价单或预算书。上述合同文件应能够相互解释、相互说明。当合同文件中出现不一致时，以上顺序就是合同的优先解释顺序。

## 5.4.3 施工合同类型选择应考虑的因素

在施工承包中，采用哪种合同方式，应根据建设项目的特点，发包人对建设项目的设想及对工程费用、工期和质量的要求等，综合考虑后才能进行确定。

**1. 依据建设项目的复杂程度选择合同类型**

建设项目规模大且技术复杂，承包时承担的风险就较大，规模大工期就长，各项费用不易准确估算，因而不宜采用固定总价合同。因为固定总价合同要求承包人承担施工期间的大部分风险，并需要为不可预见因素付出代价。而工程量不大且能精确计量计价，工期较短的项目，则可以采用固定总价合同。

有时在同一项目中采用不同的合同形式，是发包人和承包人合理分担施工风险因素的有效办法。选择合同时，可以考虑有把握的部分采用总价合同，估算不准的部分采用固定单价合同或成本加酬金合同。因为固定单价合同在项目实施过程中，工程量按实际发生量计算，是可变的，而单价固定不做调整，这正好符合工程量清单计价模式的基本要求。在工程量清单计价模式中，工程量清单由招标人编制，工程量在招标过程中属于一种估算量，而综合单价由投标人自主报价，投标人根据自身企业的管理水平，全面分析市场变化，考

① 党的二十大报告提出，“提高全社会文明程度”。“弘扬诚信文化，健全诚信建设长效机制”是其中一项重要措施。

虑经营风险后确定。因此，在工程量清单计价模式下，采用固定单价合同形式是承发包双方的较好选择。

### 特别提示

固定单价合同是与国际工程管理接轨的一种合同形式。国际上通用的由国际咨询工程师联合会制定的 FIDIC 合同条件，英国的 NEC 系列合同条件，以及美国的 AIA 系列合同条件等，主要采用的就是固定单价合同。它是已经被实践证明了的加强工程项目管理、工程造价管理的有效形式。

**2. 依据建设项目的设计深度选择合同类型**

工程施工招标时所依据的项目设计深度，也经常是选择合同类型应考虑的重要因素。招标图纸和工程量清单的详细程度能否使投标人进行合理报价，取决于已完成的设计深度。不同设计阶段与合同类型的选择关系如下。

(1) 在初步设计阶段，设计内容比较粗略、概括，主要以估算工程量为主，合同类型适用成本加酬金合同或单价合同。

(2) 在技术设计阶段，设计内容比较详细、准确，主要反映较详细的工程量清单，合同类型适用单价合同。

(3) 在施工图设计阶段，设计内容详细、准确，主要反映详细的工程量清单、施工组织设计，合同类型适用总价合同。

**3. 依据工程施工的难易程度选择合同类型**

如果工程施工中有较大部分采用新技术和新工艺，而发包人和承包人在这方面过去都没有经验，且在国家颁布的标准、规范、定额中又没有可作为依据的标准时，为了避免承包人盲目地提高承包价款，或由于对施工难度估计不足而导致承包亏损，不宜采用固定总价合同，而应选用成本加酬金合同。

**4. 依据施工工期的紧迫程度选择合同类型**

有些紧急工程(如灾后恢复工程等)要求尽快开工且工期较紧时，招标时可能仅有实施方案，还没有施工图纸，这时承包人不可能报出合理的价格，宜采用成本加酬金合同。

对于一个建设项目而言，其采用的合同类型不是固定不变的。即使在同一个项目中，各个不同的工程部分或不同阶段，也可以采用不同类型的合同。因此在划分标段、进行合同策划时，应根据实际情况，综合考虑各种因素后再做出决策。

### 应用案例 5-10

某工程在施工设计图纸没有完成前，业主通过招标选择了一家总承包单位承包该工程的施工任务。由于设计工作尚未完成，承包范围内待实施的工程虽性质明确，但工程量还难以确定，双方商定拟采用固定总价合同形式签订施工合同。思考业主与总承包单位选择的固定总价合同形式是否恰当。

【案例解析】

不恰当，不宜使用固定总价合同形式，应该采用单价合同。固定总价合同的适用条件一般为：①招标时，设计深度已达到施工图设计要求，工程设计图纸完整齐全，项目范围及工程量计算依据确切，合同履行过程中不会出现较大的设计纠纷，承包人依据的报价工程量与实际完成的工程量不会有较大的差异；②规模较小，技术不太复杂的中小型工程，承包人一般在报价时可以合理地预见到项目实施过程中可能遇到的各种风险；③合同工期较短，一般为工期在 1 年以内的工程。

### 5.4.4 无效施工合同的认定

无效施工合同是指虽由发包人与承包人订立，但因违反法律规定而没有法律约束力，国家不予承认和保护，甚至要对违法当事人进行制裁的施工合同。具体而言，施工合同属下列情况之一的，合同无效。

(1) 当事人没有从事建筑经营资格而签订的合同。

(2) 当事人超越资质等级所订立的合同。

(3) 违反国家、部门或地方基本建设计划的合同。

(4) 未依法取得土地使用权而签订的合同。

(5) 未取得《建设用地规划许可证》而签订的合同。

(6) 未取得或违反《建设工程规划许可证》进行建设、严重影响城市规划的合同。

(7) 应当办理而未办理招标投标手续而订立的合同。

(8) 非法转包的合同。

(9) 违法分包的合同。

(10) 采取欺诈、胁迫的手段所签订的合同。

(11) 损害国家利益和社会公共利益的合同。

无效施工合同自订立时起就没有法律约束力。合同被认定无效后，因该合同取得的财产应当予以返还；不能返还或者没有必要返还的，应当折价补偿。有过错的一方应当赔偿对方由此所受到的损失；双方都有过错的，应当各自承担相应的责任。

知识链接

《建设工程施工合同(示范文本)》

**施工合同示范文本介绍**

住房城乡建设部和工商总局于 2013 年发布了《建设工程施工合同(示范文本)》(GF—2013—0201)，由《合同协议书》《通用合同条款》《专用合同条款》三部分组成，主要适用于施工总承包合同。

2017 年《建设工程施工合同(示范文本)》(GF—2017—0201)发布，修订了 2013 年的示范文本，是目前最新的建设工程施工合同示范文本。

## 综合应用案例

某科研楼工程为政府投资项目，于 2020 年 5 月 8 日发布招标公告。

事件 1：招标公告中对招标文件的发售和投标截止时间规定如下。

(1) 各投标人于 6 月 17 日—6 月 18 日，每日 9：00—16：00 在指定地点领取招标文件。

(2) 投标截止时间为 7 月 5 日 14：00。

事件 2：评标委员会成员由招标人确定，共 8 人，其中招标人代表 4 人，有关技术、经济专家 4 人。

事件 3：对招标做出响应的投标人有 A、B、C、D 4 个投标人，他们均具备承建该项目的资格。在开标阶段，经招标人委托的市公证处人员检查了投标文件的密封情况，确认其密封完好后，投标文件当众拆封。招标人宣布有 A、B、C、D 共 4 个投标人投标，并宣读其投标报价、工期、质量标准和其他招标文件规定的唱标内容。其中，投标人 A 的投标总报价为 15 320 万元整，其他相关数据见表 5-11。招标人委托工程造价咨询企业编制的最高投标限价数据见表 5-12。

**表 5-11　投标报价表**　　单位：万元

| 项　　目 | 桩基围护工程 | 主体结构工程 | 装饰工程 | 总　　价 |
|---|---|---|---|---|
| A 正式报价 | 1 450 | 7 600 | 6 270 | 15 320 |

**表 5-12　最高投标限价**　　单位：万元

| 项　　目 | 桩基围护工程 | 主体结构工程 | 装饰工程 | 总　　价 |
|---|---|---|---|---|
| 最高投标限价 | 1 320 | 7 100 | 6 900 | 15 320 |

事件 4：评标委员会按照招标文件中确定的评标标准对投标文件进行评审与比较，并综合考虑各投标人的优势，确定投标人 A 为中标人，标价为 15 320 万元。由于中标人 A 为外地企业，招标人于 7 月 7 日以挂号信方式将中标通知书寄出，中标人 A 于 7 月 11 日收到中标通知书。此后，自 7 月 13 日—8 月 3 日招标人又与中标人 A 就合同价格进行了多次谈判，于是中标人 A 在正式报价的基础上又下调了 100 万元，最终双方于 8 月 9 日签订了书面合同。

**【问题】**

思考在该项目的招标投标中，哪些方面不符合《招标投标法》的有关规定。

思考事件 3，投标人 A 采用的是哪种报价策略？

**【案例解析】**

事件 1：(1) 招标文件的发售时间只有 2 日，不符合《中华人民共和国招标投标法实施条例》关于招标文件的发售时间最短不得少于 5 个工作日的规定。

(2) 招标文件开始发出之日起至投标人提交投标文件截止之日的时间段不符合规定。该工程项目建设使用财政资金，按照《招标投标法》的第三条规定必须进行招标，并且《招标投标法》第二十四条规定，自招标文件开始发出之日起至投标人提交投标文件截止之日止，最短不得少于 20 日。本案例 6 月 17 日开始发出招标文件，至招标公告规定的投标截止时间 7 月 5 日，不足 20 日。

事件 2：评标委员会成员组成及人数不符合《招标投标法》的规定。《招标投标法》第三十七条规定，评标委员会由招标人代表和有关技术、经济等方面的专家组成，成员人数为 5 人以上单数，其中技术、经济等方面的专家不得少于成员总数的 2/3。

事件 3：在本案例中，参考招标人的标底文件，可以认为投标人 A 采用了不平衡报价法。

不平衡报价法是指在估价(总价)不变的前提下，调整分项工程的单价，以达到较好收益目的的报价策略。其基本原则是：对前期工程、工程量可能增加的工程(由于图纸深度不够)、计日工等，在正式报价时将所估单价上调，反之则下调，以便在工程前期尽快收到较多工程款，或者最终获得较多的工程款。但单价调整时不能波动过大，一般来说，除非投标人对某些分项工程具有特别优势，否则单价调整幅度不宜超过±10%。

本案例中投标人 A 将属于前期工程的桩基围护工程和主体结构工程的单价调高，而将属于后期工程的装饰工程的单价调低，可以在施工的早期阶段收到较多的工程款，从而可以提高其所得工程款的现值。且对桩基围护工程、主体结构工程和装饰工程的单价调整幅度均未超过±10%，在合理范围之内。对于招标人而言，财政拨付具有资金稳定的特点，不必过分重视资金的时间价值；若投标人在超深、超高项目上具有丰富的施工经验，能很好地履行合同，可以考虑接受该不平衡报价。评标委员会接受投标人 A 运用的不平衡报价法并无不当。

事件 4：(1) 中标通知书发出后，招标人不应与中标人 A 就合同价格进行谈判。《招标投标法》第四十六条规定，招标人和中标人应当按照招标文件和中标人的投标文件订立书面合同，不得再行订立背离合同实质性内容的其他协议。

(2) 招标人和中标人签订书面合同的日期不当。《招标投标法》第四十六条规定，招标人和中标人应当自中标通知书发出之日起 30 日内，按照招标文件和中标人的投标文件订立书面合同。本案例中标通知书于 7 月 7 日已经发出，双方直至 8 月 9 日才签订书面合同，已超过法律规定的 30 日期限。

## 项目小结

本项目对建设项目招标进行了详细的阐述，主要介绍了建设项目招标的方式、基本招标程序、最高投标限价的编制、招标文件的组成等。

本项目对建设项目投标的程序及相关内容、投标过程中的报价策略进行了详细的阐述，主要介绍了投标人必须具备规定的资格条件、投标报价的编制、几种报价策略的特点、投标文件的组成内容及投标人投标时应注意的问题。

本项目对开标、评标和中标进行了详细的阐述，主要介绍了评标方法，一般分为综合评标法和经评审的最低投标价法两类；评标的程序，包括初步评审、详细评审和编制评标报告；评标委员会的人员构成。

本项目对建设项目施工合同类型及其选择进行了详细的阐述，主要介绍了总价合同、单价合同、成本加酬金合同三种合同类型，以及合同类型选择时要考虑的因素。

## 思考与练习

### 一、单选题

1. 在施工图不完整或准备发包的工程项目内容、技术经济指标一时尚不能明确、具体地予以规定时，比较适宜的合同形式是(　　)。

A. 变动总价合同　　B. 可调总价合同
C. 固定总价合同　　D. 单价合同

2. 作为施工单位，采用(　　)形式，可尽量减少风险。

A. 固定总价合同　　B. 可调总价合同
C. 单价合同　　D. 成本加酬金合同

3. 招标人在评标委员会中人员不得超过(　　)。

A. 参与竞争的投标人数量　　B. 招标人的董事会人数
C. 成员总数的2/3　　D. 成员总数的1/3

4. 抢险救灾紧急工程应采用(　　)方式选择实施单位。

A. 公开招标　　B. 邀请招标　　C. 议标　　D. 直接委托

5. 对于某些招标文件，当发现该项目工程范围不很明确，条款不够清楚或技术规范要求过于苛刻时，投标人最宜采用的报价策略是(　　)。

A. 根据招标项目的不同特点采取不同的报价
B. 增加建议方案
C. 提供可供选择项目的报价
D. 多方案报价

6. 下列对邀请招标的阐述，正确的是(　　)。

A. 它是一种无限制的竞争方式
B. 该方式有较大的选择范围，有助于打破垄断，实行公平竞争
C. 这是《招标投标法》规定之外的一种招标方式
D. 该方式可能会失去技术上和报价上有竞争力的投标人

7. 一般项目的首选评标方法是(　　)。

A. 综合评标法　　B. 经评审的最低投标价法
C. 评议法　　D. 多方案报价法

8. 工程项目施工合同以付款方式划分为：①总价合同；②单价合同；③成本加酬金合同三种，以业主所承担的风险从小到大的顺序来排列，正确的是(　　)。

A. ③②①　　B. ①②③　　C. ③①②　　D. ①③②

9. 下列有关投标文件的澄清和说明，表述正确的是(　　)。

A. 投标文件不响应招标文件实质性条件的，可允许投标人修正或撤销其不符合要求的差异
B. 单价与工程量的乘积与总价不一致时，以单价为准
C. 投标文件中用数字表示的数额与用文字表示的数额不一致时，以投标人澄清说明为准
D. 若投标单价有明显的小数点错位，应调整单价，并修改总价

10. 根据我国《建设工程施工合同(示范文本)》，在没有其他约定的情况下，下列对施工合同文件解释先后顺序的排列，表述正确的是(　　)。

A. 协议书—专用条款—通用条款—中标通知书—投标书及其附件
B. 协议书—中标通知书—专用条款—通用条款—投标书及其附件

C. 协议书—中标通知书—投标书及其附件—专用条款—通用条款

D. 协议书—专用条款—中标通知书—投标书及其附件—通用条款

## 二、多选题

1.《招标投标法》规定，建设项目招标方式有(　　)。

A. 公开招标　　B. 国际招标　　C. 行业内招标

D. 邀请招标　　E. 委托招标

2. 符合下列(　　)情形之一的，经批准可以进行邀请招标。

A. 紧急抢险救灾项目，适宜招标但不适宜公开招标的

B. 受自然地域环境限制的

C. 涉及国家安全、国家秘密，适宜招标但不适宜公开招标的

D. 项目技术复杂或有特殊要求只有几家潜在投标人可供选择的

E. 竞争比较激烈的项目

3. 施工招标文件的主要内容包括(　　)。

A. 工程综合说明　　B. 必要的图纸和技术资料

C. 工程量清单　　D. 合同条件　　E. 商务文件

4. 下列情况中，投标书无效的是(　　)。

A. 投标书封面无投标人或其代理人印鉴

B. 投标书未密封

C. 投标书逾期送达

D. 投标人未参加开标会议

E. 投标文件的关键内容字迹清晰，容易辨认

5. 业主决定合同形式，应根据(　　)因素综合考虑。

A. 设计工作深度　　B. 工期长短　　C. 质量要求的高低

D. 工程规模、复杂程度　　E. 施工单位的要求

## 三、简答题

1. 我国规定的必须招标的项目包括哪些?

2. 投标报价应遵循的原则包括哪些?

3. 废标处理的条件包括哪些?

4. 投标报价的费用组成包括哪些?

5. 评标报告包括哪些内容?

## 四、案例题

1. 某建设项目依法必须公开招标，项目初步设计及概算已经批准。资金来源尚未落实，设计图纸及技术资料已经能够满足招标需要。考虑到参加投标的施工企业来自各地，招标人委托造价咨询单位编制了两个标底，分别用于对本市和外省市投标人的评标。评标采用经评审的最低投标价法。

**【问题】**

指出本案例招标过程中的不妥之处，并说明应如何处理。

2. 某投标人投标时，在投标截止时间前递交了投标文件，但投标保证金递交时间晚于

投标截止时间 2 分钟，招标人均进行了受理，同意其投标文件参与开标。其他投标人对此提出异议，认为招标人同意该投标文件参加开标会议违背相关规定。

【问题】

指出本案例招投标过程中的不妥之处，并说明应如何处理。

# 项目 6 建设项目施工阶段造价控制与管理

## 能力目标

通过本项目内容的学习，要求学生了解工程变更产生的原因，掌握变更后价款的确定；掌握工程索赔的处理原则及计算；掌握工程预付款、进度款的支付及结算；熟悉资金使用计划的编制，掌握投资偏差的分析方法及纠正措施。

## 能力要求

| 知识目标 | 知识要点 | 权重 |
|---|---|---|
| 掌握工程变更价款计算 | 工程变更产生的原因；工程变更的处理程序；工程变更后合同价款的确定；FIDIC 合同条件下的工程变更 | 20% |
| 掌握工程索赔的处理原则及计算 | 工程索赔的概念和分类；工程索赔的处理原则和程序；工程索赔的计算 | 30% |
| 掌握工程价款结算 | 工程价款的结算方式；工程预付款及其扣回；工程进度款结算；工程竣工结算；工程价款的动态结算 | 30% |
| 掌握资金使用计划的编制与应用 | 资金使用计划的编制；投资偏差的分析；投资偏差产生的原因及纠正措施；工程质量保证金的扣留与返还 | 20% |

## 引例

一汽车制造厂项目，某施工企业(乙方)与某建设单位(甲方)签订了可调单价的施工合同，合同价为 600 万元，工期为 8 个月。合同规定，甲方要付 30%的工程备料款，并且按月支付进度款。在基础施工过程中，由于甲方要求加大基础的底面尺寸，使得工期增加了 1 天，费用增加了 2 万元；乙方在合同中标明有松软石的地方没有遇到松软石，因而工期提前 1 个月；但在合同中另一未标明有坚硬岩石的地方遇到了一些工程地质勘查没有探明的孤石，由于排除孤石拖延了一定的时间，使得部分施工任务不得不赶在雨期进行。施工过程中遇到数天季节性大雨，后又转为特大暴雨引起山洪暴发，造成现场临时道路、管网和施工用房等设施及已施工的部分基础被冲坏，施工设备损坏，运进现场的部分材料被冲走，乙方数名施工人员受伤，雨后乙方用了很多工时清理现场和恢复施工条件。另外，在施工的整个过程中，钢材的价格涨了 10%，使得工程结算款增加了 5 万元。为此乙方按照相关的程序要求甲方给予延长工期和费用补偿。乙方提出的补偿要求能否成立？为什么？工程价款结算的时候还要考虑到哪些因素？

**【点评】**

(1) 设计变更属甲方的责任，应给予乙方工期顺延和费用补偿。

(2) 对处理孤石引起的索赔，这是预先无法估计的地质条件变化，属于甲方应承担的风险，应给予乙方工期顺延和费用补偿。

(3) 对于天气条件变化引起的索赔应分两种情况处理。

① 对于前期的季节性大雨，这是一个有经验的承包商预先能够合理估计的因素，应在合同工期内考虑，由此造成的时间和经济损失不能给予补偿。

② 对于后期特大暴雨引起的山洪暴发，不能视为一个有经验的承包商预先能够合理估计的因素，应按不可抗力处理由此引起的索赔问题。被冲坏的现场临时道路、管网和施工用房等设施及已施工的部分基础，被冲走的部分材料，清理现场和恢复施工条件等经济损失应由甲方承担；损坏的施工设备，受伤的施工人员，以及由此造成的人员窝工和设备闲置等经济损失应由乙方承担，工期顺延。

在工程价款结算的时候，要在一定施工阶段，将工程预付款逐月扣回；对于材料的价格变化引起工程价款的增加，是甲方承担的风险范围，甲方要给予乙方一定的费用补偿。另外对于施工过程中的索赔、变更等引起的价款变化，在工程价款结算的过程中都要对原价款进行调整。

## 项目导入

工程造价控制与管理贯穿工程建设的全过程，而施工企业在施工阶段的造价控制与管理尤为重要。建设项目施工阶段造价控制与管理的主要工作是工程变更和索赔的管理及工程价款的结算等。由于建设项目的建设周期长，涉及的经济、法律关系复杂，受自然条件和客观因素的影响大，在建设的过程中，会出现好多不可预料的因素，如变更和索赔等影响工程价款事件的发生在所难免，使得施工阶段的造价控制与管理变得复杂。因此，施工企业在注意施工合同及工程竣工结算的同时，应立足现场管理，强化过程控制，增强索赔意识，积累经验，提高企业施工阶段的过程造价管理水平，使企业获得满意的经济和社会效益。

# 任务 6.1　工程变更

## 知识目标

(1) 了解工程变更的概念，工程变更产生的原因。
(2) 掌握工程变更的处理程序，工程变更后合同价款的确定。
(3) 熟悉 FIDIC 合同条件下的工程变更。

## 工作任务

能够进行工程变更价款的结算及处理工程变更。

## 6.1.1 工程变更概述

### 1. 工程变更的概念

工程变更是指在施工合同履行过程中出现与签订合同时的预计条件不一致的情况，而需要改变原定施工承包范围内的某些工作内容。工程变更是影响工程价款结算的重要因素，因此，也是施工阶段造价控制与管理的重要内容。

凡是在上述情况下做出与设计图纸及技术说明不符的改变，都要按规定的程序履行相应的手续并做好记录以备查阅。

特别提示

不只是图纸的改变叫工程变更，工程变更包括工程量变更、工程项目变更(如发包人提出增加或者删减工程项目内容)、进度计划变更、施工条件变更等。

### 2. 工程变更产生的原因

由于工程建设的周期长、涉及的经济关系和法律关系复杂、受自然条件和客观因素的影响大，这往往导致项目的实际施工情况与项目招标投标时的情况相比会发生一些变化。按照变更产生的原因，可将变更划分为很多种类。例如，发包人的变更指令(包括发包人对工程有了新的要求等)；由于设计错误，必须对设计图纸做修改；工程环境变化；由于产生了新的技术和知识而必须改变原设计、实施方案或实施计划；法律法规或者政府对建设项目有了新的要求；等等。

当然，这样的分类并不十分严格，变更原因也不是相互排斥的。由于我国要求严格按图设计，如果变更影响了原来的设计，则首先应当变更原设计，因此这些变更最终往往表现为设计变更。考虑到设计变更在工程变更中的重要性，往往将工程变更分为设计变更和其他变更两大类。

1) 设计变更

在施工过程中如果发生设计变更，则将对施工进度产生很大的影响。因此，应尽量减少设计变更，如果必须对原设计进行变更，则必须严格按照国家的规定和合同约定的程序进行。

由于发包人原因对原设计进行变更，并经工程师同意的，发包人进行的设计变更导致合同价款的增加而造成承包人的损失由发包人承担，延误的工期相应顺延。

2) 其他变更

合同履行中发包人要求变更工程质量标准及发生的其他实质性变更，由双方协商解决。

## 6.1.2 工程变更的处理程序

### 1. 设计变更的处理程序

从合同的角度看，不论什么原因导致的设计变更，必须首先由一方提出，因此可以分为发包人原因对原设计进行变更和承包人原因对原设计进行变更两种情况。

1) 发包人原因对原设计进行变更

施工中由于发包人原因如果需要对原工程设计进行变更，应不迟于变更前 14 天以书面形式向承包人发出变更通知。承包人对于发包人的变更通知没有拒绝的权利，这是合同赋予发包人的一项权利。因为发包人是工程的出资人、所有人和管理者，对将来工程的运行承担主要的责任，只有赋予发包人这样的权利才能减少更大的损失。如变更超过原设计标准或者批准的建设规模时，须经原规划管理部门和其他有关部门审查批准，并由原设计单位提供变更的相应图纸和说明。

2) 承包人原因对原设计进行变更

承包人应严格按照图纸施工，不得随意变更设计。施工中承包人提出的合理化建议涉及对设计图纸或者施工组织设计的更改，以及对原材料、设备的更换，须经工程师同意。工程师同意变更后，由原设计单位提供变更的相应图纸和说明，变更超过原设计标准或者批准的建设规模时，还须经原规划管理部门和其他有关部门审查批准。承包人未经工程师同意擅自更改或换用的，由承包人承担由此发生的费用并赔偿发包人的有关损失，延误的工期不予顺延。

3) 构成设计变更的事项

能够构成设计变更的事项包括以下内容。

(1) 更改有关部分的标高、基线、位置和尺寸。

(2) 增减合同中约定的工程量。

(3) 改变有关工程的施工时间和顺序。

(4) 其他有关工程变更需要的附加工作。

2. 其他变更的处理程序

从合同角度看，除设计变更外，其他能够导致合同内容变更的都属于其他变更。如双方对工程质量要求的变化(涉及强制性标准变化的)、双方对工期要求的变化、施工条件和环境的变化导致施工机械和材料的变化等。这些变更的处理程序是首先应当由一方提出，与对方协商一致并签署补充协议后方可进行变更，其他处理程序与设计变更的处理程序相同。

特别提示

在处理工程变更时，应注意发生变更的对象和处理时间的要求。

## 6.1.3 工程变更后合同价款的确定

1. 工程变更价款的确定程序

设计变更发生后，承包人在工程设计变更确定后 14 天内提出变更工程价款的报告，经工程师确认后调整合同价款；工程设计变更确认后 14 天内，如承包人未提出适当的变更价格，则发包人可根据所掌握的资料决定是否调整合同价款和调整的具体金额。重大工程变更涉及工程价款变更报告和确认的时限由发承包双方协商，自工程价款变更报告送达之日起 14 天内，对方未确定也未提出协商意见的，视该工程价款变更报告已被确认。

2. 工程变更价款的确定方法

在工程变更确定后 14 天内，设计变更涉及工程价款调整的，由承包人向发包人提出，经工程师审核和发包人同意后调整合同价款。工程变更价款的确定按照下列方法进行。

(1) 合同中已有适用于变更工程的价格，按合同已有的价格执行。

(2) 合同中只有类似于变更工程的价格，可以参照类似价格执行。

(3) 合同中没有适用或类似于变更工程的价格，由承包人提出，发包人确认后执行。如双方不能达成一致的，双方可提请工程所在地工程造价管理机构进行咨询或按合同约定的争议或纠纷解决程序办理。

因此，在工程变更后合同价款的确定上，首先应当考虑使用合同中已有的、能够适用或者能够参照使用的价格。其原因在于合同中已经订立的价格(一般是通过招标投标确定的)是较为公平合理的、双方均能接受的价格，因此应当尽量使用。

特别提示

设计变更发生后要抓紧时间处理，也要注意变更价格的处理。

## 6.1.4 FIDIC 合同条件下的工程变更

根据 FIDIC 合同条件的约定，在颁布工程接收证书前的任何时间，工程师可通过发布指令或要求承包人提交建议书的方式提出变更。

### 1. 变更范围

由于工程变更属于合同履行过程中的正常管理工作，工程师可以根据施工进展的实际情况，在认为必要时就可以从以下几个方面发布变更指令。

(1) 对合同中任何工程量的改变。为了便于合同管理，当事人双方应在专用条款内约定工程量变化较大时可以调整单价的百分比(视工程具体情况，可在 15%～25%范围内确定)。

(2) 任何工作质量或其他特性的变更。

(3) 工程任何部分标高、位置和尺寸的改变。

(4) 删减任何合同的约定工作内容，但要交由他人实施的工作除外。

(5) 新增工程按单独合同对待。这种变更指令是增加与合同工作范围性质一致的工作内容，而且不应以变更指令的形式要求承包人超过其他目前正在使用或计划使用的施工设备范围去完成新增工程。除非承包人同意此项工作按变更对待，一般应将新增工程按一个单独的合同来对待。

(6) 改变原定的施工顺序或时间安排。

### 2. 变更程序

1) 指令变更

工程师在发包人授权范围内根据施工现场的实际情况，在确属需要时有权发布变更指令。指令的内容应包括详细的变更内容、变更工程量、变更项目的施工技术要求和有关部门的文件图纸及变更处理的原则。

2) 要求承包人递交变更建议书后再确定的变更

这种变更的程序如下。

(1) 工程师将计划变更事项通知承包人，并要求承包人递交实施变更的建议书。

(2) 承包人应尽快予以答复，一种情况是通知工程师由于受到某些自身原因的限制而无法执行此项变更；另一种情况是承包人依据工程师的指令递交实施此项变更的建议书，内容包括以下方面。

① 将要实施的工作的说明书及该工作实施的进度计划。

② 承包人依据合同规定对进度计划和竣工时间做出任何必要修改的建议，提出工期顺延要求。

③ 承包人对变更估价的建议，提出变更费用要求。

(3) 工程师做出是否变更的决定，尽快通知承包人说明批准与否或提出意见。在这一过程中应注意以下问题。

① 承包人在等待答复期间，不应延误任何工作。

② 工程师发出每一项实施变更的指令，应要求承包人记录支出的费用。

③ 承包人提出的变更建议书只是作为工程师决定是否实施变更的参考，除工程师做出指示或批准以总价方式支付的情况外，每一项变更都应依据计量工程量进行估计和支付。

### 3. 变更估价

1) 变更估价原则

承包人按照工程师的变更要求工作后，往往会涉及对变更工程的估价问题，变更工程的费率或价格往往是双方协商时的焦点。计算变更工程应采用的费率或价格可分为以下三种情况。

(1) 变更工作在工程量表中有同种工作内容的单价，应以该单价计算变更工程费用。

(2) 工程量表中虽然列有同类工作单价或价格，但对具体变更工作而言已不适用，则应在原单价或价格的基础上制定合理的新单价或价格。

(3) 变更工作在工程量表中没有同类工作的费率和价格，应按照与合同单价水平相一致的原则确定新的费率或价格。

2) 可以调整合同工作单价的原则

具备以下条件时，允许对某一项工作规定的费率或单价加以调整。

(1) 此项工作实际测量的工程量比工程量表或其他报表中规定的工程量的变动大 10%。

(2) 工程量的变更与对该项工作规定的具体费率的乘积超过了接收的合同款额的 0.01%。

(3) 由于此工程量的变更直接造成该项工作每单位工程量费用的变动超过 1%。

3) 删减原定工作后对承包人的补偿

工程师发布删减工作的变更指令后承包人不再实施部分工作，合同价中包括的直接费部分没有受到损害，但分摊在该部分的间接费、利润和税金实际不能合理回收。此时承包人可以就其损失向工程师发出通知并提供具体的证明资料，工程师与合同双方协商后确定一笔补偿金额加入合同价内。

特别提示

注意 FIDIC 合同条件下的工程变更和我国《建设工程施工合同(示范文本)》条件下的工程变更的处理程序和处理价格的区别。

## 任务 6.2　工程索赔

### 知识目标

(1) 了解工程索赔的概念和分类。

(2) 掌握工程索赔的处理原则和程序。

(3) 掌握工程索赔的计算方法。

### 工作任务

会编制工程索赔意向通知及索赔报告；会编制工程工期索赔及费用索赔计算书。

## 6.2.1 工程索赔的概念和分类

### 1. 工程索赔的概念

工程索赔是在工程承包合同履行中，当事人一方由于另一方未履行合同所规定的义务或者出现了应由对方承担的风险而受到损失时，向另一方提出赔偿要求的行为。在实际工作中，“索赔”是双向的，我国《建设工程施工合同(示范文本)》中也规定索赔是双向的，既包括承包人向发包人的索赔，也包括发包人向承包人的索赔。工程索赔是影响工程价款结算的重要因素。

**特别提示**

*工程索赔是双向的，承包人向发包人提出的索赔习惯上叫索赔，发包人向承包人提出的索赔叫反索赔。*

### 2. 工程索赔的分类

1) 按索赔合同依据分类

按索赔的合同依据，可以将工程索赔分为明示的索赔和默示的索赔。

(1) 合同中明示的索赔。合同中明示的索赔是指承包人所提出的索赔要求，在该工程项目的合同文件中有文字依据，承包人可以据此提出索赔要求，并取得经济补偿。这些在合同文件中有文字规定的合同条款称为明示条款。

(2) 合同中默示的索赔。合同中默示的索赔，即承包人的该项索赔要求，虽然在工程项目的合同文件中没有专门的文字叙述，但可以根据该合同的某些条款的含义，推论出承包人有索赔权。这种索赔要求同样有法律效力，有权得到相应的经济补偿。这种有经济补偿含义的合同条款在合同管理工作中被称为默示条款或称为隐含条款。默示条款是一个广泛的合同概念，它包含合同明示条款中没有写入、但符合双方签订合同时设想的愿望和当时环境条件的一切条款。这些默示条款，或者从明示条款所表述的设想愿望中引申出来，或者从合同双方在法律上的合同关系引申出来，经合同双方协商一致，或被法律和法规所指明，都成为合同文件的有效条款，要求合同双方遵照执行。

2) 按索赔目的分类

按索赔的目的，可以将工程索赔分为工期索赔和费用索赔。

(1) 工期索赔。由于非承包人责任的原因而导致施工进程延误，要求批准顺延合同工期的索赔，称为工期索赔。工期索赔形式上是对权利的要求，以避免在原定合同竣工日不能完工时，被发包人追究拖期违约责任。一旦获得批准合同工期顺延后，承包人不仅免除了承担拖期违约赔偿费的严重风险，而且可能因提前工期得到奖励，最终仍反映在经济收益上。

(2) 费用索赔。费用索赔的目的是要求经济补偿。当施工的客观条件改变导致承包人增加开支时，要求对超出计划成本的附加开支给予补偿，以挽回不应由承包人承担的经济损失。

3) 按索赔事件的性质分类

按索赔事件的性质，可以将工程索赔分为工程延误索赔、工程变更索赔、合同被迫终止索赔、工程加速索赔、意外风险和不可预测因素索赔及其他索赔。

(1) 工程延误索赔。因发包人未按合同要求提供施工条件，如未及时交付设计图纸和提供施工现场、道路等，或因发包人指令工程暂停或不可抗力事件等原因造成工期拖延的，承包人可对此提出索赔。这是工程中常见的一类索赔。

(2) 工程变更索赔。由于发包人或工程师指令增加或减少工程量或增加附加工程、修改设计、变更工程顺序等，造成工期延长或费用增加的，承包人可对此提出索赔。

(3) 合同被迫终止索赔。由于发包人违约以及不可抗力事件等原因造成合同非正常终止，承包人因其蒙受经济损失而向对方提出的索赔。

(4) 工程加速索赔。由于发包人或工程师指令承包人加快施工速度、缩短工期，引起承包人的人、财、物的额外开支而提出的索赔。

(5) 意外风险和不可预测因素索赔。在工程实施过程中，因人力不可抗拒的自然灾害、特殊风险及一个有经验的承包人通常不能合理预见的不利施工条件或外界障碍，如地下水、地质断层、溶洞、地下障碍物等引起的索赔。

(6) 其他索赔。如因货币贬值、汇率变化、物价上涨、政策法令变化等引起的索赔。

4) 按索赔的处理方式分类

按索赔的处理方式，可以将工程索赔分为单项索赔和总索赔。

(1) 单项索赔是针对某一索赔事件提出的。单项索赔的处理是在合同实施的过程中，在索赔事件发生时或发生后立即执行的，必须在合同规定的有效期内提交索赔意向通知和索赔报告，它是索赔有效性的保证。

(2) 总索赔又叫一揽子索赔或综合索赔。一般在工程竣工前，承包人将施工过程中未解决的单项索赔集中起来，提出一篇总索赔报告，由合同双方在工程交付前后进行最终谈判，以解决索赔问题。

总索赔主要适用于单项索赔中原因和影响都很复杂，不能立即解决的，或者双方有争议的索赔事件。另外，在一些复杂工程中，当索赔事件多或几个索赔事件同时发生，或者索赔事件有一定的连贯性、互相影响大、难以一一分清的，则可以综合在一起提出总索赔。

**特别提示**

建设项目中所说的索赔一般是指工期索赔和费用索赔。

## 6.2.2 工程索赔的处理原则和程序

### 1. 工程索赔的处理原则

(1) 索赔必须以合同为依据。不论是风险事件的发生，还是当事人不完成合同工作，在处理索赔时都必须在合同中找到相应的依据，当然，有些依据可能是合同中隐含的。工程师依据合同和事实对索赔进行处理是其公平性的重要体现。在不同的合同条件下，这些依据很可能是不同的，如因为不可抗力事件导致的索赔，在我国《建设工程施工合同(示范文本)》条件下，承包人机械设备损坏是由承包人承担的，不能向发包人索赔；但在 FIDIC 合同条件下，不可抗力事件一般都列为发包人承担的风险，损失都应当由发包人承担。而到了具体的合同中，各个合同的协议条款不同，其依据的差别就更大了。

(2) 及时、合理地处理索赔。索赔事件发生后，索赔的提出应当及时，索赔的处理也应当及时。索赔处理得不及时，对双方都会产生不利的影响，如承包人的索赔长期得不到合理解决，索赔积累的结果会导致其资金困难，同时会影响工程进度，给发包人带来损失。处理索赔还必须坚持合理性原则，既应考虑到国家的有关规定，也应考虑到工程的实际情况。如承包人提出索赔要求，机械停工按照机械台班单价计算损失显然是不合理的，因为机械停工不发生运行费用。

(3) 加强主动控制，减少工程索赔。对于工程索赔应当加强主动控制，尽量减少索赔。这就要求在工程管理过程中，应当尽量将工作做在前面，减少索赔事件的发生。这样能够使工程更顺利地进行，降低工程投资，减少施工工期。

### 知识链接

处理工程索赔的主要注意事项如下。

(1) 非自身的责任方可进行工程索赔。

(2) 费用索赔时伴随工期索赔，需判断工期索赔是否在关键线路上。

(3) 不可抗力事件主要是指当事人无法控制的事件。事件发生后当事人不能合理避免或克服的，即合同当事人不能预见、不能避免且不能克服的客观情况。

(4) 不可抗力事件发生后的责任处理如下。

① 工程本身的损害、第三方人员伤亡和财产损失，以及运至施工现场用于施工的材料和待安装的设备的损害，由发包人承担。

② 承发包双方人员伤亡由其所在单位负责，并承担相应费用。

③ 承包人机械设备损坏及停工损失由承包人承担。

④ 停工期间，承包人应工程师要求留在施工场地的必要的管理人员和保卫人员的费用由发包人承担。

⑤ 工程所需清理、修复的费用由发包人承担。

⑥ 延误的工期相应顺延。

#### 2. 工程索赔的程序

《建设工程施工合同(示范文本)》对工程索赔的程序有严格的规定。工程索赔的程序如图 6.1 所示。

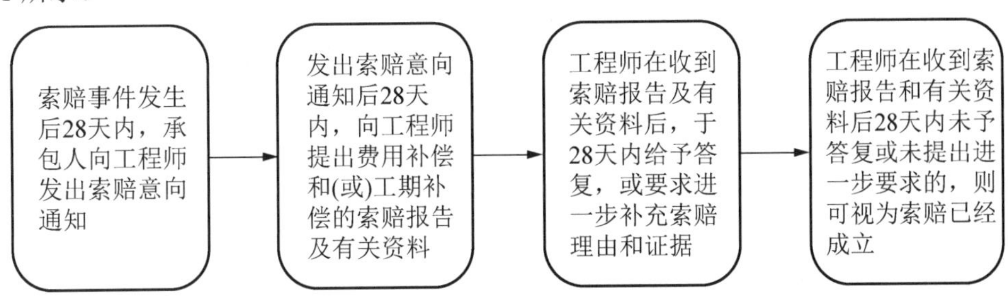


图 6.1　工程索赔的程序

特别提示

在进行工程索赔时，先要对事件发生的原因进行分析，判断是属于哪一方的责任，是进行工期索赔还是费用索赔，或是两种索赔都涉及。

## 6.2.3 工程索赔的计算

### 1. 工期索赔的计算

1) 工期索赔的原因

由于发包人、工程师及不可抗力原因所引起的工期延误，都可以进行工期索赔。工期索赔的原因主要有以下几个方面。

(1) 合同文件含义模糊或有歧义。

(2) 工程师未在规定时间内交付图纸或下达指示。

(3) 承包人遇到一个即使有经验的承包人也无法合理预见的障碍或条件。

(4) 处理现场发掘出的具有地质或考古价值的遗迹或物品。

(5) 工程师指示进行合同中未规定的检验。

(6) 发包人未按合同规定的时间提供施工所需要的现场或道路。

(7) 发包人违约。

(8) 工程变更。

(9) 异常恶劣的气候条件。

(10) 不可抗力事件。

2) 工期索赔的计算方法

工期索赔的计算方法主要有两种，一种是网络分析法，另一种是比例计算法。

(1) 网络分析法。这种方法主要看所受影响的工作时间是否是关键线路的工序。如果是关键线路的，则要进行工期索赔；如果延误的工作为非关键工作，只有当该工作延误后成为关键工作时，才可以进行工期索赔，否则不可以进行工期索赔。

(2) 比例计算法。其计算公式为

$$\text{工期索赔值} = \text{受干扰部分工程的合同价}/\text{原合同总价} \times \text{该受干扰部分工期拖延时间} \tag{6-1}$$

对于已知额外增加工程量的价格，则

$$\text{工期索赔值} = \text{额外增加的工程量的价格}/\text{原合同总价} \times \text{原合同总工期} \tag{6-2}$$

比例计算法简单方便，但有时不符合实际情况。比例计算法不适用于变更施工顺序、加速施工、删减工程量等事件的索赔。

特别提示

在进行工期索赔时，一定要分清造成工期延误的责任在谁，并且被延误的工作在关键线路上。

## 应用案例 6-1

某建设工程系外资贷款项目，业主与承包商按照 FIDIC《土木工程施工合同条件》签订了施工合同。施工合同《专用条件》规定：钢材、木材、水泥由业主供货到现场仓库，其他材料由承包商自行采购。

当工程施工至第五层框架柱钢筋绑扎时，因业主提供的钢筋未到，使该项作业从 10 月 3 日—10 月 16 日停工(该项作业的总时差为零)。

10 月 7 日—10 月 9 日因停电、停水，使第三层的砌砖停工(该项作业的总时差为 4 天)。

10 月 14 日—10 月 17 日因砂浆搅拌机发生故障，使第一层抹灰迟开工(该项作业的总时差为 4 天)。

为此，承包商于 10 月 20 日向工程师提交了一份索赔意向通知，并于 10 月 25 日送交了一份工期、费用索赔计算书和索赔依据的详细材料。其计算书的主要内容如下。

1．工期索赔

(1) 框架柱钢筋绑扎　10 月 3 日—10 月 16 日停工　计 14 天

(2) 砌砖　10 月 7 日—10 月 9 日停工　计 3 天

(3) 抹灰　10 月 14 日—10 月 17 日迟开工　计 4 天

请求顺延工期总计　21 天

2．费用索赔

(1) 窝工机械设备费

一台塔式起重机　$14 \times 860 = 12\,040$(元)

一台混凝土搅拌机　$14 \times 340 = 4\,760$(元)

一台砂浆搅拌机　$7 \times 120 = 840$(元)

小计　17 640 元

(2) 窝工人工费

扎筋　$35 \times 60 \times 14 = 29\,400$(元)

砌砖　$30 \times 60 \times 3 = 5\,400$(元)

抹灰　$35 \times 60 \times 4 = 8\,400$(元)

小计　43 200 元

(3) 保函手续费延期补偿　$(15\,000\,000 \times 10\% \times 6\%/365) \times 21 \approx 5\,178.08$(元)

(4) 管理费增加　$(17\,640 + 43\,200 + 5\,178.08) \times 15\% \approx 9\,902.71$(元)

(5) 利润损失　$(17\,640 + 43\,200 + 5\,178.08 + 9\,902.71) \times 5\% \approx 3\,796.04$(元)

费用索赔合计　79 716.83 元

**【问题】**

承包商提出的工期索赔是否正确？应予批准的工期索赔为多少天？

**【案例解析】**

承包商提出的工期索赔不正确。

(1) 框架柱钢筋绑扎停工 14 天，应予工期补偿。这是由于业主原因造成的，且该项作业位于关键线路上。

(2) 砌砖停工，不予工期补偿。因为该项停工虽属于业主原因造成的，但该项作业不在关键线路上，且未超过工作总时差、对工期没有影响。

(3) 抹灰迟开工，不予工期补偿，因为该项迟开工属于承包商自身原因造成的。

同意工期补偿：$14 + 0 + 0 = 14$(天)。

2. **费用索赔的计算**

费用索赔的内容一般可以包括以下几个方面：人工费、设备费、材料费、保函手续费、利息、保险费、管理费、利润。

(1) 人工费。包括增加工作内容的人工费、停工损失费和工作效率降低的损失费等的累计，其中增加工作内容的人工费应按照计日工费计算，而停工损失费和工作效率降低的损失费按窝工费计算，窝工费的标准双方应在合同中约定。

(2) 设备费。可采用机械台班费、机械折旧费、设备租赁费等几种形式计费。当工作内容增加引起设备费索赔时，设备费的标准按照机械台班费计算。因窝工引起的设备费索赔，当施工机械属于施工企业自有时，按照机械折旧费计算索赔费用；当施工机械是施工企业从外部租赁的时，索赔费用的标准按照设备租赁费计算。

(3) 材料费。包括索赔事项材料实际用量超过计划用量而增加的材料费，客观原因材料价格大幅度上涨而增加的材料费，非承包人的原因工程延误导致的材料价格上涨和超期储存费用。材料费中应包括运输费、仓储费及合理的损耗费用。如果由于承包人管理不善，造成材料损失，则不能列入索赔费用。

(4) 保函手续费。工程延期时，保函手续费相应增加；反之，取消部分工程且发包人与承包人达成提前竣工协议时，承包人的保函金额相应扣减，则计入合同价内的保函手续费也应扣减。

(5) 利息。包括拖期付款的利息、由于工程变更和工程延期增加投资的利息、索赔费用的利息、错误扣款的利息等。

(6) 保险费。可索赔延期的保险费。

(7) 管理费。此项又可分为现场管理费和企业管理费两部分，由于两者的计算方法不一样，所以在审核过程中应区别对待。

① 现场管理费是指承包人完成额外的工程、索赔事项工作及工期延长期间的现场管理费，包括管理人员工资、办公费、交通费等。但如果是对部分工人窝工损失的索赔，因其他工程仍然进行，则不予考虑现场管理费索赔。

② 企业管理费主要是指工程延误期间所增加的管理费，这项索赔费用的计算目前没有统一的方法。

(8) 利润。一般来说，依据施工合同中明确规定可以给予利润补偿的索赔条款，承包人在提出费用索赔时都可以主张利润补偿。索赔利润的款额计算通常与原报价单中的利润率一致。

费用索赔的计算即按照每起索赔事件所引起损失的费用项目分别分析计算索赔值，然后将各费用项目的索赔值汇总，即可得到总索赔值；也可先计算出某项工作索赔后的实际费用扣减索赔前的费用。

### 应用案例 6-2

背景见应用案例 6-1。

假定经双方协商一致，窝工机械设备费索赔按台班单价的 60%计；考虑对窝工人工应合理安排工人从事其他作业后的降效损失，窝工人工费索赔按每工日 35 元计；保函手续费计算方式合理；管理费、利润损失不予补偿。试确定费用索赔额。

【案例解析】

费用索赔额计算如下。

(1) 窝工机械设备费

一台塔式起重机 $14 \times 860 \times 60\% = 7\ 224$(元)

一台混凝土搅拌机 $14 \times 340 \times 60\% = 2\ 856$(元)

一台砂浆搅拌机 $3 \times 120 \times 60\% = 216$(元)

因故障砂浆搅拌机停机 4 天应由承包商自行负责损失，故不予补偿。

小计 $7\ 224 + 2\ 856 + 216 = 10\ 296$(元)

(2) 窝工人工费

扎筋窝工 $35 \times 35 \times 14 = 17\ 150$(元)(业主原因造成，但窝工工人已做其他工作，所以只补偿工效差)

砌砖窝工 $30 \times 35 \times 3 = 3\ 150$(元)(业主原因造成，只考虑降效费用)

抹灰窝工不应给予补偿，因系承包商责任。

小计 $17\ 150 + 3\ 150 = 20\ 300$(元)

(3) 保函手续费延期补偿 $(15\ 000\ 000 \times 10\% \times 6\%/365) \times 14 \approx 3\ 452.05$(元)

费用补偿合计 $10\ 296 + 20\ 300 + 3\ 452.05 = 34\ 048.05$(元)

工程项目索赔实例分析

## 知识链接

### 索赔报告的内容

索赔报告的具体内容随着索赔事件的性质和特点而有所不同。但从报告的必要内容与文字结构方面而论，一个完整的索赔报告应包括以下四部分。

1. 总论部分

总论部分一般包括以下内容：序言、索赔事项概述、具体索赔要求、索赔报告编写组及审核人员名单等。

文中首先应概要地论述索赔事件的发生日期与过程；承包人为该索赔事件所付出的努力和附加开支；承包人的具体索赔要求。在总论部分最后，附上索赔报告编写组主要人员及审核人员的名单，注明有关人员的职称、职务及施工经验，以表示该索赔报告的严肃性和权威性。总论部分的阐述要简明扼要地说明问题。

2. 根据部分

根据部分主要是说明自己具有的索赔权利，这是索赔能否成立的关键。根据部分的内容主要来自该工程项目的合同文件，并参照有关法律规定制订。承包人在该部分应引用合同中的具体条款来说明自己理应获得的经济补偿或工期延长。

根据部分的篇幅可能很大，其具体内容随各个索赔事件的特点而不同。一般来说，根据部分应包括以下内容：索赔事件的发生情况、已递交索赔意向通知的情况、索赔事件的处理过程、索赔要求的合同根据、所附的证据资料等。

在写法结构上按照索赔事件发生、发展、处理和最终解决的过程编写，并明确全文引用有关的合同条款，使发包人和工程师能全面地了解索赔事件的始末，并充分认识该项索赔的合理性和合法性。

3. 计算部分

索赔计算的目的是以具体的计算方法和计算过程来说明自己应得经济补偿的款额或延长的工期。如果根据部分的任务是解决索赔能否成立，则计算部分的任务就是决定应得到多少索赔款额和工期。前者是定性的，后者是定量的。

在款额计算部分，承包人必须阐明下列问题：索赔款的要求总额；各项索赔款的计算，如额外开支的人工费、材料费、管理费和所有利润；指明各项开支的计算依据及证据资料，承包人应注意采用合适的计价方法。至于采用哪一种计价方法，应根据索赔事件的特点及自己所掌握的证据资料等因素来确定。另外还应注意每项开支款的合理性，并列出相应的证据资料的名称及编号。切忌采用笼统的计价方法和不实的开支款额。

4. 证据部分

证据部分包括该索赔事件所涉及的一切证据资料及对这些证据的说明。证据是索赔报告的重要组成部分，没有翔实可靠的证据，索赔是不能成功的。在引用证据时，要注意该证据的效力或可信程度，因此对重要的证据资料最好附以文字证明或确认件。

# 任务 6.3　工程价款结算

**知识目标**

(1) 了解建筑安装工程价款的结算方式。
(2) 掌握工程预付款的确定、扣回及工程进度款的结算。
(3) 掌握工程竣工结算及工程价款的动态结算。

**工作任务**

能进行工程价款的结算。

工程价款的结算是指承包人在工程实施过程中，依据承包合同中的付款条款的规定和已经完成的工程量，按照规定程序向建设单位(发包人)收取工程价款的一项经济活动。

工程款被拖欠案例

## 6.3.1 工程价款的结算方式

工程结算从大的方面分为中间结算和竣工结算两种情况，具体分为按月结算、分段结算、目标价款结算、竣工后一次结算及双方约定的其他结算方式。

1. **按月结算**

按月结算指实行旬末或月中预支、月终结算、竣工后清算的办法。跨年度的工程，在年终进行工程盘点，办理年度结算。我国现行建筑安装工程价款结算中，相当一部分是实行这种按月结算方式。

年度结算是指单项或单位工程不能在本年度竣工，而要转入下年继续施工，为了正确统计施工企业本年度的经营成果和建设投资完成情况，由施工企业、建设单位和建设银行对正在施工的工程进行已完成和未完成工程量盘点，结算本年度的工程价款。

2. **分段结算**

分段结算是指当年开工、当年不能竣工的单项或单位工程，按其施工形象进度划分为若干施工阶段，按阶段进行工程价款结算。分段的划分标准由各部门、各地市规定。

3. **目标价款结算**

目标价款结算是在工程合同中，将承包工程的内容分解成不同的控制界面，以建设单位验收控制界面作为支付工程价款的前提条件。也就是说，将合同中的工程内容分解成不同的验收单元，当施工企业完成单元工程内容并经建设单位验收后，结算构成单元工程内容的工程价款。

4. **工程竣工结算(竣工后一次结算)**

工程竣工结算是指工程完工，并经建设单位及有关部门验收点交后办理的工程结算。

建设项目或单项工程建设期在 12 个月以内，或者工程承包合同价值在 100 万元以下的，可以实行工程价款每月月中预支，竣工后一次结算。一般按建设项目工期长短不同可分为以下两种结算方式。

(1) 建设项目竣工结算。它是指建设工期在一年内的工程，一般以整个建设项目为结算对象，实行竣工后一次结算。

(2) 单项工程竣工结算。它是指当年不能竣工的建设项目，其单项工程在当年开工当年竣工的，实行单项工程竣工后一次结算。

5. **双方约定的其他结算方式**

双方根据工程实际情况可自行约定其他结算方式。

## 6.3.2 工程预付款及其扣回

1. **工程预付款的确定**

工程预付款又称预付备料款，根据工程承包合同规定，由发包人在开工前拨给承包人一定限额的工程预付款，作为承包工程项目储备主要材料、构配件所需的流动资金。

按照我国有关规定，实行工程预付款的，合同双方应当在专用条款内约定发包人向承包人预付工程款的时间和数额，开工后按约定的时间和比例逐次扣回。预付时间应不迟于约定的开工日期前 7 天。发包人不按约定预付，承包人在约定预付时间 7 天后向发包人发出要求预付的通知，发包人收到通知后仍不能按要求预付的，承包人可在发出通知后 7 天停止施工，发包人应从约定应付之日起向承包人支付应付款的贷款利息，并承担违约责任。

如承包人滥用工程预付款，发包人有权立即收回。在承包人向发包人提交金额等于工程预付款数额(发包方认可的银行开出)的银行保函后，发包人按规定的数额和规定的时间向承包人支付工程预付款，在发包人全部扣回工程预付款之前，该银行保函将一直有效。在工程预付款被发包人扣回的过程中，银行保函金额相应递减。

工程预付款的数额取决于主要材料(包括构配件)占建筑安装工作量的比重、材料储备期和施工工期等因素，可按下列公式计算。

$$\text{工程预付款的数额}=\frac{\text{工程总价}\times\text{材料比重(\%)}}{\text{年度施工天数}}\times\text{材料储备定额天数} \tag{6-3}$$

材料储备天数可近似按下式计算。

$$\text{某材料储备天数}=(\text{经常储备量}+\text{安全储备量})\div\text{平均日需要量} \tag{6-4}$$

计算出各种材料的储备天数后，取其中最大值作为工程预付款数额公式中的材料储备定额天数。在实际工作中为简化计算，工程预付款的数额也可按下式计算。

$$\text{工程预付款的数额}=\text{工程总造价}\times\text{工程预付款额度} \tag{6-5}$$

式中，工程预付款额度是根据各地区工程类别、施工工期及供应条件来确定的，一般建筑工程不应超过当年建筑工作量(包括水、暖、电)的30%，安装工程按年工作量的10%计算，材料比重大的按计划产值的15%(各地可根据具体情况自行规定工程预付款额度)计算。

**2. 工程预付款的扣回**

按照《建设工程施工合同(示范文本)》的规定，合同双方应当在专用条款中约定发包人向承包人预付工程款的时间和数额，在开工后按约定的时间和比例逐次扣回。

确定工程预付款开始抵扣时间时，应该以未施工工程所需主要材料及构配件的价值相当于工程预付款数额时起扣，其基本表达公式为

$$\text{工程预付款的起扣点}=\text{承包工程价款总额}-\frac{\text{工程预付款数额}}{\text{主要材料及构配件所占比重}} \tag{6-6}$$

## 6.3.3 工程进度款结算

工程进度款结算即中间结算，是指承包人在施工过程中，按逐月完成的工程量计算各项费用，向发包人办理工程进度款的支付。

**1. 工程进度款结算的步骤**

(1) 根据每月所完成的工程量依照合同计算工程款。

(2) 计算累计工程款。若累计工程款没有超过起扣点，则根据当月工程量计算出的工程款即为该月应支付的工程款；若累计工程款已超过起扣点，则应支付工程款的计算公式分别为

$$\begin{aligned}\text{累计工程款超过起扣点的当月应支付的工程款}=\ &\text{当月完成工程量}-\\&(\text{截至当月累计工程款}-\text{起扣点})\times\\&\text{主要材料所占比重}\end{aligned} \tag{6-7}$$

$$\begin{aligned}\text{累计工程款超过起扣点的以后各月应支付的工程款}=\ &\text{当月完成工程量}\times\\&(1-\text{主要材料所占比重})\end{aligned} \tag{6-8}$$

### 2. 工程进度款结算的注意事项

(1) 工程量的确认。有两个内容要注意：一个是有关时间的规定；另一个是对承包人超出设计图纸范围和因自身原因造成返工的工程量，发包人不予计量。

(2) 合同收入的组成。要清楚合同收入包括两部分内容，既包括合同中规定的初始收入，又包括因合同变更、索赔、奖励等构成的收入。而后一部分收入并不含在合同价中，因此在计算诸如保修金等以合同价为基础进行计算的内容时，不要将这一部分收入计入其中。

### 3. 工程进度款支付的一般规定

(1) 在双方确认计量结果后 14 天内，发包人应向承包人支付工程款(进度款)。按约定时间发包人应扣回的预付款，与工程款(进度款)同期结算。

(2) 符合规定范围的合同价款的调整，工程变更调整的合同价款及其他条款中约定的追加合同价款，应与工程款(进度款)同期调整支付。

(3) 发包人超过约定的支付时间不支付工程款(进度款)，承包人可向发包人发出要求付款通知，发包人收到承包人通知后仍不能按要求付款，可与承包人协商签订延期付款协议，经承包人同意后可延期支付。协议须明确延期支付时间和从发包人确认计量结果后第 15 天起计算应付款的贷款利息。

(4) 发包人不按合同约定支付工程款(进度款)，双方又未达成延期付款协议，导致施工无法进行，承包人可停止施工，由发包人承担违约责任。

### 4. 保修金的扣除

按照规定，在工程的总造价中应预留出一定比例的尾留款作为质量保修费用，该部分费用称为保修金。

保修金一般应在结算过程中扣除，有关保修金的扣除，有以下两种方式(以保修金比例为合同价的 5%为例)。

(1) 先办理正常结算，直至累计结算工程进度款达到合同价的 95%时，停止支付，剩余的作为保修金。

(2) 先扣除，扣完为止，也即从第一次办理工程进度款支付时就按照双方在合同中约定的一个比例扣除保修金，直到所扣除的累计金额已达到合同价的 5%为止。

在确定保修金的数额时要注意，所谓保修金的比例(如 5%等)可按工程造价或按保修金占合同价的比例计算，而合同价不包括因变更、索赔等所取得的收入。

## 6.3.4 工程竣工结算

工程竣工结算是指承包人按照合同规定的内容全部完成所承包的工程，经验收质量合格，并符合合同要求之后，与发包人进行的最终工程价款结算。工程竣工结算一般由施工企业编制，经建设单位审核，按照合同规定签字盖章，最后通过银行办理竣工结算价款。

在实际工作中，当年开工当年竣工的工程，只需办理一次性结算；跨年度的工程，可在年终办理一次年度结算，将未完工程转到下一年度，这时，竣工结算等于各年度结算的总和。

### 1. 工程竣工结算的步骤

(1) 工程竣工验收报告经发包人认可后28天内，承包人向发包人递交竣工结算报告及完整的结算资料，双方按照协议书约定合同价款及专用条款约定的合同价款调整内容，进行工程竣工结算。

(2) 发包人收到承包人递交的竣工结算报告及结算资料后28天内核实，给予确认或者提出修改意见，承包人收到竣工结算价款后14天内将竣工工程交付发包人。

(3) 发包人收到竣工结算报告及结算资料后 28 天内无正当理由不支付竣工结算价款的，从第29天起按承包人同期向银行贷款利率支付拖欠工程价款的利息并承担违约责任。

(4) 发包人收到竣工结算报告及结算资料后28天内不支付竣工结算价款，承包人可以催告发包人支付结算价款。发包人在收到竣工结算报告及结算资料56天内仍不支付的，承包人可以与发包人协议将该工程折价，也可以由承包人申请法院将该工程拍卖，承包人就该工程折价或拍卖的价款优先受偿。

(5) 工程竣工验收报告经发包人认可 28 天后，承包人未向发包人递交竣工结算报告及完整的结算资料，造成工程竣工结算不能正常进行或竣工结算价款不能及时支付时，发包人要求交付工程的，承包人应当交付，发包人不要求交付工程的，承包人承担保管责任。

工程竣工结算价款的一般计算公式为

$$\text{竣工结算价款} = \text{合同价款额} + \text{施工过程中合同价款调整额} - \text{预付及已经结算工程价款} - \text{保修金} \tag{6-9}$$

**知识链接**

在办理竣工结算时，应具备下列依据。

(1) 工程竣工验收报告和竣工验收单。

(2) 工程施工合同或施工协议书。

(3) 施工图预算书、经过审批的补充修正预算书及施工过程中的中间结算账单。

(4) 工程中因增减设计变更、材料代用而引起的工程量增减账单。

(5) 其他有关工程经济方面的资料。

### 2. 工程竣工结算的注意事项

在办理竣工结算时，要注意索赔价款结算及合同以外零星项目工程价款结算。

(1) 索赔价款结算。发包人未能按合同约定履行自己的各项义务或发生错误，给另一方造成经济损失的，由受损方按合同约定提出索赔，索赔金额按合同规定支付。

(2) 合同以外零星项目工程价款结算。发包人要求承包人完成合同以外的零星项目，承包人应在接受发包人要求的7天内就用工数量和单价、机械台班数量和单价、使用材料和金额等向发包人提出施工签证，发包人签证后施工。如发包人未签证，承包人施工后发生争议的，责任由承包人自负。

## 6.3.5 工程价款的动态结算

工程建设项目周期长，其工程价款结算在整个建设期内会受到物价浮动等多种因素的影响，其中主要是人工、材料、施工机具等动态因素的影响。

工程价款的动态结算是指在进行工程价款结算时要充分考虑影响工程造价的动态因素，并将这些动态因素纳入工程价款的结算中去，这样才能反映工程的实际消耗费用。目前常用的动态结算方法主要有工程造价指数调整法、实际价格调整法、调价文件计算法、调值公式法四种。

**1. 工程造价指数调整法**

这种方法是发承包双方采取当时的预算(或概算)定额单价计算出承包合同价，待竣工时，根据合理的工期及当地工程造价管理部门所公布的该月度(或季度)的工程造价指数，对原工程造价在定额价格的基础上调整由于实际人工费、材料费、施工机具使用费等费用上涨及工程变更等因素造成的价差。调整系数的计算基础为直接工程费。

**2. 实际价格调整法**

按实际价格调整是对钢材、木材、水泥、砌块、砂、石等主材的价格采取凭发票据实调整的方法。对这种调整办法，为了避免副作用的发生，工程造价管理部门要定期公布最高结算限价。

**3. 调价文件计算法**

这种方法是发承包双方采取按当时的预算价格承包，在合同工期内，按照工程造价管理部门的文件规定，进行抽料补差。计算方法就是在同一价格期内按所完成的材料用量乘以这一时期的价差。

**4. 调值公式法**

根据国际惯例，对建设项目工程价款的动态结算一般采用此法。事实上，在绝大多数国际工程项目中，发承包双方在签订合同时就已明确列出这一调值公式，并以此作为价差调整的计算依据。

利用调值公式法计算工程价款时，主要调整工程造价中有变化的部分。调值公式表达为

$$p = p_0\left(\alpha_0 + \alpha_1\frac{A}{A_0} + \alpha_2\frac{B}{B_0} + \alpha_3\frac{C}{C_0} + \cdots\right) \tag{6-10}$$

式中：$p$ ——调值后的实际工程结算价款；

$p_0$——调值前的合同价或工程进度款；

$\alpha_0$——固定不变的费用，即不需要调整的部分占合同总价的比例；

$\alpha_1$，$\alpha_2$，$\alpha_3$，…——分别表示各有关费用占合同总价的比例；

$A_0$，$B_0$，$C_0$，…——与$\alpha_1$，$\alpha_2$，$\alpha_3$，…对应的各项费用的基期价格或价格指数；

$A$，$B$，$C$，…——在工程结算月份与$\alpha_1$，$\alpha_2$，$\alpha_3$，…对应的各项费用的现行价格或价格指数。

上述各部分费用占合同总价的比例应在投标时就要求投标人提出，并在价格分析中予以论证；也可以由招标人在招标文件中规定一个范围，由投标人在此范围内选定。

### 知识链接

调值公式法在应用时应注意的问题如下。

(1) 固定部分比例尽可能小，通常取值范围为0.15～0.35。

(2) 调值公式中的各项费用一般选择用量大、价格高且具有代表性的一些典型人工、材料，通常是大宗水泥、砂、石、钢材、木材、沥青等，并用它们的价格指数变化综合代表材料费的价格变化。

(3) 调整有关各项费用时要与合同条款规定相一致。例如，签订合同时，双方一般商定调整的有关费用和因素及物价波动到何种程度才进行调整，在国际工程中，一般波动在±5%以上才进行调整。再如，有的合同规定，在应调整金额不超过合同原始价 5%时，由承包人自己承担；在5%～20%之间时，承包人负担10%，发包人负担90%；超过20%时，则必须另行签订附加条款。

(4) 调整有关各项费用时应注意地点与时点。地点一般指工程所在地或指定的某地市场价格，时点指的是某月某日的市场价格。

(5) 变动要素比例之和加上固定部分比例应该等于1。

### 特别提示

在进行工程价款结算时，要注意合同规定和起扣点要求。

## 任务6.4　资金使用计划的编制与应用

### 知识目标

(1) 了解资金使用计划的编制方法。

(2) 掌握投资偏差产生的原因及纠正措施。

### 工作任务

会编制资金使用计划，会分析投资偏差并采取纠正措施。

## 6.4.1 资金使用计划的编制

**1. 施工阶段编制资金使用计划的作用**

施工阶段既是建设项目周期长、规模大、造价高的阶段，又是资金投入量最直接、最大和效果最明显的阶段。施工阶段资金使用计划的编制与控制在整个建设管理中处于重要的地位，它对工程造价有着重要的影响，其表现如下。

(1) 通过编制资金使用计划，合理地确定工程造价施工阶段目标值，使工程造价控制有所依据，并为资金的筹集与协调打下基础。有了明确的目标值后，就能将工程实际支出与目标值进行比较，找出偏差，分析原因，采取措施纠正偏差。

(2) 通过编制资金使用计划，预测未来工程项目的资金使用和进度控制，消除不必要的资金浪费。

(3) 在建设项目的进行中，通过执行资金使用计划，有效地控制工程造价上升，最大限度地节约投资。

**2. 资金使用计划的编制方法**

1) 按不同子项目编制资金使用计划

一个建设项目往往由多个单项工程组成，每个单项工程可能由多个单位工程组成，而单位工程由若干分部分项工程组成。对工程项目划分的粗细程度，根据具体实际需要而定，一般情况下，投资目标分解到各单项工程、单位工程。

在按不同子项目编制资金使用计划时，资金使用计划分解到单项工程、单位工程的同时，还应分解到建筑工程费、安装工程费、设备购置费、工程建设其他费用等，这样有助于检查各项具体投资支出对象的落实情况。

2) 按时间进度编制资金使用计划

按时间进度编制的资金使用计划通常采用横道图、时标网络图、S 形曲线、香蕉图等形式。

(1) 横道图。用不同的横道标识已完工程计划投资、已完工程实际投资及拟完工程计划投资，横道的长度与其数据成正比。横道图的优点是形象直观，但其信息量少，一般用于管理的较高层次。

(2) 时标网络图。时标网络图是在确定施工计划网络图的基础上，将施工进度与工期相结合而形成的网络图。时标网络图和横道图将在偏差分析中详细介绍。

(3) S 形曲线。S 形曲线即时间-投资累计曲线，每一条 S 形曲线对应于某一特定的工程进度计划。S 形曲线绘制的步骤包括以下几步。

① 确定工程进度计划。

② 根据每单位时间内完成的实物工程量或投入的人力、物力和财力，计算单位时间(月或旬)的投资。

③ 将各单位时间计划完成的投资额累计，得到计划累计完成的投资额。

④ 绘制 S 形曲线。

(4) 香蕉图。香蕉图的绘制方法同 S 形曲线，不同之处在于香蕉图需分别绘制按最早开工时间和最迟开工时间的曲线，两条曲线形成类似香蕉的曲线图。S 形曲线必然包括在香蕉图曲线内。

## 6.4.2 投资偏差的分析

### 1. 偏差

在项目实施过程中，由于各种因素的影响，实际情况往往会与计划发生偏差，把投资的实际值与计划值的差异叫作投资偏差，把实际工程进度与计划工程进度的差异叫作进度偏差。偏差的计算公式为

$$\text{投资偏差} = \text{已完工程实际投资} - \text{已完工程计划投资} = \text{实际工程量} \times (\text{实际单价} - \text{计划单价}) \tag{6-11}$$

$$\text{进度偏差} = \text{已完工程实际时间} - \text{已完工程计划时间} \tag{6-12}$$

为了与投资偏差联系起来，进度偏差也可表示为

$$\text{进度偏差} = \text{拟完工程计划投资} - \text{已完工程计划投资} = (\text{拟完工程量} - \text{实际工程量}) \times \text{计划单价} \tag{6-13}$$

当投资偏差计算结果为正值时，表示投资增加；计算结果为负值时，表示投资节约。当进度偏差计算结果为正值时，表示工期拖延；计算结果为负值时，表示工期提前。

**特别提示**

拟完工程计划投资是指计划进度下的计划投资，已完工程计划投资是指实际进度下的计划投资，已完工程实际投资是指实际进度下的实际投资。

### 2. 偏差分析

常用的偏差分析方法有横道图分析法、时标网络图法、表格法、曲线法。

1) 横道图分析法

横道图分析法就是用不同的横道标识拟完工程计划投资、已完工程实际投资和已完工程计划投资，并进行偏差分析。

在实际工程中，有时需要在根据拟完工程计划投资和已完工程实际投资确定已完工程计划投资后，再确定投资偏差、进度偏差。

2) 时标网络图法

以双代号网络图为例，其以水平时间坐标尺度表示工作时间，时标的时间单位根据需要可以是天、周、月等。根据时标网络图可以得到每一时间段的拟完工程计划投资；已完工程实际投资可以根据实际工作完成情况测得；然后利用时标网络图中的实际进度前锋线并经过计算，可以得到每一时间段的已完工程计划投资；最后确定投资偏差、进度偏差。

3) 表格法

表格法是进行偏差分析最常用的一种方法，可以根据项目的具体情况、数据来源、投资控制工作的要求等条件来设计表格，通过表格反映各种偏差变量和指标，从而有助于深入地了解项目投资的实际情况。

4) 曲线法

曲线法是用 S 形曲线进行偏差分析的方法。通常绘制 3 条曲线，即已完工程实际投资曲线、已完工程计划投资曲线、拟完工程计划投资曲线。已完工程实际投资曲线与已完工程计划投资曲线两条曲线之间的竖向距离表示投资偏差，拟完工程计划投资曲线与已完工程计划投资曲线两条曲线之间的水平距离表示进度偏差。

## 6.4.3 投资偏差产生的原因及纠正措施

### 1. 引起投资偏差的原因

(1) 客观原因。包括人工、材料费涨价，自然条件变化，国家政策法规变化等。

(2) 业主意愿。包括投资规划不当、建设手续不健全、因业主原因变更工程、业主未及时付款等。

(3) 设计原因。包括设计错误、设计变更、设计标准变更等。

(4) 施工原因。包括施工组织设计不合理、质量事故等。

**特别提示**

*客观原因是无法避免的，施工原因造成的损失由施工企业负责。因此，纠偏的主要对象是由于业主意愿和设计原因造成的投资偏差。*

### 2. 偏差类型

偏差分为以下四种情况。

(1) 投资增加且工期拖延。这种情况是纠正偏差的主要对象。

(2) 投资增加但工期提前。这种情况下要适当考虑工期提前带来的效益。如果增加的投资额超过增加的效益，就要采取纠偏措施；若这种收益与增加的投资额大致相当甚至高于投资增加额，则未必需要采取纠偏措施。

(3) 工期拖延但投资节约。这种情况下是否采取纠偏措施要根据实际需要确定。

(4) 工期提前且投资节约。这种情况是最理想的，不需要采取任何纠偏措施。

### 3. 纠偏措施

通常把纠偏措施分为组织措施、经济措施、技术措施、合同措施。

(1) 组织措施。组织措施指从投资控制的组织管理方面采取的措施。例如，落实投资控制的组织机构和人员，明确各级投资控制人员的任务、职能分工、权利和责任，改善投资控制工作流程等。组织措施是其他措施的前提和保障。

(2) 经济措施。经济措施不能只理解为审核工程量及相应支付价款，应从全局出发来考虑，如检查投资目标分解的合理性、资金使用计划的保障性、施工进度计划的协调性。另外，通过偏差分析和未完工程预测可以发现潜在的问题，及时采取预防措施，从而取得造价控制的主动权。

(3) 技术措施。不同的技术措施往往会有不同的经济效果。运用技术措施纠偏，应对不同的技术方案进行技术经济分析后加以选择。

(4) 合同措施。合同措施在纠偏方面指索赔管理。在施工过程中，索赔事件的发生是难免的，发生索赔事件后要认真审查索赔依据是否符合合同规定，计算是否合理等。

### 6.4.4 工程质量保证金的扣留与返还

工程质量保证金(有时也称工程质量保修金)是指建设单位与施工承包单位在工程承包合同中约定，从应付工程款中预留，用以保证施工承包单位在缺陷责任期内对建设工程出现的缺陷进行维修的资金。这里的缺陷是指建设工程质量不符合工程建设强制性标准、设计文件及工程承包合同的约定。

**1. 缺陷责任期的起算时间及延长**

缺陷责任期是指施工承包单位对已交付使用的工程承担合同约定的缺陷修复责任的期限。缺陷责任期一般为 6 个月、12 个月或 24 个月，具体可由发承包双方在合同中约定。缺陷责任期与工程保修期既有区别又有联系。缺陷责任期实质上是预留工程质量保证金的一个期限，而工程保修期是发承包双方按《建设工程质量管理条例》规定约定的工程项目的保修期限，在正常使用条件下，地基基础工程和主体结构工程的最低保修期限为设计文件规定的合理使用年限。显然，缺陷责任期不能等同于工程保修期。

1) 缺陷责任期的起算时间

根据《中华人民共和国标准施工招标文件》(2007 年版)中的通用合同条件，缺陷责任期自工程实际竣工日期起计算。在全部工程竣工验收前，已经建设单位提前验收的单位工程，其缺陷责任期的起算日期相应提前。

2) 缺陷责任期的延长

根据《中华人民共和国标准施工招标文件》(2007 年版)中的通用合同条件，由于施工承包单位原因造成某项缺陷或损坏使某项工程或工程设备不能按原定目标使用而需要再次检查、检验和修复的，建设单位有权要求施工承包单位相应延长缺陷责任期，但缺陷责任期最长不超过 2 年。

**2. 工程质量保证金的扣留**

根据《建设工程质量保证金管理办法》，发包人应按照合同约定方式预留保证金，保证金总预留比例不得高于工程价款结算总额的 3%; 合同约定由承包人以银行保函替代预留保证金的，保函金额不得高于工程价款结算总额的 3%。发承包双方应在工程合同中约定工程质量保证金的扣留方式及比例。

根据《中华人民共和国标准施工招标文件》(2007 年版)中的通用合同条件，项目监理机构应从第一个付款周期开始，在工程进度付款中，按工程承包合同约定扣留工程质量保证金，直至扣留的工程质量保证金总额达到工程承包合同的金额或比例为止。工程质量保证金的计算额度不包括预付款的支付、扣回及价格调整的金额。

**3. 工程质量保证金的使用及返还**

施工承包单位应在缺陷责任期内对已交付使用的工程承担缺陷责任，在工程使用过程中发现已由建设单位接收的工程存在新的缺陷部位或部件又遭损坏的，施工承包单位应负责修复，直至检验合格为止。因施工承包单位原因造成的缺陷，施工承包单位应承担修复和查验费用。施工承包单位不能在合理时间内修复缺陷的，建设单位可自行修复或委托其他人修复，所需费用和利润应由施工承包单位承担。因建设单位原因造成的缺陷，建设单位应承担修复和查验费用，并支付施工承包单位合理利润。因他人或不可抗力事件造成的缺陷，施工承包单位不承担修复和查验费用，建设单位应支付施工承包单位相应的修复和查验费用。

缺陷责任期满时，施工承包单位向建设单位申请到期应返还施工承包单位剩余的工程质量保证金，建设单位应在接到申请的 14 天内会同施工承包单位按照合同约定的内容核实施工承包单位是否完成缺陷责任。如无异议，建设单位应在核实后将剩余工程质量保证金返还施工承包单位。

缺陷责任期满时，施工承包单位没有完成缺陷责任的，建设单位有权扣留未履行责任剩余工作所需金额相应的工程质量保证金金额，并有权根据合同约定要求延长缺陷责任期，直至完成剩余工作为止。

## 综合应用案例

某建安工程施工合同总价为 6 000 万元，合同工期为 6 个月，合同签订日期为 1 月初，从当年 2 月份开始施工。

(1) 合同规定如下。

① 预付款按合同总价的 20%计算，累计支付工程款达合同总价的 40%后的下月起至竣工各月平均扣回。

② 从每次工程款中扣留 10%作为预扣工程质量保证金，竣工结算时将其一半退还给承包商。

③ 工期每提前 1 天，奖励 1 万元，推迟 1 天，罚款 2 万元。

④ 当人工或材料价格比签订合同时上涨 5%及以上时，按如下公式调整合同价格。

$$P = P_0 \times (0.15A/A_0 + 0.60B/B_0 + 0.25)$$

其中 0.15 为人工费在合同总价中的比重，0.60 为材料费在合同总价中的比重。

人工或材料上涨幅度低于 5%时，不予调整，其他情况均不予调整。

⑤ 非承包商责任的人工窝工补偿费为 800 元/天，机械闲置补偿费为 600 元/天。

(2) 工程如期开工，该工程每月实际完成合同产值见表 6-1。

表 6-1 每月实际完成合同产值表 单位：万元

| 月 份 | 2 | 3 | 4 | 5 | 6 | 7 |
|---|---|---|---|---|---|---|
| 完成合同产值 | 1 000 | 1 200 | 1 200 | 1 200 | 800 | 600 |

施工期间实际造价指数见表 6-2。

表 6-2 实际造价指数表

| 月 份 | 1 | 2 | 3 | 4 | 5 | 6 | 7 |
|---|---|---|---|---|---|---|---|
| 人 工 | 110 | 110 | 110 | 115 | 115 | 120 | 110 |
| 材 料 | 130 | 135 | 135 | 135 | 140 | 130 | 130 |

(3) 施工过程中，某一关键工作面上发生了由几种原因造成的临时停工。

① 5月10日—5月16日承包商的施工设备出现了从未出现过的故障。

② 应于5月14日交给承包商的后续图纸直到6月1日才交给承包商。

③ 5月28日—6月3日施工现场下了该季节罕见的特大暴雨，造成了6月1日—6月5日该地区的供电全面中断。

④ 为了赶工期，承包商采取赶工措施，赶工措施费5万元。

(4) 实际工期比合同工期提前10天完成。

【问题】

(1) 该工程预付款为多少？预付款起扣点为多少？

(2) 承包商可索赔工期多少？可索赔费用多少？

(3) 预付款从哪个月起扣？每月实际应支付工程款为多少？

(4) 工期提前奖为多少？竣工结算时尚应支付承包商多少万元？

【案例解析】

(1) 问题(1)解析如下。

该工程预付款为 $6\,000 \times 20\% = 1\,200$(万元)

起扣点为 $6\,000 \times 40\% = 2\,400$(万元)

(2) 问题(2)解析如下。

① 5月10日—5月16日出现的设备故障，属于承包商应承担的风险，不能索赔。

② 5月17日—5月31日是由于业主迟交图纸引起的，为业主应承担的风险，工期索赔15天，费用索赔额 $= 15 \times 800 + 600 \times 15 = 21\,000$(元) $= 2.1$(万元)。

③ 6月1日—6月3日的特大暴雨属于双方共同风险，工期索赔3天，但不应考虑费用索赔。

④ 6月4日—6月5日的停电属于有经验的承包商无法预见的自然条件变化，为业主应承担的风险，工期索赔2天，费用索赔额 $= (800 + 600) \times 2 = 2\,800$(元) $= 0.28$(万元)。

⑤ 赶工措施费不能索赔。

综上所述，可索赔工期20天，可索赔费用2.38万元。

(3) 问题(3)解析如下。

① 2月份：完成合同产值1 000万元。

预扣工程质量保证金 $1\,000 \times 10\% = 100$(万元)

支付工程款 $1\,000 \times 90\% = 900$(万元)

累计支付工程款900万元，累计预扣工程质量保证金100万元

② 3月份：完成合同产值1 200万元。

预扣工程质量保证金 $1\,200 \times 10\% = 120$(万元)

支付工程款 $1\,200 \times 90\% = 1\,080$(万元)

累计支付工程款 $900 + 1\,080 = 1\,980$(万元)，累计预扣工程质量保证金 $100 + 120 = 220$(万元)

③ 4月份：完成合同产值1 200万元。

预扣工程质量保证金 $1\,200 \times 10\% = 120$(万元)

支付工程款 $1\,200 \times 90\% = 1\,080$(万元)

累计支付工程款 $1\,980 + 1\,080 = 3\,060$(万元) $> 2\,400$ 万元

下月开始每月扣预付款 $1\,200/3 = 400$(万元)

累计预扣工程质量保证金 $220 + 120 = 340$(万元)

④ 5 月份：完成合同产值 1 200 万元。

材料价格上涨(140 − 130)/130 × 100% ≈ 7.69% > 5%，应调整价款。

调整后价款 1 200 × (0.15 + 0.60 × 140/130 + 0.25) ≈ 1 255(万元)

索赔款 2.1 万元，预扣工程质量保证金(1 255 + 2.1) × 10% = 125.71(万元)

支付工程款(1 255 + 2.1) × 90% − 400 = 731.39(万元)

累计支付工程款 3 060 + 731.39 = 3 791.39(万元)

累计预扣工程质量保证金 340 + 125.71 = 465.71(万元)

⑤ 6 月份：完成合同产值 800 万元。

人工价格上涨(120 − 110)/110 × 100% ≈ 9.09% > 5%，应调整价款。

调整后价款 800 × (0.15 × 120/110 + 0.60 + 0.25) ≈ 810.91(万元)

索赔款 0.28 万元，预扣工程质量保证金(810.91 + 0.28) × 10% = 81.119(万元)

支付工程款(810.91 + 0.28) × 90% − 400 = 690.071(万元)

累计支付工程款 3 791.39 + 690.071 = 4 481.461(万元)

累计预扣工程质量保证金 465.71 + 81.119 = 546.829(万元)

⑥ 7 月份：完成合同产值 600 万元。

预扣工程质量保证金 600 × 10% = 60(万元)

支付工程款 600 × 90% − 400 = 140(万元)

累计支付工程款 4 481.461 + 140 = 4 621.461(万元)

累计预扣工程质量保证金 546.829 + 60 = 606.829(万元)

(4) 问题(4)解析如下。

工期提前奖(10 + 20) × 10 000 = 30(万元)

退还预扣工程质量保证金 606.829÷2 = 303.4145(万元)

竣工结算时尚应支付承包商 30 + 303.4145 = 333.4145(万元)

## 项目小结

本项目对建设项目施工阶段的造价控制与管理做了详细的阐述，包括工程变更、工程索赔及工程价款结算，资金使用计划的编制与应用。

工程变更的主要内容有：工程变更的概念、工程变更产生的原因、工程变更的处理程序、工程变更后合同价款的确定、FIDIC 合同条件下的工程变更。

工程索赔的主要内容有：工程索赔的概念和分类、工程索赔的处理原则和程序、工程索赔的计算。

工程价款结算的主要内容有：工程价款的结算方式、工程预付款及其扣回、工程进度款结算、工程竣工结算、工程价款的动态结算。

资金使用计划的编制与应用的主要内容有：资金使用计划的编制、投资偏差的分析、投资偏差产生的原因及纠正措施、工程质量保证金的扣留与返还。

## 思考与练习

### 一、单选题

1. 确定工程变更价款时，若合同中没有类似和适用的价格，则由(　　)。

A. 承包商和工程师提出变更价格，业主批准执行

B. 工程师提出变更价格，业主批准执行

C. 承包商提出变更价格，业主批准执行

D. 业主提出变更价格，工程师批准执行

2. 对于工期延误而引起的索赔，在计算索赔费用时，一般不应包括(　　)。

A. 人工费　　B. 工地管理费　　C. 总部管理费　　D. 利润

3. 当索赔事件持续进行时，乙方应(　　)。

A. 阶段性提出索赔报告

B. 事件终了后，一次性提出索赔报告

C. 阶段性提出索赔意向通知，索赔终止后28天内提出最终索赔报告

D. 视影响程度，不定期地提出中间索赔报告

4. 某分项工程采用调值公式法结算工程价款，原合同价为10万元，其中人工费占15%、材料费占60%，其他为固定费用，结算时材料费上涨20%、人工费上涨10%，则结算的工程款为(　　)万元。

A. 11　　B. 11.35　　C. 11.65　　D. 12

5. 工程师进行投资控制时，纠偏的主要对象为(　　)偏差。

A. 业主意愿　　B. 物价上涨原因　　C. 施工原因　　D. 客观原因

6. 在纠偏措施中，合同措施主要是指(　　)。

A. 投资管理　　B. 施工管理　　C. 监督管理　　D. 索赔管理

### 二、多选题

1. 下列费用项目中，哪些属于施工索赔费用范畴？(　　)

A. 人工费　　B. 材料费

C. 分包费用　　D. 施工企业管理费

E. 成本和利润

2. 进度偏差可以表示为(　　)。

A. 已完工程计划投资 - 已完工程实际投资

B. 拟完工程计划投资 - 已完工程实际投资

C. 拟完工程计划投资 - 已完工程计划投资

D. 已完工程实际投资 - 已完工程计划投资

E. 已完工程实际进度 - 已完工程计划进度

3. 工程变更价款的确定可以按照下列哪些方法进行？(　　)

A. 合同中已有适用于变更工程的价格，按合同已有的价格执行

B. 合同中只有类似于变更工程的价格，可以参照类似价格执行

C. 合同中没有适用或类似于变更工程的价格，由发包人提出，承包人确认后执行

D. 合同中没有适用或类似于变更工程的价格，由承包人提出，发包人确认后执行

E. 可以随意确定价格来执行

4. 下列属于工程索赔产生原因的有(　　)。

A. 当事人违约　　B. 不可抗力

C. 合同缺陷　　D. 合同变更

E. 工程师指令及其他第三方原因

5. 下列属于工程索赔处理原则的有(　　)。

A. 索赔必须以合同为依据

B. 及时、合理地处理索赔

C. 加强主动控制，减少工程索赔

D. 加强严格控制，增加工程索赔

E. 及时、快速地处理索赔

**三、简答题**

1. 什么叫工程价款的结算？其结算方式有哪些？

2. 什么叫投资偏差？偏差分析的方法有哪些？

**四、案例题**

1. 某工业生产项目基础土方工程施工中，承包商在合同标明有松软石的地方没有遇到松软石，因此进度提前 1 个月。但在合同中另一未标明有坚硬岩石的地方遇到很多坚硬岩石，开挖工作变得更加困难，由此造成了实际生产率比原计划低得多，经测算影响工期 3 个月。由于施工速度减慢，部分施工任务拖到雨季进行，按一般公认标准推算，又影响工期 2 个月。为此承包商准备提出索赔。

**【问题】**

(1) 该项施工索赔能否成立？为什么？在该索赔事件中，应提出的索赔内容包括哪两个方面？

(2) 在工程施工中，通常可以提供的索赔证据有哪些？

(3) 承包商应提供的索赔文件有哪些？

(4) 在后续施工中，业主要求承包商根据设计院提出的设计变更图纸施工。试问依据相关规定，承包商应就该变更做好哪些工作？

2. 某厂(甲方)与某建筑公司(乙方)订立了某工程项目施工合同，同时与某降水公司订立了工程降水合同。甲乙双方合同规定：采用单价合同，每一分项工程的实际工程量增加(或减少)超过招标文件中工程量的 15%时调整单价；工作 B、E、G 作业使用施工机械甲一台，台班费为 600 元/台班，其中台班折旧费为 360 元/台班；工作 F、H 作业使用施工机械乙一台，台班费为 400 元/台班，其中台班折旧费为 240 元/台班。施工网络计划如图 6.2 所示。假定除工作 F 按最迟开始时间安排作业外，其余各项工作均按最早开始时间安排作业。

甲乙双方合同约定 8 月 15 日开工，工程施工中发生如下事件。

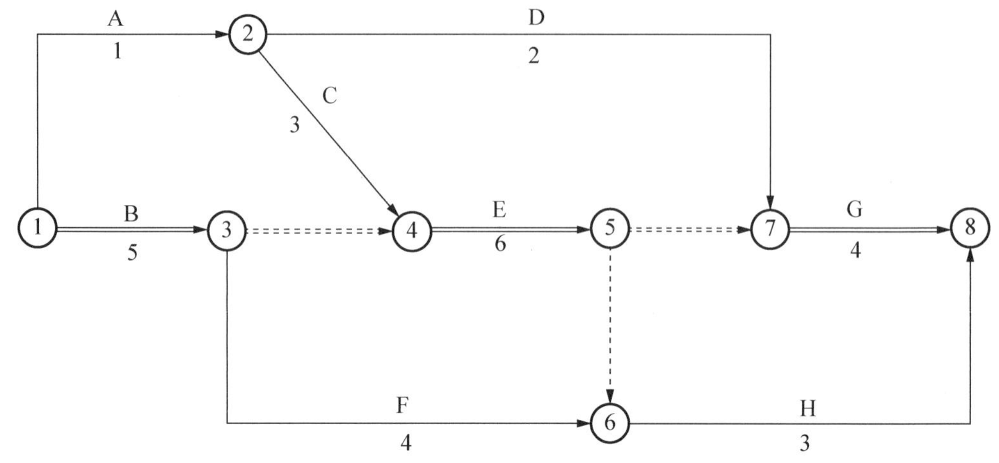


图 6.2　施工网络计划

注：箭线上方字母为工作名称，箭线下方数据为持续时间，双箭线为关键线路。

事件 1：降水方案错误，致使工作 D 推迟 2 天，乙方人员配合用工 5 个工日，窝工 6 个工日。

事件 2：8 月 23 日—8 月 24 日，因供电中断停工 2 天，造成全场性人员窝工 36 个工日。

事件 3：因设计变更，工作 E 工程量由招标文件中的 300m$^3$ 增至 350m$^3$，超过了 15%；合同中该工作的全费用单价为 110 元/m$^3$，经协商超出部分的全费用单价为 100 元/m$^3$。

事件 4：为保证施工质量，乙方在施工中将工作 B 原设计尺寸扩大，增加工程量 15m$^3$，该工作全费用单价为 128 元/m$^3$。

事件 5：在工作 D、E 均完成后，甲方指令增加一项临时工作 K，且应在工作 G 开始前完成。经核准，完成工作 K 需要 1 天时间，消耗人工 10 工日、机械丙 1 台班(500 元/台班)、材料费 2200 元。

**【问题】**

(1) 如果乙方就工程施工中发生的 5 项事件提出索赔要求，试问工期和费用索赔能否成立？说明其原因。

(2) 每项事件工期索赔各是多少天？总工期索赔多少天？

(3) 工作 E 结算价应为多少？

(4) 假设人工工日单价为 80 元/工日，合同规定：窝工人工费补偿按 45 元/工日计算；窝工机械费补偿按台班折旧费计算；因增加用工所需综合税费为人工费的 60%；工作 K 的综合税费为人工、材料、机械费用的 28%；人工和机械窝工补偿综合税额(包括部分现场管理费和规费、税金)为人工、材料、机械费用的 16%。试计算除事件 3 外合理的费用索赔总额。

项目 6
在线答题

# 项目 7

# 建设项目竣工验收阶段造价控制与管理

## 能力目标

通过本项目的学习，要求学生了解建设项目在竣工验收阶段的基本概念和相关理论知识，熟悉建设项目竣工验收、竣工决算及工程质量保修的基本知识，并在此基础上掌握建设项目竣工验收的内容和程序，竣工决算的内容和编制步骤，新增资产价值的分类和计算，工程保修范围、最低保修期限及保修费用的处理。

## 能力要求

| 能力目标 | 知识要点 | 权重 |
| --- | --- | --- |
| 熟悉建设项目竣工验收 | 建设项目竣工验收的概念、作用、条件、依据、标准、内容、形式与程序 | 30% |
| 掌握建设项目竣工决算的编制 | 竣工决算的概念、作用、编制、内容及新增资产价值的确定 | 50% |
| 掌握保修费用及处理 | 保修的范围和期限、保修费用的处理 | 20% |

## 引例

某施工企业承包某工程项目，甲乙双方签订的关于工程价款的合同内容如下。

(1) 建筑安装工程造价 660 万元，建筑材料和设备费占施工产值的 60%。

(2) 工程预付款为建筑安装工程造价的 20%。工程实施后，工程预付款从未施工工程尚需的主要材料及构件的价值相当于工程预付款数额时起扣，从每次结算工程价款中按材料和设备费占施工产值的比重抵扣工程预付款，竣工前全部扣清。

(3) 工程进度款逐月计算。

(4) 工程保修金为建筑安装工程造价的 3%，竣工结算月一次扣留。

(5) 材料和设备价差调整按规定进行(按有关规定上半年材料和设备价差上调 10%，在 6 月份一次调增)。

工程各月实际完成产值见表 7-1。

**表 7-1　各月实际完成产值表**　　单位：万元

| 月份 | 2 | 3 | 4 | 5 | 6 |
| --- | --- | --- | --- | --- | --- |
| 完成产值 | 55 | 110 | 165 | 220 | 110 |

根据上述资料思考如下问题。

(1) 通常工程竣工结算的前提是什么？

(2) 工程价款结算的方式有哪几种？

(3) 该工程的工程预付款、起扣点为多少？

(4) 该工程 2—5 月每月拨付工程款为多少？累计工程款为多少？

(5) 6 月份办理工程竣工结算，该工程结算造价为多少？

(6) 该工程在保修期间发生屋面漏水，甲方多次催促乙方修理，乙方一再拖延，最后甲方另请施工企业修理，修理费 1.5 万元，该项费用如何处理？

## 项目导入

工程竣工验收阶段的造价控制与管理是工程造价全过程管理的内容之一，对建设单位来说，该阶段的主要工作是会同其他相关部门对工程进行竣工验收，并编制竣工决算文件，以确定建设项目最终的实际造价，综合反映竣工项目的建设成果和财务情况。

建设项目经竣工验收交付使用后，本着对建设单位和建设项目使用者负责的原则，在一定的时间内，施工企业应对建设项目出现的问题负责修理。在对建设项目的问题进行维修的过程中发生的费用支出，应该根据所出现问题的具体情况，依照相关规定，由责任方承担。

# 任务 7.1 建设项目竣工验收

## 知识目标

(1) 了解建设项目竣工验收的概念、作用、条件、依据和标准。
(2) 掌握建设项目竣工验收的内容。
(3) 掌握建设项目竣工验收的形式与程序。

## 工作任务

熟悉建设项目竣工验收的基础知识，理解建设项目竣工验收的内容和程序。

## 7.1.1 建设项目竣工验收的概念和作用

### 1. 建设项目竣工验收的概念

建设项目竣工验收是指由建设单位、施工企业、设计单位以及其他有关部门和项目竣工验收委员会，以项目批准的设计任务书和设计文件，以及国家或部门颁发的施工验收规范和质量检验标准为依据，按照一定的程序和手续，在项目建成并试生产合格后(工业生产性项目)，对建设项目的总体进行检验、认证、综合评价和鉴定的过程。

建设项目的竣工验收是工程建设的最后一个阶段，也是建设项目管理的最后一项工作，是全面考核建设工作的重要环节。它是对建设、施工、生产准备工作进行检查评定的重要环节，也是对建设成果和投资效果的总检验。建设项目要按照设计文件规定的内容建成最终产品，根据国家有关规定评定质量等级进行竣工验收。

特别提示

建设项目竣工验收一般来说包括两种含义，一种是指承发包单位之间进行的工程竣工验收，也称交工验收；另一种是指建设项目整体的竣工验收。

### 2. 建设项目竣工验收的作用

(1) 全面考核建设成果，检查设计、工程质量是否符合要求，确保项目按设计要求的各项技术经济指标正常使用。

(2) 通过竣工验收办理固定资产交付使用手续，可以总结工程建设经验，为提高建设项目的经济效益和管理水平提供重要依据。

(3) 建设项目竣工验收是项目施工阶段的最后一个程序，是建设成果转入生产使用的标志，是审查投资使用是否合理的重要环节。

(4) 建设项目建成投产交付使用后，能否取得良好的宏观效益，需要经过国家权威管理部门按照技术规范、技术标准组织验收确认，因此，竣工验收是建设项目转入投产使用的必要环节。

## 7.1.2 建设项目竣工验收的条件、依据和标准

**1. 建设项目竣工验收的条件**

《建设工程质量管理条例》规定，建设工程竣工验收应当具备以下条件。

(1) 完成建设工程设计和合同约定的各项内容。

(2) 有完整的技术档案和施工管理资料。

(3) 有工程使用的主要建筑材料、建筑构配件和设备的进场试验报告。

(4) 有勘察、设计、施工、工程监理等单位分别签署的质量合格文件。

(5) 有施工单位签署的工程保修书。

**2. 建设项目竣工验收的依据**

(1) 上级主管部门对该项目批准的各种文件。

(2) 可行性研究报告。

(3) 施工图设计文件及设计变更洽商记录。

(4) 国家颁布的各种现行标准和施工验收规范。

(5) 工程承包合同及协议等文件。

(6) 技术设备说明书。

(7) 建筑安装工程统一规定及主管部门关于工程竣工的规定。

(8) 引进技术及成套设备项目的设计文件及签订的合同书等文件。

(9) 其他有关竣工验收的文件资料。

**3. 建设项目竣工验收的标准**

按照国家有关规定，建设项目竣工验收、交付生产使用，必须满足以下要求。

(1) 生产性项目和辅助性公用设施，已按设计要求完成，能满足生产使用需求。

(2) 主要工艺设备配套经联动负荷试车合格，形成生产能力，能够生产出设计文件所规定的产品。

(3) 必要的生产设施已按设计要求建成。

(4) 生产准备工作能适应投产的需要。

(5) 环境保护设施、劳动安全卫生设施、消防设施已按设计要求与主体工程同时建成使用。

(6) 生产性投资项目如工业项目的土建工程、安装工程、人防工程、管道工程、通信工程等工程的施工和竣工验收，必须按照国家和行业的施工及验收规范执行。

## 7.1.3 建设项目竣工验收的内容

建设项目竣工验收的内容根据建设项目的不同而不同，一般验收分为工程资料验收和工程内容验收。有关工程资料验收和工程内容验收的具体内容要按照国家及主管部门的相应规定进行。

**1. 工程资料验收**

工程资料验收的内容包括工程技术资料、工程综合资料和工程财务资料。

1) 工程技术资料验收内容

工程地质、水文、气象等自然环境的勘察报告；建筑物与重要设备安装位置记录；检查报告、记录；规划设计书、土质试验报告、基础处理报告；建筑工程施工记录、仪表安装记录、相关质检记录、试验报告；设备试车、验收运转、维修记录；产品的技术参数、设备说明书及相应的图纸；各单项工程及全部管网竣工图等(如涉及外国公司，还应有涉外合同、谈判协议、意向书)。

2) 工程综合资料验收内容

建设项目的项目建议书及批件；可行性研究报告及批件、项目评估报告、环境影响评估报告书；设计任务书、土地征用申报及批准的文件；承包合同、招标投标文件；施工执照；项目竣工验收报告、验收鉴定书等。

3) 工程财务资料验收内容

历年建设资金供应(拨、贷)情况和使用情况，批准的年度财务决算，年度投资计划、财务收支计划；建设成本资料；支付使用的财务资料；设计概算、预算资料，竣工决算资料。

**2. 工程内容验收**

工程内容验收包括建筑工程验收和安装工程验收。

1) 建筑工程验收

建筑工程验收，要依据相关技术资料进行审查验收，主要有以下内容。

(1) 建筑物的位置、标高、轴线是否符合设计要求。

(2) 对基础工程、结构工程的审查验收(包括资料审查和现场验收)。

(3) 对装饰装修工程的审查验收。

2) 安装工程验收

(1) 建筑设备安装工程验收。包括建筑给排水、采暖、通风空调、电气照明等安装工程。应检查这些设备的规格、型号、数量、质量是否符合设计要求，检查安装时的材料质量，检查试压、闭水试验、照明情况。

(2) 工艺设备安装工程验收。包括生产、起重、传动、试验等设备的安装，以及附属管线敷设和油漆、保温等。应检查设备的规格、型号、数量、质量，设备安装的位置、标高，机座尺寸、质量，单机试车、无负荷联动试车、有负荷联动试车，管道的焊接质量，洗清、吹扫、试压、试漏、油漆、保温等及各种阀门的情况。

(3) 动力设备安装工程验收。指对有自备电厂的项目，或变配电室(所)、动力配电线路的验收。

特别提示

建设项目竣工验收可按照被验收的对象划分为单项工程验收、单位工程验收和工程整体验收，而人们通常所说的建设项目竣工验收是指工程整体验收。

对不同建设项目而言，有些分部分项工程项目需在交工验收时进行现场验收，后期进行资料审查。

## 7.1.4 建设项目竣工验收的形式与程序

### 1. 竣工验收的形式

根据工程的性质和规模，竣工验收的形式分为以下三种。

(1) 事后报告验收形式，对一些小型项目或者单纯的设备安装项目适用。

(2) 委托验收形式，对一般工程项目，委托某个有资格的机构为建设单位验收。

(3) 成立竣工验收委员会验收。

### 2. 竣工验收的程序

建设项目全部建成，经过各单项工程验收符合设计的要求，并具备竣工图表、竣工决算、工程总结等必要文件资料，由建设项目主管部门或建设单位向负责验收的单位提出竣工验收申请报告，按程序验收。竣工验收的一般程序如下。

1) 施工企业申请交工验收

施工企业在完成了合同工程或按合同约定可分部移交工程的，可申请交工验收。施工企业在施工的工程达到竣工条件后，应先进行预检验，确保工程质量合格。如不符合要求，应确定相应的补救措施，并进行修补工作。完成上述工作和准备好竣工资料后，即可向建设单位提交竣工验收申请。

2) 监理工程师现场初验

监理工程师审查申请材料，如认为可以验收，则由监理工程师组成验收组，对竣工的工程项目进行初验。在验收中发现问题，要及时书面通知施工企业，令其修理甚至返工。

3) 正式验收

由建设单位或监理工程师组织，建设单位、监理单位、设计单位、施工企业、工程质量监督站等部门参加的正式验收。其工作程序如下。

(1) 对已竣工工程进行检查并核对相应的工程资料。

(2) 举行现场验收会议。

(3) 办理竣工验收签证书，签字盖章。

4) 单项工程验收

单项工程验收，又称交工验收，验收依据是国家颁布的有关技术规范和施工承包合同。主要对以下几个方面进行检查或检验。

(1) 检查、核实竣工项目，准备移交给建设单位的所有技术资料的完整性、准确性。

(2) 检查已完成工程是否有漏项，工程质量、关键部位施工与隐蔽工程的验收情况。

(3) 检查在交工验收中发现需要返工、修补的工程，明确规定完成期限。

(4) 其他涉及的有关问题。

经验收合格，建设单位和施工单位共同签署交工验收证书；然后汇总资料并上报主管部门，经批准后该部分工程即可投入使用。验收合格后的单项工程，在工程整体验收时，原则上不再办理验收手续。

5) 工程整体验收

工程整体验收的工作程序如下。

(1) 发出竣工验收通知书。

(2) 组织竣工验收。

(3) 签发竣工验收证明书。

(4) 进行工程质量评定。

(5) 整理各种技术文件材料。

(6) 办理固定资产移交手续。

(7) 办理竣工决算。

(8) 签署竣工验收鉴定书。

### 特别提示

我国实行建设工程竣工验收备案制度，新建、改建和扩建的各类房屋建筑和市政基础设施工程的竣工验收，均应按《建设工程质量管理条例》《房屋建筑和市政基础设施工程竣工验收规定》等的规定进行备案。

房屋建筑和市政基础设施工程投入高、规模大，其质量直接影响到公众利益和公共安全，影响社会和谐稳定。党中央、国务院历来高度重视质量强国建设，党的二十大报告中更明确提出加快建设质量强国，推动了“中国速度”向“中国质量”的转变。

## 任务 7.2 建设项目竣工决算的编制

### 知识目标

(1) 了解建设项目竣工决算的概念、作用和编制。

(2) 掌握竣工决算的内容。

(3) 掌握竣工决算与竣工结算的区别。

(4) 掌握新增资产价值的确定。

### 工作任务

了解竣工决算的基础知识，掌握竣工决算的内容和新增资产价值的分类和计算。

## 7.2.1 竣工决算的概念、作用和编制

### 1. 竣工决算的概念

竣工决算是建设项目经济效益的全面反映，是以实物量和货币指标为计量单位，综合反映竣工项目从筹建开始到项目竣工交付使用为止的全部建设费用、建设成果和财务情况的总结性文件，是竣工验收报告的重要组成部分。

### 2. 竣工决算的作用

建设项目竣工后，应及时编制竣工决算，其作用主要表现在以下几个方面。

(1) 竣工决算是综合、全面反映竣工项目建设成果及财务情况的总结性文件。

(2) 竣工决算是核定各类新增资产价值、办理其交付使用的依据。

(3) 能正确反映建设项目的实际造价和投资结果。

(4) 有利于进行设计概算、施工图预算和竣工决算的对比，考核实际投资效果。

### 3. 竣工决算的编制

1) 竣工决算编制的依据

(1) 经批准的可行性研究报告、投资估算书、初步设计或扩大初步设计、修正总概算及其批复文件。

(2) 经批准的施工图设计及施工图预算书。

(3) 设计交底或图纸会审会议纪要。

(4) 设计变更记录、施工记录或施工签证单及其他施工发生的费用记录。

(5) 最高投标限价、承包合同、工程结算等有关资料。

(6) 历年基建计划、历年财务决算及批复文件。

(7) 设备、材料调价文件和调价记录。

(8) 有关财务核算制度、办法和其他有关资料。

2) 竣工决算编制的步骤

(1) 收集、分析、整理有关依据资料。

(2) 清理各项财务、债务和结余物资。

(3) 核实工程变动情况。

(4) 编制竣工财务决算说明书。

(5) 填写竣工财务决算报表。

(6) 做好工程造价对比分析。

(7) 整理、装订好竣工工程平面示意图。

(8) 上报主管部门审查、批准、存档。

## 7.2.2 竣工决算的内容

竣工决算由竣工财务决算说明书、竣工财务决算报表、竣工工程平面示意图、工程造价比较分析四部分组成。前两个部分又称为工程项目竣工财务决算，是竣工决算的核心部分。

1. 竣工财务决算说明书

竣工财务决算说明书有时也称为竣工决算报告情况说明书，其主要反映竣工项目的建设成果和经验，是对竣工财务决算报表进行分析和补充说明的文件，是全面考核分析工程投资与造价的总结，是竣工财务决算的重要组成部分，主要包括以下内容。

(1) 建设项目概况。对工程总的评价，一般从进度、质量、安全、造价、施工几个方面进行分析说明。

(2) 资金来源及运用的财务分析。包括工程价款结算、会计账务处理、财产物资情况及债权债务的清偿情况。

(3) 建设收入、资金结余及结余资金的分配处理情况。

(4) 主要技术经济指标的分析、计算情况。包括概算执行情况分析，根据实际投资完成额与概算进行对比分析；新增生产能力的效益分析，说明支付使用财产占总投资额的比例、占支付使用财产的比例，不增加固定资产的造价占总投资的比例；分析有机构成和成果。

(5) 工程项目管理及决算中存在的问题，并提出建议。

(6) 需要说明的其他事项。

2. 竣工财务决算报表

根据财政部印发的有关规定和通知，建设项目竣工财务决算报表应按大、中型项目和小型项目分别制订。

(1) 大、中型项目需填报：建设项目竣工财务决算审批表；大、中型项目概况表；大、中型项目竣工财务决算表；大、中型项目交付使用资产总表；建设项目交付使用资产明细表。

(2) 小型项目需填报：建设项目竣工财务决算审批表(同大、中型项目)；小型项目竣工财务决算总表；建设项目交付使用资产明细表。

3. 竣工工程平面示意图

竣工工程平面示意图简称竣工图，是真实地反映各种地上、地下建筑物(构筑物)等情况的技术文件，是工程进行交工验收、维护、改建和扩建的依据。国家规定对于各项新建、扩建、改建的基本建设工程，特别是基础、地下建筑、管线、结构、港口、水坝、桥梁、井巷及设备安装等隐蔽部位，都应该绘制详细的竣工图。为了提供真实可靠的资料，在施工过程中应做好这些隐蔽工程的检查记录，整理好设计变更文件，具体要求如下。

(1) 凡按图竣工未发生变动的，由施工企业在原施工图上加盖“竣工图”标志后，即作为竣工图。

(2) 凡在施工过程中有一般性设计变更，但能将原施工图加以修改补充作为竣工图的，由施工企业负责在原施工图上注明修改的部分，并附以设计变更通知和施工说明，加盖“竣工图”标志后，作为竣工图。

(3) 凡结构形式发生改变、施工工艺发生改变、平面布置发生改变、项目发生改变等重大变化，不宜在原施工图上修改补充的，应按不同责任分别由不同责任单位组织重新绘制竣工图，施工企业负责在新图上加盖“竣工图”标志，并附以有关记录和说明，作为竣工图。

(4) 为了满足竣工验收和竣工决算需要，还应绘制能反映竣工项目全部内容的工程设计平面示意图。

#### 4. 工程造价比较分析

对控制工程造价所采取的措施、效果及其动态变化需要进行认真的比较分析，总结经验教训。工程造价比较分析应侧重考核主要实物工程量、主要材料消耗量，以及建设单位管理费、建筑安装工程其他直接费、现场经费和间接费等方面的分析。

工程造价比较分析应先对比整个项目的总概算，然后将建筑安装工程费，设备及工、器具购置费和其他工程费用逐一与竣工财务决算报表中所提供的实际数据和相关资料，以及批准的概算、预算指标和实际的工程造价进行对比分析，以确定工程项目总造价是节约还是超支。

在实际工作中，应注意分析以下内容。

(1) 主要实物工程量出入较大时，必须查明原因。

(2) 主要材料消耗量要按照竣工财务决算报表所列消耗量进行核查，查明超出量情况，进一步分析超耗的原因。

(3) 考核建设单位管理费、建筑安装工程其他直接费、现场经费和间接费的取费标准。要按照国家相关规定进行取费，依规定查明是否多列或少列费用项目，确定数额，并查明超支原因。

### 7.2.3 竣工决算与竣工结算的区别

竣工决算是建设单位从财务的角度上，核定的建设项目从筹建开始到竣工交付使用为止所花费的全部费用，主要目的是归集工程的总投资额，与概算比较，便于企业日常管理。竣工结算是施工企业对所承包的工程按合同完成后实际所获得的最终工程价款的结算，主要是核定工程量、价，主要目的是核实应支付施工企业的款项。

竣工决算不同于竣工结算。它们之间的主要区别如下。

(1) 编制单位不同。竣工决算由建设单位的财务部门负责编制；竣工结算由施工企业的预算部门负责编制。

(2) 反映内容不同。竣工决算是建设项目从开始筹建到竣工交付使用为止所发生的全部建设费用；竣工结算是承包方承包施工的建筑安装工程的全部费用。

(3) 性质不同。竣工决算反映建设单位的项目投资效益；竣工结算反映施工企业完成的施工产值。

(4) 作用不同。竣工决算是建设单位办理交付、验收、各类新增资产的依据，是竣工报告的重要组成部分；竣工结算是施工企业与建设单位办理工程价款结算的依据，是编制竣工决算的重要资料。

### 7.2.4 新增资产价值的确定

按照新的财务制度和企业会计准则，新增资产按资产性质可分为固定资产、无形资产、流动资产、递延资产和其他资产五大类。

#### 1. 固定资产价值的确定

1) 新增固定资产价值的构成

新增固定资产价值是指通过投资活动所形成的新的固定资产价值，包括已经建成投入生产或交付使用的工程价值和达到固定资产标准的设备、工具、器具的价值及有关应摊入的费用。它是以价值形式表示的固定资产投资成果的综合性指标，可以综合反映不同时期、不同部门、不同地区的固定资产投资成果。

新增固定资产价值的构成包括以下几部分。

(1) 已经投入生产或者交付使用的建筑安装工程造价，主要包括建筑工程费和安装工程费。

(2) 达到固定资产标准的设备及工、器具购置费。

(3) 预备费，主要包括基本预备费和价差预备费。

(4) 增加固定资产价值的其他费用，主要包括建设单位管理费、研究试验费、勘察设计费、监理费、联合试运转费等。

(5) 新增固定资产建设期间的融资费用，主要包括建设期贷款利息和其他相关融资费。

2) 新增固定资产价值的计算

新增固定资产价值的计算是以独立发挥生产能力的单项工程为对象的，单项工程竣工验收合格，正式移交生产或使用，即应计算新增固定资产价值。一次交付生产或使用的工程，应一次计算新增固定资产价值；分期分批交付生产或使用的工程，应分期分批计算新增固定资产价值。在计算时应注意以下几种情况。

(1) 对于为了提高产品质量、改善劳动条件、节约材料消耗、保护环境而建设的附属辅助工程，只要全部建成，正式验收交付使用后就要计入新增固定资产价值。

(2) 对于单项工程中不构成生产系统，但能独立发挥效益的非生产性项目，如住宅、食堂、医务所、托儿所、生活服务网点等，在建成交付使用后，也要计算新增固定资产价值。

(3) 凡购置达到固定资产标准不需要安装的设备、工具、器具，应在交付使用后计入新增固定资产价值。

(4) 属于新增固定资产价值的其他投资，应随同受益工程交付使用的同时一并计入。

(5) 交付使用财产的成本应按下列内容计算。

① 房屋、建筑物、管道、线路等固定资产的成本包括建筑工程成本和应分摊的待摊费用。

② 动力设备和生产设备等固定资产的成本包括需要安装设备的采购成本、安装工程成本、设备基础支柱等建筑工程成本或砌筑锅炉及各种特殊的建筑工程成本，应分摊的待摊费用。

③ 运输设备及其他不需要安装的设备、工具、器具、家具等固定资产一般仅计算采购成本，不计分摊的待摊费用。

(6) 共同费用的分摊方法。新增固定资产的其他费用，如果是属于整个建设项目或两个以上单项工程的，在计算新增固定资产价值时，应在各单项工程中按比例分摊。分摊时，什么费用由什么工程负担应按具体规定进行。一般情况下，建设单位管理费按建筑工程费、安装工程费、需安装设备价值总额按比例分摊，而土地征用费、勘察设计费等费用则按建筑工程费用分摊。

特别提示

对于生产经营性项目而言，由于固定资产投资各项目中包含的增值税未来可作为进项税额抵扣，不应计入固定资产价值，因此建筑工程费、安装工程费、需安装设备价值及各项待摊费用均应不包括增值税。

3) 新增固定资产价值的计算条件

新增固定资产价值的计算必须具备以下三个条件。

(1) 设计文件或计划方案中规定的形成生产能力所需的主体工程和相应的辅助工程均已建成，形成产品生产作业线，具备生产设计规定的条件。

(2) 经过负荷试运转，并由有关部门验收鉴定合格，证明已具备正常生产条件，并正式移交生产部门。

(3) 设计规定配套建设的三废治理和环境保护工程同时建成并移交使用。

**2. 无形资产价值的确定**

无形资产是指企业拥有或者控制的没有实物形态的可辨认非货币性资产。根据我国相关规定，作为评估对象的无形资产通常包括专利权、非专利技术、生产许可证、特许经营权、租赁权、土地使用权、矿产资源勘探权和采矿权、商标权、版权、计算机软件及商誉等。

1) 无形资产的计价原则

投资者按无形资产作为本金或者合作条件投入时，按评估确认或合同协议约定的金额计价。

(1) 购入的无形资产，按照实际支付的价款计价。

(2) 企业自创并依法申请取得的无形资产，按开发过程中的实际支出计价。

(3) 企业接受捐赠的无形资产，按照发票账单所载金额或者同类无形资产市价计价。

(4) 无形资产计价入账后，应在其有效期内分期摊销。

2) 无形资产的计价方法

(1) 专利权的计价。由于专利权是具有独占性并能带来超额利润的生产要素，因此，专利权转让价格不按成本估价，而是按照其所能带来的超额收益计价。

专利权分为自创和外购两类。自创专利权的价值为开发过程中的实际支出，主要包括专利的研制成本和交易成本。研制成本又包括直接和间接成本。直接成本是指研制过程中直接投入发生的费用(主要包括材料费、人工费、专用设备费、咨询鉴定费、协作费、培训费和差旅费)；间接成本是指与研制开发有关的费用(主要包括管理费、非专用设备折旧费、分摊公共费及能源费)。交易成本是指在交易过程中的费用支出(主要包括技术服务费、交易过程中的差旅费、管理费、手续费和税金)。

(2) 非专利技术的计价。非专利技术具有使用价值和价值，使用价值是非专利技术本身应具有的，而价值在于非专利技术的使用所能产生的超额获利能力，应在研究分析其直接和间接的获利能力的基础上，准确计算出其价值。

如果非专利技术是自创的，则一般不作为无形资产入账，自创过程中产生的费用，按当期费用处理。对于外购非专利技术，应由法定评估机构确认后再进行估价，其方法往往通过能产生的收益采用收益法进行估价。

(3) 商标权的计价。自创的商标权一般不作为无形资产入账，而将商标设计、制作、注册及广告宣传等费用直接作为销售费用计入当期损益。只有当企业购入或转让商标时，才需要对商标权计价。商标权的计价一般根据被许可方新增的收益确定。

(4) 土地使用权的计价。土地使用权根据取得方式的不同，有以下几种计价方式。

当建设单位向土地管理部门申请土地使用权并为之支付一笔出让金时，土地使用权作为无形资产核算；当建设单位获得土地使用权是通过行政划拨的，这时土地使用权就不能作为无形资产核算，在将土地使用权有偿转让、出租、抵押、作价入股和投资，按规定补交土地出让价款时，才作为无形资产核算。

**3. 流动资产价值的确定**

流动资产是指可以在一年内或者超过一年的一个营业周期内变现或者运用的资产，包括现金、各种存款及其他货币资金，应收及预付款项、短期投资、存货，以及其他流动资产等。

(1) 货币性资金。货币性资金是指现金、各种存款及其他货币资金，其中现金是指企业的库存现金，包括企业内部各部门用于周转使用的备用金；各种存款是指企业的各种不同类型的银行存款；其他货币资金是指除现金和各种存款以外的其他货币资金，根据实际入账价值核定。

(2) 应收及预付款项。应收款项是指企业因销售商品、提供劳务等应向购货单位或受益单位收取的款项；预付款项是指企业按照购货合同预付给供货单位的购货定金或部分货款。应收及预付款项包括应收票据、应收款项、其他应收款、预付货款和待摊费用。一般情况下，应收及预付款项按企业销售商品或提供劳务时的成交金额入账核算。

(3) 短期投资。短期投资包括股票、债券、基金。股票和债券根据是否可以上市流通分别采用市场法和收益法来确定其价值。

(4) 存货。存货是指企业的库存材料、在产品、产成品等。各种存货应当按照取得时的实际成本计价。存货的形成，主要有外购和自制两个途径。外购的存货，按照买价加运输、装卸、保险费，途中合理损耗，入库前加工、整理及挑选费用，以及缴纳的税金等计价；自制的存货，按照制造过程中的各项实际支出计价。

**4. 递延资产和其他资产价值的确定**

递延资产包括开办费、以经营租赁方式租入的固定资产改良工程支出和其他递延资产。

(1) 开办费。开办费是指在筹建期间发生的费用，不能计入固定资产或者无形资产价值的费用，主要包括筹建期间人员工资、办公费、员工培训费、差旅费、印刷费、注册登记费以及不计入固定资产和无形资产购建成本的汇兑损益、利息支出等。根据现行财务制度的规定，企业筹建期间发生的费用，应于开始生产经营起一次计入开始生产经营当期的损益。企业筹建期间开办费的价值可按其账面价值确定。

(2) 以经营租赁方式租入的固定资产改良工程支出。这部分应在租赁有限期限内摊入制造费用或管理费用。

(3) 其他递延资产。其他递延资产包括特准储备物资等，一般按实际入账价值核算。

# 任务 7.3　保修费用及处理

## 知识目标

(1) 了解工程保修的含义。
(2) 掌握建设项目保修的范围和期限。
(3) 掌握保修费用的处理。

## 工作任务

掌握建设项目的最低保修期限，学会处理工程保修期间的保修费用。

知识链接

《中华人民共和国建筑法》第六十二条规定："建筑工程实行质量保修制度。"质量保修制度是指建设项目直接办理交工验收手续后，在规定的保修期限内，因勘察设计、施工、材料等原因造成的质量缺陷，应当由施工企业负责维修的制度。质量保修制度对于促进承包方加强质量管理，保护消费者的合法权益起着相当重要的作用。而在对建设项目的保修过程中发生的费用支出，应该根据所出现问题的不同责任，由相关单位承担。

## 7.3.1 工程保修和保修费用

### 1. 工程保修的含义

工程保修是指施工企业按照国家或行业现行的有关技术标准、设计文件及合同中对质量的要求，对已竣工验收的建设项目在规定的保修期限内，进行维修、返工等工作，直到达到正常使用的标准。

### 2. 保修的范围和期限

《建设工程质量管理条例》规定，在正常使用条件下，建设项目的最低保修期限如下。

(1) 基础设施工程、房屋建筑的地基基础工程和主体结构工程，为设计文件规定的该工程的合理使用年限。

(2) 屋面防水工程，有防水要求的卫生间、房间和外墙面的防渗漏，为 5 年。

(3) 供热与供冷系统，为 2 个采暖期、供冷期。

(4) 电气管线、给排水管道、设备安装和装修工程，为 2 年。

其他项目的保修期限由建设单位与施工企业约定。建设工程的保修期自工程竣工验收合格之日算起。

**3. 保修费用**

保修费用是指对建设项目在保修期限和保修范围内所发生的维修、返工等各项费用支出。保修费用应按合同和有关规定合理确定和控制。保修费用的计算一般可参照建筑安装工程造价的确定程序和方法计算，也可按照建筑安装工程造价或者合同承包价的一定比例计算。

**特别提示**

*“房屋建筑工程质量保修”是指对房屋建筑工程竣工验收后在保修期限内出现的质量缺陷予以修复。而“质量缺陷”是房屋建筑工程的质量不符合工程建设强制性标准及合同的约定。*

## 7.3.2 保修费用的处理

保修费用的处理必须根据修理项目的性质、内容及检查修理的多种因素的实际情况，区别保修责任的承担方，对于保修的经济责任的确定，应当由各方按责任承担。一般由建设单位和施工企业协商处理费用问题。有以下几种常规的处理办法。

(1) 施工企业未按国家有关法律、规范、标准和设计要求施工，出现了质量缺陷，施工企业负责修理并承担费用。

(2) 因设计方面的原因，出现了质量缺陷，由设计单位承担相应的经济责任，由施工企业负责修理，其费用按有关规定通过建设单位向设计单位索赔，再经建设单位付给施工企业，不足部分由建设单位负责协同有关方解决。

(3) 因建筑材料、设备等质量不合格引起的质量缺陷，属于施工企业采购的或经其验收同意的，由施工企业承担经济责任；属于建设单位采购的，由建设单位承担经济责任。

(4) 因使用单位使用不当造成的房屋损坏问题，由使用单位自行负责。

(5) 因自然灾害和社会条件等不可抗拒原因造成的房屋损坏，不管是否在保修期内，修理所发生的费用均由建设单位承担。

(6) 在保修期内，因工程质量不合格而给用户造成损失的，受损者有权向责任者要求赔偿，责任者不仅要做好修理工作，而且应承担相应的赔偿责任。有关各方之间在赔偿后，可以在查明原因后向真正责任者追偿。施工企业违反《中华人民共和国建筑法》相关规定，不履行保修义务的，责令改正，并可以处以罚款。

(7) 其他保修问题及涉外工程保修问题，除参照上述办法进行处理外，还应该依照原合同条款的有关规定执行。

## 特别提示

不可抗拒原因在法律上称不可抗力，《中华人民共和国民法典》上是指“不能预见、不能避免且不能克服的客观情况”。也就是说，不可抗力是指当事人自身能力不能抗拒也无法预防的客观情况或事故。不可抗力可以是自然原因酿成的，也可以是人为的、社会因素引起的。前者如地震、水灾、旱灾等，后者如战争、政府禁令、罢工等。不可抗力所造成的是一种法律事实。

## 综合应用案例

某项目生产某化工产品A，主要设施和技术需要从国外引进，该项目主要设施包括生产主车间、与工艺生产相适应的生产设施、公用工程，以及有关的生产管理、生活福利等设施，生产规模为年23 000t A产品，该项目拟用3年建成。

项目主要生产设备拟从国外进口，设备质量为680t，离岸价为1 200美元，其他有关费用参数为：国际运费标准为480美元/t；海上运输保险费为25.61万元；银行财务费率为0.5%；外贸手续费率为1.5%；关税税率为20%；增值税税率为17%；设备的国内运杂费率为3%；美元汇率为8.31元人民币，进口设备全部需要安装。

设备及工、器具购置费，建筑工程费和安装工程费情况见表7-2，工程建设其他费用为3 042万元，预备费中基本预备费为3 749万元、价差预备费为2 990.38万元，项目建设期贷款利息为3 081万元。

**表7-2　竣工决算数据表**　　单位：万元

| 序号 | 项目 | 设备购置费 | 建筑工程费 | 安装工程费 | 生产工、器具购置费 |
|---|---|---|---|---|---|
| 1 | 主要生产项目 |  | 1 031 | 7 320 | 180 |
| 2 | 辅助生产项目 | 1 052 | 383 | 51 | 135 |
| 3 | 公用工程项目 | 2 488 | 449 | 1 017 | 15 |
| 4 | 服务性工程项目 | 1 100 | 262 | 38 | 45 |
| 5 | 环境保护工程 | 248 | 185 | 225 | 20 |
| 6 | 总图运输 |  | 52 |  | 45 |
| 7 | 生活福利工程 |  | 1 104 |  | 60 |

项目达成设计生产能力后，劳动定员240人，年标准工资为1.5万元/人，年福利费为工资总额的14%。年其他费用为20 820万元(其中其他制造费用820万元)，年外购原材料、燃料及动力费9 482万元，年修理费为218万元(建设投资中工程建设其他费用全部形成无形及其他资产)，年经营成本为50 000万元，年其他营业费用为19 123万元。各项流动资金周转天数分别为：应收账款45天，现金30天，应付账款60天，原材料、燃料及动力90天，在产品3天，产成品20天。

该项目土地使用权出让金600万元，建设单位管理费600万元，其中450万元构成固定资产，未达到固定资产标准的设备及工、器具购置费100万元，勘察设计费200万元，专利费100万元，非专利技术费50万元，获得商标权120万元，生产职工培训费50万元，生产线试运转支出35万元，试生产销售款10万元。

【问题】

(1) 计算主要生产项目设备价值。

(2) 计算流动资金。

(3) 计算固定资产投资价值。

(4) 计算新增资产价值。

【案例解析】

(1) 主要生产项目设备价值的计算见表 7-3。

表 7-3 主要生产项目设备购置费表 单位：万元

| 序号 | 费用项目 | 估算值 | 计算方法 |
|---|---|---|---|
| 1 | 原价 | | (1) |
| 1.1 | 离岸价 | 9 972.00 | (2) = 1 200 × 8.31 |
| 1.2 | 国际运费 | 271.24 | (3) = 480 × 680 × 8.31/10 000 |
| 1.3 | 运输保险费 | 25.61 | (4) |
| | 以上合计为到岸价 | 10 268.85 | (5) = (2) + (3) + (4) |
| 1.4 | 进口关税 | 2 053.77 | (6) = (5) × 20% |
| 1.5 | 增值税 | 2 094.84 | (7) = [(5) + (6)] × 17% |
| 1.6 | 外贸手续费 | 154.03 | (8) = (5) × 1.5% |
| 1.7 | 银行财务费 | 49.86 | (9) = (2) × 0.5% |
| | 以上合计为原价 | 14 621.35 | (10) = (5) + (6) + (7) + (8) + (9) |
| 2 | 国内运杂费 | 438.64 | (11) = (10) × 3% |
| | 以上合计为设备购置费 | 15 060 | (12) = (10) + (11) |

设备购置费(达到标准部分) = 15 060 + 1 052 + 2 488 + 1 100 + 248 = 19 948(万元)

(2) 流动资金的计算如下。

外购原材料、燃料 = 年外购原材料、燃料及动力费/周转次数 = 9 482/4 ≈ 2 371(万元)

在产品 = (年外购原材料、燃料及动力费 + 年工资及福利费 + 年修理费 + 年其他制造费用)/周转次数

= (9 482 + 240 × 1.5 × (1 + 14%) + 218 + 820)/120 ≈ 91(万元)

产成品 = (年经营成本 − 年其他营业费用)/周转次数 = (50 000 − 19 123)/18 ≈ 1 715(万元)

应收账款 = 年经营成本/周转次数 = 50 000/8 = 6 250(万元)

现金 = (年工资及福利费 + 年其他费用)/周转次数 = (410 + 20 820)/12 ≈ 1 769(万元)

应付账款 = 年外购原材料、燃气及动力费/周转次数 = 9 482/6 ≈ 1 580(万元)

流动资金 = 流动资产 − 应付账款 = 2 371 + 91 + 1 715 + 6 250 + 1 769 − 1 580 = 10 616(万元)

(3) 固定资产投资价值的计算见表 7-4。

表 7-4 建设投资估算表 单位：万元

| 序号 | 费用项目 | 建筑工程费 | 设备购置费 | 安装工程费 | 其他费用 | 合计 |
|---|---|---|---|---|---|---|
| 1 | 工程费用 | | | | | 32 065 |
| 1.1 | 主要生产项目 | 1 031 | 15 060 | 7 320 | | 23 411 |

续表

| 序号 | 费用项目 | 建筑工程费 | 设备购置费 | 安装工程费 | 其他费用 | 合计 |
|---|---|---|---|---|---|---|
| 1.2 | 辅助生产项目 | 383 | 1 052 | 51 | | 1 486 |
| 1.3 | 公用工程项目 | 449 | 2 488 | 1 017 | | 3 954 |
| 1.4 | 服务性工程项目 | 262 | 1 100 | 38 | | 1 400 |
| 1.5 | 环境保护工程 | 185 | 248 | 225 | | 658 |
| 1.6 | 总图运输 | 52 | | | | 52 |
| 1.7 | 生活福利工程 | 1 104 | | | | 1 104 |
| 2 | 工程建设其他费用 | | | | 3 042 | 3 042 |
| 3 | 预备费 | | | | | 6 739.38 |
| 3.1 | 基本预备费 | | | | 3 749 | 3 749 |
| 3.2 | 价差预备费 | | | | 2 990.38 | 2 990.38 |
| 4 | 建设投资<br>(不含建设期贷款利息) | | | | | 41 846.38 |
| 5 | 建设期贷款利息 | | | | 3 081 | 3 081 |
| 6 | 总计 | 3 466 | 19 948 | 8 651 | 12 862.38 | 44 927.38 |

(4) 新增资产价值计算如下。

新增固定资产价值 = 建筑安装工程造价 + 达到固定资产标准的设备及工、器具购置费 + 联合试运转费 + 勘察设计费 + 摊入建设单位管理费 − 试营收入

达到固定资产标准的设备及工、器具购置费 = (180 + 135 + 15 + 45 + 20 + 45 + 60) − 100 = 400(万元)

新增固定资产价值 = 44 927.38 + 400 + 35 + 200 + 450 − 10 = 46 002.38(万元)

流动资产价值 = 达不到固定资产标准的设备及工、器具购置费 + 流动资金 = 100 + 10 616 = 10 716(万元)

无形资产价值 = 专利费 + 非专利技术费 + 商标权 + 土地使用权出让金 = 100 + 50 + 120 + 600 = 870(万元)

其他资产价值 = 开办费 + 生产职工培训费 = (600 − 450) + 50 = 200(万元)

## 项 目 小 结

本项目阐述了建设项目竣工验收阶段的具体内容，包括建设项目的竣工验收、竣工决算及工程保修。

建设项目竣工验收的基本理论包括其概念、作用、条件、依据等，需要熟练掌握建设项目竣工验收的内容和程序。在竣工决算的编制这一任务中主要介绍了竣工决算的基本知识点，要求掌握竣工决算与竣工结算的区别及新增固定资产价值的计算。最后一个任务是关于保修费用及处理，重点是掌握保修的最低期限及国家关于保修费用处理的规定。

## 思考与练习

### 一、单选题

1. 通常所说的建设项目竣工验收是指(　　)。

A. 工程整体验收　　B. 单项工程验收

C. 单位工程验收　　D. 分部工程验收

2. 在竣工决算报告中必须对控制(　　)所采取的措施、效果及其动态变化进行认真比较分析，总结经验教训。

A. 工程造价　　B. 工程概算　　C. 工程投资　　D. 工程预算

3. 根据《建设工程质量管理条例》的有关规定，屋面防水工程、有防水要求的卫生间、房间和外墙面防渗漏工程的保修期为(　　)。

A. 5年　　B. 2年　　C. 双方协商　　D. 合同规定

4. 缺陷责任期从(　　)之日起计算。

A. 提交竣工验收报告　　B. 工程竣工验收合格

C. 工程交付使用　　D. 提交竣工验收报告后60天

5. 建设项目竣工财务决算说明书和(　　)是竣工决算的核心部分。

A. 竣工工程平面示意图　　B. 建设项目主要技术经济指标分析

C. 竣工财务决算报表　　D. 工程造价比较分析

### 二、多选题

1. 竣工决算由(　　)部分组成。

A. 竣工财务决算说明书　　B. 竣工工程平面示意图

C. 竣工财务决算报表　　D. 工程造价比较分析

E. 工程概况表

2. 下列费用属于新增固定资产价值的有(　　)。

A. 生产准备费　　B. 土地使用权出让金

C. 工程监理费用　　D. 研究试验费

E. 建设单位管理费

3. 建设项目竣工验收的程序包括(　　)。

A. 验收准备　　B. 初步验收　　C. 一次验收

D. 正式验收　　E. 技术验收

4. 建设项目建成后形成的新增资产按性质可划分为(　　)。

A. 著作权　　B. 递延资产　　C. 流动资产

D. 固定资产　　E. 无形资产

5. 小型项目竣工财务决算报表有(　　)。

A. 小型项目交付使用资产总表

B. 建设项目进度结算表

C. 建设项目交付使用资产明细表

D. 小型项目竣工财务决算总表

E. 建设项目竣工财务决算审批表

## 三、简答题

1. 什么是建设项目竣工验收？建设项目竣工验收的依据有哪些？
2. 竣工决算指什么？竣工决算与竣工结算的区别有哪些？
3. 新增资产的构成有哪些？
4. 简述建设项目的保修费用的处理。

## 四、案例题

某建设单位拟编制某工业生产项目的竣工决算。该建设项目包括 A、B 两个主要生产车间和 C、D、E、F 四个辅助生产车间及若干附属办公、生活建筑。在建设期内，各单项工程竣工决算数据见表 7-5。工程建设其他投资完成情况如下：支付行政划拨土地的土地征用及迁移费 500 万元，支付土地使用权出让金 700 万元；建设单位管理费 400 万元(其中 300 万元构成固定资产)；地质勘察费 80 万元；建筑工程设计费 260 万元；生产工艺流程系统设计费 120 万元；专利费 70 万元；非专利技术费 30 万元；获得商标权 90 万元；生产职工培训费 50 万元；报废工程损失 20 万元；生产线试运转支出 20 万元；试生产产品销售款 5 万元。

表 7-5　某建设项目竣工决算数据表　　单位：万元

| 项目名称 | 建筑工程 | 安装工程 | 需安装设备 | 不需安装设备 | 生产工、器具 | |
|---|---|---|---|---|---|---|
| | | | | | 总额 | 达到固定资产标准 |
| A 生产车间 | 1 800 | 380 | 1 600 | 300 | 130 | 80 |
| B 生产车间 | 1 500 | 350 | 1 200 | 240 | 100 | 60 |
| 辅助生产车间 | 2 000 | 230 | 800 | 160 | 90 | 50 |
| 附属建筑 | 700 | 40 | — | 20 | — | — |
| 合计 | 6 000 | 1 000 | 3 600 | 720 | 320 | 190 |

【问题】

(1) 竣工决算应包括哪些内容？

(2) 编制竣工决算的依据有哪些？

(3) 如何进行竣工决算的编制？

(4) 试确定 A 生产车间的新增固定资产价值。

(5) 试确定该建设项目的固定资产、流动资产、无形资产和其他资产价值。

# 参 考 文 献

车春鹏，杜春艳，2006．工程造价管理[M]．北京：北京大学出版社．

关永冰，谷莹莹，方业博，2013．工程造价管理[M]．北京：北京理工大学出版社．

国家发展改革委，建设部，2006．建设项目经济评价方法与参数[M]．3 版．北京：中国计划出版社．

柯洪，2014．建设工程计价：2014 年版[M]．北京：中国计划出版社．

斯庆，宋显锐，2009．工程造价控制[M]．北京：北京大学出版社．

王朝霞，2014．建筑工程定额与计价[M]．4 版．北京：中国电力出版社．

吴现立，冯占红，2008．工程造价控制与管理[M]．2 版．武汉：武汉理工大学出版社．

张凌云，2015．工程造价控制[M]．3 版．北京：中国建筑工业出版社．

中国建设工程造价管理协会，2014．建设工程造价管理基础知识[M]．3 版．北京：中国计划出版社．

《中华人民共和国 2007 年版标准施工招标文件使用指南》编写组，2008．中华人民共和国 2007 年版标准施工招标文件使用指南[M]．北京：中国计划出版社．